高等学校土木工程专业系列规划教材

基础工程

主　编　鹿　健

副主编　张　晨

主　审　包　华

JICHU GONGCHENG

 合肥工业大学出版社

内 容 简 介

本书根据全国高等学校土木工程专业指导委员会编制的教学大纲进行编写,以"概念准确、基础扎实、突出应用、淡化过程"为原则,注重与工程实际紧密结合,强化应用能力培养,以满足土木工程类本科生的专业教学需求。本书共7章,主要内容包括绪论、浅基础、连续基础、桩基础、沉井及地下连续墙、基坑支护工程、地基基础抗震设计等。各章后附有相应的思考题与习题。本书可作为土木工程本科专业及相关专业的基础工程课程教材,也可供土木工程从业人员参考。

图书在版编目(CIP)数据

基础工程/鹿健主编 . —合肥:合肥工业大学出版社,2021.6
ISBN 978 - 7 - 5650 - 5181 - 4

Ⅰ.①基⋯ Ⅱ.①鹿⋯ Ⅲ.①基础(工程)—高等学校—教材 Ⅳ.①TU47

中国版本图书馆 CIP 数据核字(2020)第 253568 号

基 础 工 程

鹿 健 主编   责任编辑 马栓磊

出　版	合肥工业大学出版社	版　次	2021 年 6 月第 1 版
地　址	合肥市屯溪路 193 号	印　次	2021 年 6 月第 1 次印刷
邮　编	230009	开　本	787 毫米×1092 毫米　1/16
电　话	出版中心:0551 - 62903120	印　张	12.75
	营销中心:0551 - 62903198	字　数	295 千字
网　址	www. hfutpress. com. cn	印　刷	安徽联众印刷有限公司
E-mail	hfutpress@163.com	发　行	全国新华书店

ISBN 978 - 7 - 5650 - 5181 - 4   定价: 48.00 元
如果有影响阅读的印装质量问题,请与出版社市场营销部联系调换。

前　　言

"基础工程"是土木工程专业的主干课程。本书根据高等院校土木工程专业人才培养方案及"基础工程"教学大纲，按照培养高级应用型人才的要求编写，适用于普通高等学校土木工程专业学生，也可作为相近专业的教学用书，同时对土木工程技术人员也有一定的参考价值。

本书在编写过程中，恰当地把握了内容的深度和广度，加强对基本概念及理论知识的阐述，注重可读性、应用性、实践性，强调与最新技术规范、规程紧密结合，力求培养学生的实际应用能力。

本书共7章，主要内容包括绪论、浅基础、连续基础、桩基础、沉井及地下连续墙、基坑支护工程、地基基础抗震设计。全书由鹿健担任主编，具体编写人员分工如下：张晨编写第1章；鹿健编写第2章、第3章、第4章；许茜、吴琴琴编写第5章；鹿健、江卫丰编写第6章；顾春丽编写第7章。全书由鹿健负责统稿，包华教授主审。

本书在编写过程中得到了南通大学杏林学院教材出版基金和南通市科技计划项目（JCZ20096）的支持，在此一并表示感谢。

由于编者水平有限，书中难免有欠缺之处，敬请读者惠予指正。

编　者
2021 年 6 月

目　　录

第1章 绪 论

1.1 基本概念

任何建筑物(构筑物)都建造在一定的地层上,建筑物的全部荷载都由它下面的地层来承担。基础是连接建筑物上部结构与地基的过渡部分,它的作用是将上部结构承受的各种荷载传递给地基,并使地基在建筑物允许的沉降变形值内正常工作。基础一方面处于上部结构的荷载和地基反力的作用之下,另一方面基础底面的压力又作为地基上的荷载,使地基产生附加应力和变形。

受建筑物荷载影响的那一部分地层称为地基。地基可分为天然地基和人工地基。不需要进行处理就可以直接做基础的天然土层称为天然地基,而经过人工加固处理后的地基称为人工地基。直接与地基接触并将上部结构荷载传给地基的那部分下部结构称为基础。图1.1为建筑工程地基基础的图示说明。

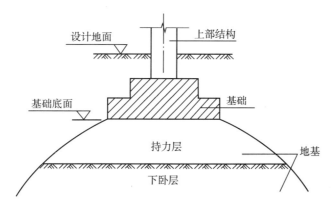

图 1.1 建筑工程地基基础示意图

地基与基础有着密切的联系:基础传递压力给地基,地基同时将作用反力传给基础,设计时对于条件差的地基,可以在基础上做文章,扩大基础底面尺寸或做成深基础,也可以直接对地基进行处理,形成人工地基。

基础的埋置深度,对于建筑工程而言,是指基础底面到地面的竖向距离;对于桥梁工程,在无冲刷时为基础底面到河底面的距离,有冲刷时为基础底面到局部冲刷线的距离。根据基础埋置深度和施工方式,基础可以分为浅基础和深基础两大类。一般而言,埋置深度小于5 m,用普通的施工方法即可施工的基础称为浅基础;埋置深度大于5 m,用特殊的施工方法才能施工的基础称为深基础。实际上,有些按使用功能要求或构造要求埋置较深的基础(筏形基础等)也划分为浅基础;某些基础在土层中埋深较浅(小于 5 m),但在水下部分较深,如深水中的桥墩基础,也作为深基础考虑。

1.2 地基基础设计的基本要求

地基与基础受到各种荷载后,其本身会产生附加应力和变形,为了保证建筑物的使用安全,地基基础设计应满足下列基本要求:

(1)地基应有足够的强度,在建筑物荷载作用下,不至于发生失稳破坏。

(2)地基不能产生影响建筑物正常使用的过大变形。

(3)基础结构本身应有足够的强度和刚度,在地基反力作用下基础不会破坏,并具有调整不均匀沉降的能力。

(4)基础还应该具有足够的耐久性。

进行地基基础设计时,要综合考虑地基、基础和上部结构三者的相互关系,通过不同方案的比较,选择一个安全可靠、经济合理、技术先进、施工简便的方案。

1.3 本课程的特点及应注意的问题

(1)本课程的特点

本课程是工程地质、岩土力学的后续课程,工程地质和岩土力学的基本概念对学好本课程是必不可少的,如土作为三相物质所表现出来的特性、地基承载力与变形的关系等。同时,本课程与材料力学、结构力学、钢筋混凝土结构设计、建筑施工技术等课程也有较紧密的联系。

基础埋置于地下,属于隐蔽工程,基础工程的优劣直接关系到建筑物的安危,应该谨慎对待,但也不能因此而过分保守,造成浪费。处理好这种关系的关键是对地基基础原理和规范条文的深刻理解和正确运用。

建设场地工程地质特性的复杂多样,造成地基基础相对于上部结构来说更富于变化。因此更需要针对不同情况进行不同分析,避免生搬硬套。

(2)关于地基基础工程极限状态设计

在结构工程设计中早已采取了极限状态设计方法。例如,我国早在 20 世纪 80 年代,建筑结构工程设计与国外一样采用以概率理论为基础的极限状态设计方法。该方法以半经验半概率的分项系数描述设计表达式代替原来的总安全系数的设计表达式,从而对计算结果赋予概率的含义,对结构设计的可靠度有科学的预测。而我国现行的地基基础规范,尚未采用极限状态设计,而采用总安全系数的方法,主要原因是岩土设计参数的概率特性比上部结构材料要复杂得多,需要大量的测试和分析工作,以及积累足够的数据和经验。目前,我国地基基础设计正朝着这方面努力。

(3)有关规范的协调和使用

本书沿用传统做法,即按照地基基础工程学科的自身知识体系编写而成,这样做的依据是各个行业地基基础工程设计的基本原理在本质上是一致的。但是,目前国内各个行业还没有统一的地基基础设计规范,而各个行业规范、标准又存在一定的差别,有许多不协调之处,有些名词的称呼甚至也不一样。本教材主要依据建筑工程行业编写,学习时应该注意。

　　基础工程是一门有着较强的理论性和实践性的课程。除理论外,试验测试和工程经验对于解决工程问题也十分重要,所以在学习时应注意理论与实际的联系,通过各个教学环节学习好本课程。

第2章 浅 基 础

2.1 地基基础设计基本原则

2.1.1 概述

地基基础设计是建筑物结构设计的重要组成部分,包括地基设计和基础设计两部分。地基设计包括确定地基承载力、计算地基变形值等;基础设计包括选择基础类型、确定基础埋置深度、计算基底尺寸、进行基础结构设计和计算等。设计时不仅要考虑拟建场地的工程地质和水文地质条件,还要综合考虑建筑物的使用要求、上部结构特点及施工要求等。

2.1.2 地基基础设计等级

建筑物的安全和正常使用,不仅取决于其上部结构的安全储备,更重要的是要求地基基础有一定的安全度。因为地基基础是隐蔽工程,所以不论地基或基础哪一方面出现问题或发生破坏,均很难修复,轻者影响使用,重者还会导致建筑物破坏甚至酿成灾祸。因此,地基基础设计在建(构)筑物设计中举足轻重。

根据地基复杂程度、建筑物规模和功能特征以及由于地基问题可能造成建筑物破坏或影响其正常使用的程度,将地基基础设计分为三个等级,如表 2.1 所示。

表 2.1 地基基础设计等级

设计等级	建筑和地基类型
甲级	重要的工业与民用建筑物;30 层以上的高层建筑;体型复杂、层数相差超过 10 层的高低层连成一体的建筑物;大面积的多层地下建筑物(如地下车库、商场、运动场等);对地基变形有特殊要求的建筑物;复杂地质条件下的坡上建筑物(包括高边坡);对原有工程影响较大的新建建筑物;场地和地基条件复杂的一般建筑物;位于复杂地质条件及软土地区的二层及二层以上地下室的基坑工程;开挖深度大于 15 m 的基坑工程;周边环境条件复杂、环境保护要求高的基坑工程
乙级	除甲级、丙级以外的工业与民用建筑物;除甲级、丙级以外的基坑工程
丙级	场地和地基条件简单、荷载分布均匀的七层及七层以下民用建筑及一般工业建筑;次要的轻型建筑物;非软土地区且场地地质条件简单、基坑周边环境条件简单、环境保护要求不高且开挖深度小于 5.0 m 的基坑工程

2.1.3 地基基础设计要求

根据建筑物地基基础设计等级及长期荷载作用下地基变形对上部结构的影响程度,

地基基础设计应符合下列规定：

(1)所有建筑物的地基计算均应满足承载力计算的有关规定。

(2)设计等级为甲级、乙级的建筑物，均应按地基变形设计。

(3)设计等级为丙级的建筑物有下列情况之一时，应作变形验算。

① 地基承载力特征值小于 130 kPa，且体型复杂的建筑。

② 在基础上及其附近有地面堆载或相邻基础荷载差异较大，可能引起地基产生过大的不均匀沉降时。

③ 软弱地基上的建筑物存在偏心荷载时。

④ 相邻建筑距离近，可能发生倾斜时。

⑤ 地基内有厚度较大或厚薄不均的填土，其自重固结未完成时。

(4)对经常受水平荷载作用的高层建筑、高耸结构和挡土墙等，以及建造在斜坡上或边坡附近的建(构)筑物，还应验算其稳定性。

(5)基坑工程应进行稳定性验算。

(6)建筑地下室或地下构筑物存在上浮问题时，还应进行抗浮验算。

表 2.2 所列范围内设计等级为丙级的建筑物，可不作变形验算。

表 2.2 可不作地基变形计算的设计等级为丙级的建筑物范围

建筑类型								地基主要受力层情况	
水塔		烟囱	单层排架结构(6 m 柱距)				砌体承重结构、框架结构	各土层坡度/%	地基承载力特征值 f_{ak}/kPa
			多跨		单跨				
容积/m³	高度/m	高度/m	厂房跨度/m	吊车额定起重量/t	厂房跨度/m	吊车额定起重量/t	层数		
50～100	≤20	≤40	≤18	5～10	≤18	10～15	≤5	≤5	80≤f_{ak}<100
100～200	≤30	≤50	≤24	10～15	≤24	15～20	≤5	≤10	100≤f_{ak}<130
200～300	30	≤75	≤30	15～20	≤30	20～30	≤6	≤10	130≤f_{ak}<160
300～500			≤30	20～30	≤30	30～50	≤6	≤10	160≤f_{ak}<200
500～1000	≤30	≤100	≤30	30～75	≤30	50～100	≤7	≤10	200≤f_{ak}<300

注:1. 地基主要受力层系指条形基础底面下深度为 3b(b 为基础底面宽度)，独立基础下为 1.5b，且厚度均不小于 5 m 的范围(二层以下一般的民用建筑物除外)。

2. 地基主要受力层中如果有承载力特征值小于 130 kPa 的土层时，表中砌体承重结构的设计应符合规范的有关要求。

3. 表中砌体承重结构和框架结构均指民用建筑，对于工业建筑可按厂房高度、荷载情况折合成与其相当的民用建筑物层数。

4. 表中吊车额定起重量、烟囱高度和水塔容积的数值系指最大值。

2.1.4 作用效应组合与抗力取值

在进行地基基础设计时，应根据建筑使用过程中可能同时出现的荷载或作用，按设计要求和使用要求，取各自最不利状态分别进行作用效应组合，其中所采用的作用效应与相应的抗力限值应符合下列规定。

(1)按地基承载力确定基础底面积及埋深或按单桩承载力确定桩数时,传至基础或承台底面上的作用效应应按正常使用极限状态下作用的标准组合,相应的抗力应采用地基承载力特征值或单桩承载力特征值。

(2)计算地基变形时,传至基础底面上的作用效应应按正常使用极限状态下作用的准永久组合,不应计入风荷载和地震作用,相应的限值应为地基变形允许值。

(3)计算挡土墙土压力、地基或滑坡稳定以及基础抗浮稳定时,作用效应应按承载能力极限状态下作用的基本组合,但其分项系数均为1.0。

(4)在确定基础或桩承台高度、支挡结构截面,计算基础或支挡结构内力,确定配筋和验算材料强度时,上部结构传来的作用效应和相应的基底反力、挡土墙土压力以及滑坡推力应按承载能力极限状态下作用的基本组合,采用相应的分项系数;当需要验算基础裂缝宽度时,应按正常使用极限状态下作用的标准组合。

(5)基础设计安全等级、结构设计使用年限、结构重要性系数应按有关规范的规定采用,但结构重要性系数 γ_0 不应小于1.0。

正常使用极限状态下,标准组合的效应设计值为

$$S_k = S_{Gk} + S_{Q1k} + \psi_{c2} S_{Q2k} + \cdots + \psi_{cn} S_{Qnk} \qquad (2.1)$$

准永久组合的效应值为

$$S_k = S_{Gk} + \psi_{Q1} S_{Q1k} + \psi_{Q2} S_{Q2k} + \cdots + \psi_{Qn} S_{Qnk} \qquad (2.2)$$

承载能力极限状态下,由可变作用控制的基本组合的效应设计值为

$$S_d = \gamma_G S_{Gk} + \gamma_{Q1} S_{Q1k} + \gamma_{Q2} \psi_{c2} S_{Q2k} + \cdots + \gamma_{Qn} \psi_{Qn} S_{Qnk} \qquad (2.3)$$

式中:S_{Gk} 为按永久作用标准值 G_k(基础自重和基础上的土重)计算的效应;S_{Qnk} 为第 n 个可变作用标准值 Q_{nk} 的效应;ψ_{cn} 为第 n 个可变作用 Q_n 的组合值系数,一般取 $0.5 \sim 0.9$;ψ_{Qn} 为第 n 个可变作用的准永久值系数,一般取 $0.3 \sim 0.8$;γ_G 为永久作用的分项系数,一般取 1.2;γ_{Qn} 为第 n 个可变作用的分项系数,一般取 1.4。

对于永久作用控制的基本组合,也可采用简化规则,其效应设计值 S_d 可按式(2.4)确定。

$$S_d = 1.35 S_k \qquad (2.4)$$

式中:S_k 为标准组合的作用效应设计值。

2.1.5 地基基础设计步骤

地基基础的主要设计步骤如下:

(1)选择地基基础方案,确定基础类型(包括材料和平面布置方式)。

(2)选择地基持力层,确定基础埋置深度。

(3)确定持力层的承载力。

(4)根据持力层承载力计算基础底面尺寸。

（5）根据需要进行稳定性和变形验算。

（6）进行基础结构的设计。

（7）绘制基础施工图，提出施工说明。

2.2 浅基础的类型

进行基础设计时，首先要确定选用何种类型的基础。基础可按所用材料、受力性能及结构构造进行分类，不同类型的基础有不同的特点及适用范围，只有了解各类基础的特点和适用范围，才能选择出合理的基础类型。

2.2.1 按材料分类

（1）砖基础。砖基础用砖和砂浆砌筑而成，是应用较为广泛的一种基础，具有易就地取材、价格低、施工简便等特点。砖基础一般做成阶梯形，俗称大放脚。为保证基础在基底反力作用下不发生破坏，大放脚可采用"两皮一收"和"二一间隔收"两种砌法（图 2.1）。"两皮一收"的砌法是每砌两皮砖，收进 1/4 砖长；"二一间隔收"是先砌两皮砖，收进 1/4 砖长，再砌一皮砖，收进 1/4 砖长，如此反复。施工中顶层砖和底层砖必须是两皮砖，即 120 mm，使得局部都保证符合刚性角的要求。"两皮一收"施工方便，"二一间隔收"较为节省材料。为保证砖基础在潮湿和霜冻条件下坚固耐久，砖基础所用砖和砂浆强度等级，应根据地基土的潮湿程度和地区的寒冷程度选用。砖基础一般用于六层及六层以下的民用建筑和砖墙承重的轻型厂房。

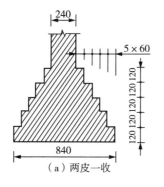
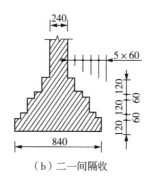

图 2.1 砖基础

（2）毛石基础。毛石基础是用毛石和砂浆砌筑而成的一种基础。毛石是指未经加工凿平的石料，其抗冻性和耐久性较好。毛石基础一般做成台阶状，如图 2.2 所示。为便于砌筑及保证砌筑质量，毛石基础每一台阶的外伸宽度不应大于 200 mm，每一台阶的高度及宽度不应小于 400 mm。毛石基础一般用于七层及七层以下的民用建筑。

（3）灰土基础。当基础砌体下部受力不大时，为节约砖石材料，在砖石大放脚下面做一层灰土垫层，这个垫层习惯上称为灰土基础。灰土用熟化的石灰和黏土按一定比例拌和而成，其体积比为 3∶7 或 2∶8，加水拌匀，然后铺入基坑内，每层虚铺 220～250 mm，夯实至 150 mm，一般铺 2～3 次，在其上砌筑大放脚。灰土基础适用于地下水位以上、五

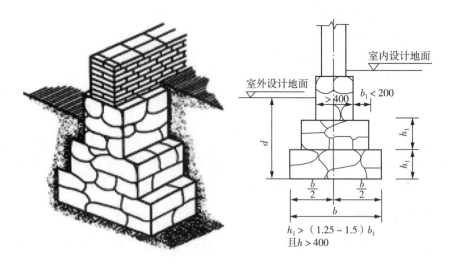

$$h_1 > (1.25 \sim 1.5)\, b_1$$
$$且\, h > 400$$

图 2.2　毛石基础

层及五层以下的民用建筑和小型砖墙承重的单层工业厂房。

（4）三合土基础。三合土基础常用于我国南方地区，以石灰、砂、碎石（或碎砖）按一定比例拌和而成，其体积比一般为 1∶2∶4 或 1∶3∶6（石灰∶砂∶集料），加水拌匀，然后铺入基坑内，每层铺 220 mm，夯至 150 mm，铺至设计标高后再在其上砌筑大放脚。三合土基础适用于四层及四层以下的民用建筑。

（5）混凝土和毛石混凝土基础。混凝土基础强度高，耐久性、抗冻性较好。当上部结构荷载较大或基础位于地下水位以下时，常采用混凝土基础，混凝土强度等级不小于C15。混凝土基础造价比砖、石基础高，水泥用量大。当基础体积较大时，为降低混凝土用量，在浇筑混凝土时，可以掺加占基础体积 20%～30% 的毛石，称为毛石混凝土基础，所掺入的毛石尺寸不得大于 300 mm，使用前要冲洗干净。

（6）钢筋混凝土基础。钢筋混凝土具有较强的抗弯、抗剪能力，是质量较好的基础材料，在相同基础宽度下，钢筋混凝土基础的高度远比砖石和混凝土基础要小得多，基础的埋置深度可减小，从而降低工程造价。当上部结构荷载较大或地基土质较差时，常采用此类基础。对于一般的钢筋混凝土基础，混凝土的强度等级不应低于 C15。

2.2.2　按受力性能分类

（1）无筋扩展基础。无筋扩展基础又称刚性基础，是指由砖、毛石、混凝土或毛石混凝土、灰土和三合土等抗压性能良好而抗拉、抗剪性能比较差的材料建造的且不需配置钢筋的墙下条形基础或柱下独立基础。无筋扩展基础要求具有较大的抗弯刚度，以使其受荷载作用后几乎不发生弯曲变形，此项要求可通过构造来完成，设计时必须规定其所用材料的强度和质量、限制台阶的高宽比、限制建筑物基底压力，而不必进行内力分析和截面强度计算。

（2）扩展基础。扩展基础是指柱下钢筋混凝土独立基础和墙下钢筋混凝土条形基础。这类基础的抗弯和抗剪性能良好，基础截面尺寸不受刚性角的限制，其剖面可做成扁平状,用较小的基础高度,把荷载传递到较大的基础底面上。当基础上的荷载较大而地基承载力较低,需加大基底面积而不能增大基础高度和埋置深度时,可采用扩展基础。

2.2.3　按构造分类

浅基础按构造可分为独立基础、条形基础、十字交叉基础、筏形基础、箱形基础、壳体基础等。

(1)独立基础。独立基础是指整个或局部结构物下的无筋或配筋的单个基础,常用于柱、烟囱、水塔、机器设备的基础。独立基础可分为柱下独立基础(图 2.3)和墙下独立基础,其所用材料根据柱子材料和荷载的大小,可以分为砖石、混凝土或钢筋混凝土。独立基础的剖面可做成台阶形、锥形、杯形等。

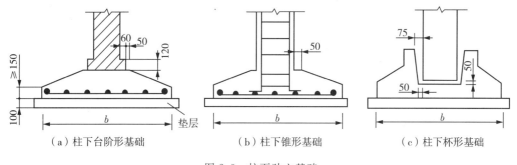

(a)柱下台阶形基础　　　　　(b)柱下锥形基础　　　　　(c)柱下杯形基础

图 2.3　柱下独立基础

(2)条形基础。条形基础是指基础长度远远大于其宽度的一种基础形式,按上部结构形式,可分为墙下条形基础和柱下条形基础。

① 墙下条形基础。有刚性条形基础和钢筋混凝土条形基础两种。当上部墙体荷载不大、地基条件较好时,常采用砖、毛石、灰土等材料做成墙下刚性条形基础(图 2.4);当上部墙体荷载较大而土质较差时,可采用墙下钢筋混凝土条形基础(图 2.5)。

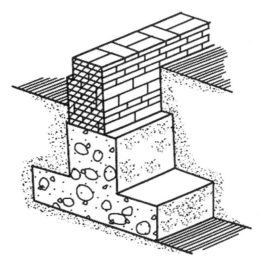

图 2.4　墙下刚性条形基础

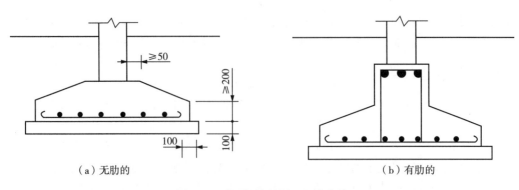

（a）无肋的　　　　　　　　　　　　　（b）有肋的

图 2.5　墙下钢筋混凝土条形基础

②柱下条形基础。当地基软弱而荷载较大且柱距较小时，若采用柱下独立基础，可能因基础底面积很大而使基础边缘相连接甚至重叠。为增加基础的整体性并方便施工，可将同一排的柱下独立基础连通做成柱下钢筋混凝土条形基础（图 2.6），使多根柱子支承在一个共同的条形基础上。这种形式的基础有利于减轻建筑物的不均匀沉降，适用于上部柱距较小的框架结构。

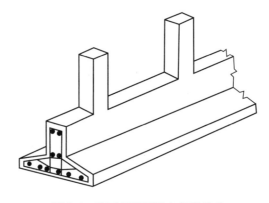

图 2.6　柱下钢筋混凝土条形基础

（3）柱下十字交叉基础。如果地基很软或上部荷载很大，单一方向的柱下条形基础难以满足不均匀沉降的要求时，可将柱网下纵横两个方向设置成柱下条形基础，形成柱下十字交叉基础（图 2.7）。这种基础纵横向都具有一定的刚度，对不均匀沉降具有良好的调节能力。

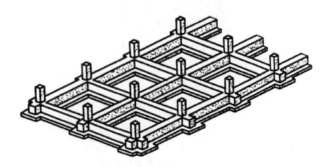

图 2.7　柱下十字交叉基础

(4)筏形基础。如果地基软弱而上部荷载很大,采用十字交叉基础仍不能满足要求时,可把整个建筑物的基础连成一片连续的钢筋混凝土板,称为筏形基础(图 2.8),俗称满堂红基础。按构造不同分为平板式和梁板式两种,其中梁板式又有两种形式,一种是梁在板上,另一种是梁在板下。筏形基础整体性好,能调节各部分的不均匀沉降,在高层建筑中应用较多。

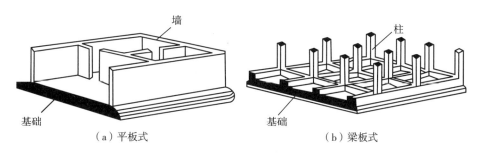

图 2.8　筏形基础

(5)箱形基础。箱形基础(图 2.9)是由底板、顶板和纵横交错的内外墙组成的单层或多层钢筋混凝土空间结构,具有很大的整体刚度,能够较好地抵抗地面或荷载分布不均引起的不均匀沉降,适用于软弱地基上的高层、超高层、重型或对不均匀沉降有严格要求的建筑物。箱形基础材料耗用量大,造价高,施工技术复杂,在选用时要多种方案比较后确定。

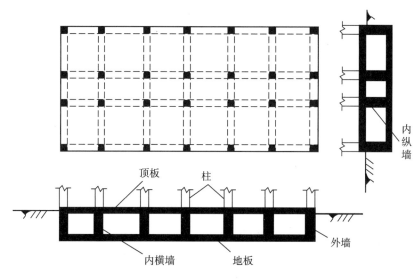

图 2.9　箱形基础

(6)壳体基础。如果单独基础上部结构承受的横向荷载较大时,可采用壳体基础。壳体基础形式很多,常用的是正圆锥壳及其组合形式(图 2.10)。这种基础在荷载作用下主要产生轴向压力,可节约材料用量,但施工时,修筑土台的技术难度大,布置钢筋及浇筑混凝土困难,在实际中应用不多。

在进行基础设计时,一般遵循无筋扩展基础→柱下独立基础→柱下条形基础→柱下十字交叉条形基础→筏形基础→箱形基础的顺序来选择基础形式。

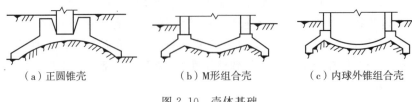

（a）正圆锥壳　　　　　　（b）M形组合壳　　　　　　（c）内球外锥组合壳

图 2.10　壳体基础

2.3　基础埋置深度的确定

基础埋置深度一般指从室外设计地面到基础底面的距离，通常用 d 来表示。

基础埋置深度的确定是基础设计的关键环节之一，它关系到选择的持力层是否安全可靠、施工的难易程度及工程造价的高低。在满足地基稳定和变形要求的前提下，基础应尽量浅埋，原则上除了岩石地基外，基础的埋置深度不宜小于 0.5 m，且基础顶面到室外设计地面的距离不宜小于 0.1 m。

确定基础的埋置深度，应从实际出发，综合考虑各种因素的影响，从中选择合理的基础埋置深度。确定基础埋置深度主要考虑以下五种因素的影响。

（1）工程地质条件和水文地质条件

工程地质条件是选择基础埋深的重要因素之一。选择基础埋置深度，实际上就是选择合理的持力层。为确保建筑物的安全及正常使用，必须根据上部结构荷载的大小、性质选择可靠的土层作为基础的持力层。

地基一般由多种不同性质的土层组成。当上层土的承载力大于下层土时宜尽量取上层土作为持力层，必要时对上部结构采取构造措施。若持力层下有软弱下卧层，应对地基受力层范围内的软弱下卧层进行承载力验算。如果上层土的承载力低于下层土时，应视上部土层厚度，综合考虑上部结构类型性质、施工难易程度、材料消耗、工程造价等来决定基础埋置深度。当上层软弱土层较薄（厚度在 2 m 以内）时，可将软弱土层挖除，将基础放置在下部好土层上；当软弱土层较厚时，若加深基础不经济，可考虑采用人工地基、桩基础或其他形式的深基础。

选择基础埋深时也应注意地下水的埋藏条件和变化。原则上，当有地下水存在时，基础应尽量埋在地下水位以上；当必须埋在地下水位以下时，应采取施工排水措施，并考虑地下水对基础材料的侵蚀性、地下室防渗、结构抗浮等问题。

对埋藏有承压含水层的地基，如图 2.11 所示，确定基础埋置深度时，必须控制基坑开挖深度，防止基坑因挖土减压而隆起开裂，要求基底到承压含水层顶间保留土层厚度 h_0 满足下式要求。

$$h_0 \geqslant \frac{\gamma_w}{\gamma_0} \frac{h}{k} \tag{2.5}$$

式中：h 为承压水位高度（从承压含水层顶面算起）；γ_0 为基底至承压含水层顶范围内土的加权平均重度；k 为系数，一般取 1.0，对宽基坑取 0.7。

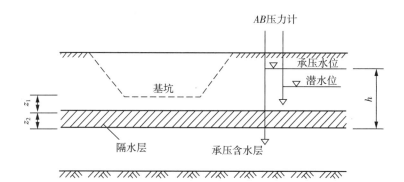

图 2.11　埋藏有承压水层的地基

(2)建筑物的用途及类型

建筑物基础的埋置深度要满足建筑物的用途要求。当有地下室、设备基础和地下设施时,基础的埋置深度应相应加深。不同建筑结构类型对基础埋置深度的要求也不相同,如多层砖混结构房屋与高层框剪结构对基础埋置深度的要求是不相同的,这些要求往往成为其基础埋置深度选择的先决条件。

当建筑物对不均匀沉降很敏感时,应将基础埋置于较坚实或较均匀的土层上。当建筑物各部分的使用要求不同或地基土质变化较大,使得同一建筑物各部分基础埋深不同时,应将基础做成台阶形,台阶宽高比一般为 1:2,每台阶高度不超过 500 mm。

当管道与基础相交时,基础埋深应低于管道,并在基础上面预留足够的空隙,以防基础沉降而引起管道破坏。

(3)作用在地基上的荷载大小和性质

上部结构荷载大小不同,对地基土的要求也不相同,某一深度的土层,对荷载小的基础可能满足要求,而对承受荷载较大的基础则可能不宜作持力层。

确定基础埋置深度时还应考虑荷载性质的影响。对承受水平荷载的基础,应有足够的埋置深度来获得土的侧向抗力,以保证基础的稳定性。对位于土质地基上的高层建筑物,其埋深一般不得小于地面以上建筑物高度的 1/15;对承受上拔力的基础,如输电塔基础等,要求具有较大的埋深以承受其上拔力。对承受动荷载的基础,不宜选择饱和疏松的细、粉砂作持力层,以免这些土层由于震动液化而丧失稳定性。在地震区,不宜将可液化土层直接作为基础的持力层。

(4)相邻建筑物的基础埋深

在靠近原有建筑物修建新基础时,为保证原有建筑物的安全和正常使用,一般新建建筑物的基础埋深不宜大于原有建筑物的基础埋深。当必须深于原有建筑物基础时,两基础应保持一定的净间距,其数值应根据原有建筑物荷载大小、基础形式等情况确定,一般为相邻两基底高差的 1～2 倍,否则应采取相应的施工措施,如进行基坑支护、分段施工、打板桩、做地下连续墙等。

(5)地基土的冻胀和融陷

地表下一定深度内,土层的温度随气候温度的变化而变化。当土层温度降到 0 ℃ 以下时,土层中的孔隙水将冻结而形成冻土。冻结的土会对水产生吸附力,吸引附近水分渗向冻结区一起冻结。土冻结后,含水量增加,体积膨胀,这种现象称为土的冻胀。当建筑物基础埋置在冻结深度以内时,将受到土体因冻胀而产生的上抬力,当上抬力大于基础荷重时,基础可能被上抬,引发建筑物墙体开裂,甚至造成建筑物破坏;当气温回升,土层解冻时,冻土层体积缩小,土体软化,强度降低,压缩性增大,地基产生融陷,导致建筑物产生不均匀沉降。因此设计时必须考虑地基冻胀和融陷对基础埋深的影响。

根据地基土的种类、天然含水量的大小与冻结期间地下水位的情况,《建筑地基基础设计规范》(GB 50007—2011)将地基土分为不冻胀、弱冻胀、冻胀、强冻胀和特强冻胀五类。

对于不冻胀土地基,基础的埋置深度可不考虑冻胀深度的影响,而在弱冻胀土以上地基上设计基础时,应保证基础有相应的最小埋置深度 d_{min},以消除基底的法向冻胀力,并采取防冻胀措施。当基底下允许有一定厚度的冻土层时,最小埋置深度可按下式计算。

$$d_{min} = z_d - h_{max} \tag{2.6}$$

$$z_d = z_0 \psi_{zs} \psi_{zw} \psi_{ze} \tag{2.7}$$

式中:z_d 为季节性冻土地基的设计深度;z_0 为标准冻深,采用在地表平坦、裸露、城市之外的空旷场地中不少于 10 年实测最大冻深的平均值,当无实测资料时,按《建筑地基基础设计规范》附录 F 采用;ψ_{zs} 为土的类别对冻深的影响系数,按表 2.3 确定;ψ_{zw} 为土的冻胀性对冻深的影响系数,按表 2.4 确定;ψ_{ze} 为环境对冻深的影响系数,按表 2.5 确定;h_{max} 为建筑基础底面下允许冻土层最大厚度,按表 2.6 查取。

表 2.3 土的类别对冻深的影响系数

土的类别	影响系数 ψ_{zs}	土的类别	影响系数 ψ_{zs}
黏性土	1.00	中砂、粗砂、砾砂	1.30
细砂、粉砂、粉土	1.20	大块碎石土	1.40

表 2.4 土的冻胀性对冻深的影响系数

冻胀性	影响系数 ψ_{zw}	冻胀性	影响系数 ψ_{zw}
不冻胀	1.00	强冻胀	0.85
弱冻胀	0.95	特强冻胀	0.80
冻胀	0.90	—	

表 2.5 环境对冻深的影响系数

周围环境	影响系数 ψ_{zc}	周围环境	影响系数 ψ_{zc}
村、镇、旷野	1.00	城市市区	0.90
城市近郊	0.95	—	

表 2.6　建筑基础底面下允许冻土层最大厚度 h_{max}　　　　单位：m

冻胀性	基础形式	采暖情况	相应基底平均压力下的允许冻土层最大厚度						
			90 kPa	110 kPa	130 kPa	150 kPa	170 kPa	190 kPa	210 kPa
弱冻胀土	方形基础	采暖	—	0.94	0.99	1.04	1.11	1.15	1.20
		不采暖	—	0.78	0.84	0.91	0.97	1.04	1.10
	条形基础	采暖	—	>2.50	>2.50	>2.50	>2.50	>2.50	>2.50
		不采暖	—	2.20	2.50	>2.50	>2.50	>2.50	>2.50
冻胀土	方形基础	采暖	—	0.64	0.70	0.75	0.81	0.86	—
		不采暖	—	0.55	0.60	0.65	0.69	0.74	—
	条形基础	采暖	—	1.55	1.79	2.03	2.26	2.50	—
		不采暖	—	1.15	1.35	1.55	1.75	1.95	—
强冻胀土	方形基础	采暖	—	0.42	0.47	0.51	0.56	—	—
		不采暖	—	0.36	0.40	0.43	0.47	—	—
	条形基础	采暖	—	0.74	0.88	1.00	1.13	—	—
		不采暖	—	0.56	0.66	0.75	0.84	—	—
特强冻胀土	方形基础	采暖	0.30	0.34	0.38	0.41	—	—	—
		不采暖	0.24	0.27	0.31	0.34	—	—	—
	条形基础	采暖	0.43	0.52	0.61	0.70	—	—	—
		不采暖	0.33	0.40	0.47	0.53	—	—	—

2.4　地基承载力

为了满足地基强度和变形的要求,必须控制基础底面压力不大于某一界限值,即地基承载力。《建筑地基基础设计规范》采用了地基承载力特征值的概念。地基承载力特征值是指由荷载试验测定的地基土压力变形曲线线性变形段内规定的变形所对应的压力值,其最大值为比例界限值。采用"特征值"用以表示正常使用极限状态计算时采用的地基承载力,其含义即为在发挥正常使用功能时所允许采用的抗力设计值,实际上是允许承载力。

地基承载力特征值可由载荷试验或其他原位测试、公式计算,并结合工程实践经验等方法综合确定。采用静力触探、动力触探、标准贯入试验等原位测试方法确定地基承载力时,必须有地区经验,即当地的对比资料。当地基基础设计等级为甲级和乙级时,应结合室内试验成果综合分析,不宜单独应用。

2.4.1　荷载试验确定地基承载力特征值

在施工现场通过一定尺寸的载荷板对扰动较少的地基土体直接施加荷载,所测得的结果比较可靠。下面介绍利用浅层平板载荷试验得到的荷载-沉降($p-s$)曲线确定地基承载力特征值的方法。

承载力特征值的确定应符合下列规定(图 2.12)。

(1)当 p-s 曲线上有比例界限(图 2.12 中曲线 1 上的 a 点)时,取该比例界限所对应的荷载值 p_{cr}。

(2)当极限荷载(图 2.12 中曲线 1 上的 b 点对应的荷载)p_u 小于对应比例界限的荷载值的 2 倍时,取极限荷载值的一半 $p_u/2$。

(3)当不能按上述两款要求确定时,如图 2.12 中曲线 2 为缓变型曲线,没有明显的直线段和陡降段,当压板面积为 0.25～0.50 m² 时,可取 s/b 为 0.01～0.015 时所对应的荷载,但其值不应大于最大加载量的一半。

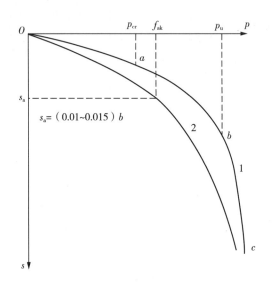

图 2.12　由 p-s 曲线确定地基承载力特征值

同一土层参加统计的试验点不应少于 3 个,当试验实测值的极差不超过其平均值的 30% 时,取此平均值作为该土层的地基承载力特征值 f_{ak}。

2.4.2　公式计算确定地基承载力特征值

根据工程具体要求,可采用由极限平衡理论得到的地基土临塑荷载 p_{cr} 和塑性临界荷载 $p_{1/4}$、$p_{1/3}$ 计算公式确定地基承载力特征值,也可以采用普朗特尔(Prandtl)、雷斯诺(Reissner)、太沙基(Terzaghi)、斯肯普顿(Skempton)、魏西克(Vesic)、汉森(Hanson)等地基极限承载力公式除以安全系数确定地基承载力特征值。对于太沙基极限承载力公式,安全系数取 2～3;对于斯肯普顿公式,安全系数取 1.1～1.5。

《建筑地基基础设计规范》采用塑性临界荷载的概念,并参考普朗特尔、太沙基的极限承载力公式,规定了按地基土抗剪强度指标确定地基承载力特征值的方法。

当偏心距 e 小于或等于 0.033 倍基础底面宽度时,根据土的抗剪强度指标确定地基承载力特征值可按式(2.8)计算,并应满足变形要求:

$$f_a = M_b\gamma b + M_d\gamma_m d + M_c C_k \tag{2.8}$$

式中：f_a 为由土的抗剪强度指标确定的地基承载力特征值；M_b，M_d，M_c 为承载力系数，按表 2.7 确定；b 为基础底面宽度，m（大于 6 m 时按 6 m 取值，对于砂土小于 3 m 时按 3 m 取值）；G_k 为基底下一倍短边宽深度内土的黏聚力标准值；γ 为基础底面以下土的重度，地下水位以下取浮重度；γ_m 为基础底面以上土的加权平均重度，地下水位以下取有效重度；d 为基础埋置深度，m（一般自室外地面标高算起）。在填方整平地区，基础埋置深度可自填土地面标高算起，但在上部结构施工后完成时，填土应从天然地面标高算起。对于地下室，如采用箱形基础或筏形基础，基础埋置深度自室外地面标高算起，当采用独立基础或条形基础时，应从室内地面标高算起。

表 2.7 承载力系数 M_b，M_d，M_c

土的内摩擦角标准值 φ_k/(°)	M_b	M_d	M_c	土的内摩擦角标准值 φ_k/(°)	M_b	M_d	M_c
0	0	1.00	3.14	22	0.61	3.44	6.04
2	0.03	1.12	3.32	24	0.80	3.87	6.45
4	0.06	1.25	3.51	26	1.10	4.37	6.90
6	0.10	1.39	3.71	28	1.40	4.93	7.40
8	0.14	1.55	3.93	30	1.90	5.59	7.95
10	0.18	1.73	4.17	32	2.60	6.35	8.55
12	0.23	1.94	4.42	34	3.40	7.21	9.22
14	0.29	2.17	4.69	36	4.20	8.25	9.97
16	0.36	2.43	5.00	38	5.00	9.44	2.80
18	0.43	2.72	5.31	40	5.80	2.84	11.73
20	0.51	3.06	5.66	—			

注：φ_k 为基底下一倍短边宽深度内土的内摩擦角标准值。

2.4.3　地基承载力的修正

考虑增加基础宽度和埋置深度，地基承载力也随之提高，应将地基承载力对不同的基础宽度和埋置深度进行修正，才适于应用。《建筑地基基础设计规范》规定，当基础宽度大于 3 m 或埋置深度大于 0.5 m 时，通过载荷试验或其他原位测试、经验值等方法确定的地基承载力特征值还应按式（2.9）修正。

$$f_a = f_{ak} + \eta_b\gamma(b-3) + \eta_d\gamma_m(d-0.5) \tag{2.9}$$

式中：f_a 为修正后的地基承载力特征值，kPa；f_{ak} 为通过载荷试验或其他原位测试、经验值等方法确定的地基承载力特征值，kPa；η_b，η_d 为基础宽度和埋深的地基承载力修正系数，按基底下土类别查表 2.8 取值；b 为基础底面宽度，m（当基础底面宽度小于 3 m 时按 3 m 取值，大于 6 m 时按 6 m 取值）。其他符号含义同前。

表 2.8　地基承载力修正系数 η_b，η_d

土的类别	修正系数	
	η_b	η_d
淤泥和淤泥质土	0	1.0
人工填土	0	1.0
e 或 I_L 大于或等于 0.85 的黏性土	0	1.0
含水比 $a_w > 0.8$ 的红黏土	0	1.2
含水比 $a_w \leqslant 0.8$ 的红黏土	0.15	1.4
大面积压实填土——压实系数大于 0.95，黏粒含量 $\rho_c \geqslant 10\%$ 的粉土	0	1.5
大面积压实填土——最大干密度大于 2100 kg/m³ 的级配砂石	0	2.0
黏粒含量 $\rho_c \geqslant 10\%$ 的粉土	0.3	1.5
黏粒含量 $\rho_c < 10\%$ 的粉土	0.5	2.0
e 及 I_L 均小于 0.85 的黏性土	0.3	1.6
粉砂、细砂(不包括很湿与饱和时的稍密状态)	2.0	3.0
中砂、粗砂、砾砂和碎石土	3.0	4.4

注：1. 强风化和全风化的岩石，可参照所风化成的相应土类取值，其他状态下的岩石不修正。

2. 地基承载力特征值按《建筑地基基础设计规范》附录 D 深层平板载荷试验确定时 η_d 取 0。

3. 含水比是指土的天然含水量与液限的比值。

4. 大面积压实填土是指填土范围大于两倍基础宽度的填土。

2.5　基础底面尺寸的确定

确定基础底面尺寸时，根据"所有建筑物的地基计算均应满足承载力"的基本原则，首先应满足地基承载力要求，包括持力层土的承载力计算和软弱下卧层承载力的验算；其次，对于部分建(构)筑物，仍需考虑地基变形对其影响，验算建(构)筑物的变形特征值，并对基础底面尺寸做必要的调整。

2.5.1　按持力层承载力计算

(1)中心荷载作用

中心荷载作用下，基底压力应满足式(2.10)的要求：

$$p_k \leqslant f_a \qquad (2.10)$$

式中：f_a 为修正后的地基承载力特征值；p_k 为相应于荷载效应标准组合时，基础底面处的平均压力值。

$$p_k = \frac{F_k + G_k}{A} \qquad (2.11)$$

式中：F_k 为相应于荷载效应标准组合时传至基础顶面的竖向力值；A 为基础底面积；G_k

为基础自重和基础上土重,一般按 $G_k = \gamma_G A d$ 计算,γ_G 为基础及其上土的平均重度,一般取 $\gamma_G = 20$ kN/m³,地下水位以下取浮重度,d 为基础埋深。

一般采用式(2.10)进行地基承载力验算,即先给定基础底面积 A,验算基底压力是否满足承载力要求。

在基础工程设计时,往往要根据地基承载力要求确定基础底面积。此时,在中心荷载作用下,基底面积 A 的计算公式为

$$A = \frac{F_k}{f_a - \gamma_G d} \tag{2.12}$$

如果是矩形基础,因为 $A = lb$(l 和 b 分别为矩形基底的长度和宽度),按式(2.12)算出 A 后,先选定 b(或 l),即可算出 l(或 b),如图 2.13 所示。

如果是方形基础,因为 $A = b^2$,则很容易确定 b。

如果是荷载沿长度方向均匀分布的条形基础(长度大于宽度的 10 倍),则沿基础长度方向取 1 m 作为计算单元,故基底宽度为

$$b \geqslant \frac{F_k}{f_a - \gamma_G d} \tag{2.13}$$

此时式(2.11)和式(2.13)中的 F_k 和 G_k 为 1 m 长度范围内作用的荷载值。

必须指出的是,在按式(2.12)计算 A 时,需要先确定修正后的地基承载力特征值 f_a,而 f_a 值又与基础底面尺寸 A 有关,也就是式(2.12)中的 A

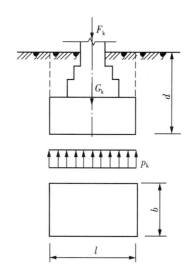

图 2.13　中心荷载作用下
基底压力的计算

与 f_a 都是未知数,因此,可能要通过反复试算确定。计算时,可先对地基承载力只进行深度修正,计算 f_a 值;然后按计算所得的 $A = bl$ 考虑是否需要进行宽度修正,使得 A 与 f_a 相互协调一致。

(2)偏心荷载作用

在偏心荷载作用下,除应满足 $p_k \leqslant f_a$ 外,还应使最大基底压力小于 1.2 倍的地基承载力特征值,即

$$p_{k\max} \leqslant 1.2 f_a \tag{2.14}$$

对于偏心荷载作用下的矩形基础,可假定在基础的长度方向偏心,在宽度方向不偏心,此时沿长度方向基础边缘的最大压力 $p_{k\max}$ 与最小压力 $p_{k\min}$ 按偏心受压公式计算,即

$$\begin{cases} p_{k\max} = \dfrac{F_k + G_k}{lb} + \dfrac{M_k}{W} = p_k\left(1 + 6\,\dfrac{e}{l}\right) \\[3mm] p_{k\min} = \dfrac{F_k + G_k}{lb} - \dfrac{M_k}{W} = p_k\left(1 - 6\,\dfrac{e}{l}\right) \end{cases} \tag{2.15}$$

式中：M_k 为相应于荷载效应标准组合时，作用于基础底面的力矩值；W 为基础底面的抵抗矩，$W=bl^2/6$；l 为力矩作用方向的基础底面边长；b 为垂直于力矩作用方向的基础底面边长；e 为荷载偏心距，$e=M_k/(F_k+G_k)$。

按荷载偏心距 e 的大小，基底压力的分布可能出现下述三种情况（图 2.14）。

① 当 $e<l/6$ 时，称为小偏心，基底压力呈梯形分布，如图 2.14(a)所示。

② 当 $e=l/6$ 时，基底压力呈三角形分布，如图 2.14(b)所示。

③ 当 $e>l/6$ 时，称为大偏心，按式(2.16)计算，得基底压力一端为负值，也即产生拉应力。实际上，由于基底与地基土之间不能承受拉应力，此时基底将部分与地基土脱离，而使基底压力重新分布，如图 2.14(c)所示。

因此，根据偏心荷载应与基底反力相平衡的条件，荷载合力应通过三角形反力分布于图形的形心。由此可得基底边缘的最大压应力为

$$p_{k\,max}=\frac{2(F_k+G_k)}{3ba}=\frac{2(F_k+G_k)}{3b\left(\dfrac{l}{2}-e\right)} \qquad (2.16)$$

式中：l 为力矩作用方向的基础底面边长；b 为垂直于力矩作用方向的基础底面边长；a 为合力作用点至基础底面最大压力边缘的距离。

如果基础所受荷载是双向偏心，计算基底压力时要考虑两个方向弯矩的作用，基底最大压力 p_{max} 与最小压力 p_{min} 为

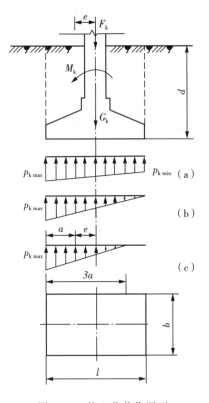

图 2.14　偏心荷载作用下
基底压力的计算

$$\begin{cases} p_{max}=\dfrac{F_k+G_k}{A}+\dfrac{M_{kx}}{W_x}+\dfrac{M_{ky}}{W_y} \\[2mm] p_{min}=\dfrac{F_k+G_k}{A}-\dfrac{M_{kx}}{W_x}-\dfrac{M_{ky}}{W_y} \end{cases} \qquad (2.17)$$

式中：M_x，M_y 分别为作用于基底 x 轴和 y 轴的力矩；W_x，W_y 分别为基础底面 x 轴和 y 轴的抵抗矩。

2.5.2　软弱下卧层承载力的验算

当持力层以下、地基土受力层范围内存在软弱下卧层（指承载力显著低于持力层的高压缩性土层）时，还应验算软弱下卧层的承载力，保证软弱下卧层顶面处的附加应力与自重应力之和不大于该处地基土的承载力特征值（图 2.15），按式(2.18)验算：

$$p_z+p_{cz}\leqslant f_{az} \qquad (2.18)$$

式中：p_z 为相应于作用的标准组合时，软弱下卧层顶面处的附加压力值；p_{cz} 为软弱下卧层顶面处土的自重压力值；f_{az} 为软弱下卧层顶面处经深度修正后的地基承载力特征值。

　　对于附加应力 p_z 的计算，《建筑地基基础设计规范》通过大量试验研究并参照双层地基中附加应力分布的理论解答，提出了遵循扩散角原理的简化计算方法。如图 2.15 所示，当持力层与软弱下卧层的压缩模量比值 $E_{s1}/E_{s2} \geqslant 3$ 时，对于矩形和条形基础，假设基底处的附加应力 p_0 向下传递时按某一角度 θ 向外扩散，并均匀分布于扩大了的软弱下卧层顶面上。根据基底总压力与软弱下卧层顶面扩散面积上的附加压力相等的条件，可得计算附加应力 p_z 的表达式。

对于矩形基础
$$p_z = \frac{lb(p_k - p_c)}{(b+2z\tan\theta)(l+2z\tan\theta)} \tag{2.19}$$

对于条形基础
$$p_z = \frac{b(p_k - p_c)}{b+2z\tan\theta} \tag{2.20}$$

式中：b 为条形和矩形基础底边的宽度；l 为矩形基础底边的长度；p_c 为基底底面处地基土的自重压力值，$p_c = \gamma_0 d$；γ_0 为基础埋深范围内土的加权平均重度，地下水位以下取浮重度；d 为基础埋深（从天然地面算起）；z 为基础底面至软弱下卧层顶面的距离；θ 为基底压力扩散线与垂直线的夹角，可按表 2.9 采用；p_k 为相当于作用的标准组合时基底平均压力值。

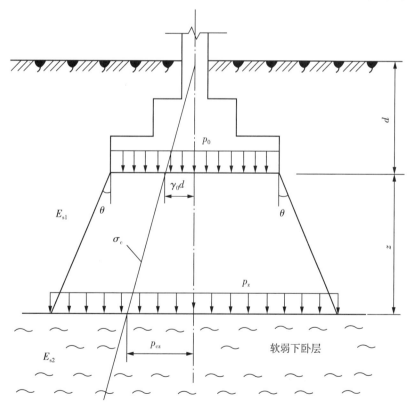

图 2.15　软弱下卧层承载力验算

表 2.9　地基压力扩散角 θ

E_{s1}/E_{s2}	地基压力扩散角 θ	
	$z/b=0.25$	$z/b=0.50$
3	6°	23°
5	10°	25°
10	20°	30°

注:1. E_{s1} 为上层土压缩模量,E_{s2} 为下层土压缩模量。

2. $z/b<0.25$ 时取 $\theta=0°$,必要时宜由试验确定;$z/b>0.50$ 时 θ 值不变。

3. z/b 在 0.25 与 0.50 之间时 θ 可采用插值法确定。

【例 2.1】　一矩形基础,持力层、下卧层、埋深及荷载资料如图 2.16 所示,试确定基础底面积。

解　(1)按轴心荷载作用确定底面积,先确定修正后的持力层承载力特征值 f_a。设 $b<3$ m,则

$$f_a = f_{ak} + \eta_d\gamma_m(d-0.5) = 269.5\,(\text{kPa})$$

$$A_1 = \frac{N_k + p_k}{f_a - \gamma_G d} = 8.65\,(\text{m}^2)$$

(2)因荷载偏心较大,试将基底面积增加 50%,即

$$A'_1 = 1.5 \times A_1$$

设 $l/b=2$,即 $A_2=2b^2$,则 $b=2.6$ m,$l=5.2$ m,即 $A=2.6\times5.2=13.52\,(\text{m}^2)$。

(3)求基底平均压力 p_k 及最大压力 $p_{k\,max}$。

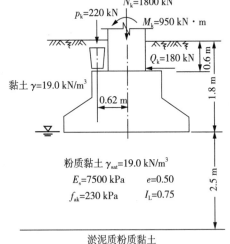

图 2.16　矩形基础

$$G_k = \gamma_G A d = 486.7 \text{ kN}$$

基底竖向合力

$$\sum F_k = N_k + p_k + G_k = 2506.7 \text{ kN}$$

基底总力矩

$$\sum M_k = M_k + Q_k \times 1.2 + p_k \times 0.62 = 1302.4 \text{ kN·m}$$

偏心距

$$e = \sum M_k \Big/ \sum F_k = 0.52 \text{ m}\,(l/6=0.87 \text{ m},\text{故 } e<l/6)$$

$$p_k = \sum F_k/A = 185.4 \text{ kPa}$$

$$p_{k\,max} = \sum F_k(1 + 6e/l)/A = 296 \text{ kPa}$$

（4）验算持力层承载力。

$$p_k = 185.4 \text{ kPa} < f_a = 269.5 \text{ kPa}$$

$$p_{k\,max} = 296 \text{ kPa} < 1.2 f_a = 323.4 \text{ kPa}$$

满足要求。

（5）验算下卧层承载力。

$d = 4.3 \text{ m}$，查表 2.8 得

$$\eta_b = 0, \eta_d = 1.0$$

$$\gamma_m = \frac{19 \times 1.8 + (19 - 10) \times 2.5}{4.3} = 13.19 (\text{kN/m}^3)$$

$$f_{az} = f_{ak} + 1.0 \times 13.19 \times (4.3 - 0.5) = 135.1 (\text{kPa})$$

下卧层顶面处自重应力

$$p_{cz} = 19 \times 1.8 + (19 - 10) \times 2.5 = 56.70 (\text{kPa})$$

按 $E_{s1}/E_{s2} = 3.1, z/b > 1/2$，查表 2.9 得 $\theta = 23°$。

$$p_z = 59.17 \text{ kPa}$$

$$p_z + p_{cz} = 115.87 \text{ kPa} < f_{az}$$

满足要求。

以上计算结果仅满足 $p_k < f_a$ 的设计原则，之后应按该建筑物地基基础设计等级，依据规范要求确定是否应进行地基变形验算及稳定性验算。

注意：为避免基础发生倾斜，p_{max} 与 p_{min} 不宜相差过大，如厂房吊车柱基，应严格控制偏心距并使 $e \leqslant l/6$。当不易满足以上条件时，应将基础底面调整为非对称形，以利于荷载重心与基底形心重合。

2.6 地基变形与稳定性验算

在常规设计中，一般的步骤是先确定持力层的承载力特征值，然后按要求选定基础底面尺寸，最后（必要时）验算地基变形。

2.6.1 地基变形特征值

在软土地基上建造房屋，在强度和变形两个条件中，变形条件显得比较重要。地基在荷载或其他因素的作用下会发生一定程度的变形（均匀沉降或不均匀沉降），变形过大可能危害到建（构）物结构的安全，或影响建（构）筑物的正常使用。为防止建（构）筑物因地基变形或不均匀沉降过大造成开裂与损坏，保证建（构）筑物正常使用，必须对地基的变形特别是不均匀沉降加以控制。对于设计等级为甲级和乙级的建（构）筑物及表 2.2

所列范围以外的丙级的建（构）筑物，除必须进行地基承载力验算以外，均应按地基变形设计，进行地基变形验算，要求地基的变形在允许的范围以内，即

$$\Delta \leqslant [\Delta] \tag{2.21}$$

式中：$[\Delta]$ 为地基的允许变形值，它是根据建（构）筑物的结构特点、使用条件和地基土的类别而确定的。

地基的允许变形值按其变形特征可以分为以下几种：

① 沉降量——独立基础或刚性特别大的基础中心的沉降量；

② 沉降差——相邻两个柱基的沉降量之差；

③ 倾斜——独立基础在倾斜方向基础两端点的沉降差与其距离的比值；

④ 局部倾斜——砌体承重结构沿纵墙 6～10 m 内基础两点的沉降差与其距离的比值。

计算地基变形时，传至基础底面上的荷载效应须按正常使用极限状态下荷载效应的准永久组合，不应计入风荷载和地震作用。相应的限值应为地基变形允许值。

地基变形允许值的确定涉及许多因素，如建筑物的结构特点和具体使用要求、对地基不均匀沉降的敏感程度以及结构强度贮备等。《建筑地基基础设计规范》综合分析了国内外各类建筑物的有关资料，提出了表 2.10 所列的建筑物地基变形允许值。对表中未包括的其他建筑物的地基变形允许值，可根据上部结构对地基变形特征的适应能力和使用要求来确定。

表 2.10　建筑物的地基变形允许值

变形特征	变形允许值	
	中、低压缩性土	高压缩性土
砌体承重结构基础的局部倾斜	0.002	0.003
工业与民用建筑相邻柱基的沉降差		
（1）框架结构	$0.002l$	$0.003l$
（2）砌体墙填充的边排柱	$0.0007l$	$0.001l$
（3）当基础不均匀沉降时不产生附加应力的结构	$0.005l$	$0.005l$
单层排架结构（柱距为 6 m）柱基的沉降量/mm	（120）	200
桥式吊车轨面的倾斜（按不调整轨道考虑）		
纵向	0.004	
横向	0.003	
多层和高层建筑的整体倾斜		
$H_g \leqslant 24$	0.004	
$24 < H_g \leqslant 60$	0.003	
$60 < H_g \leqslant 100$	0.0025	
$H_g > 100$	0.002	

（续表）

变形特征	变形允许值	
	中、低压缩性土	高压缩性土
体型简单的高层建筑基础的平均沉降量/mm	200	
高耸结构基础的倾斜		
$H_g \leqslant 20$	0.008	
$20 < H_g \leqslant 50$	0.006	
$50 < H_g \leqslant 100$	0.005	
$100 < H_g \leqslant 150$	0.004	
$150 < H_g \leqslant 200$	0.003	
$200 < H_g \leqslant 250$	0.002	
高耸结构基础的沉降量/mm		
$H_g \leqslant 100$	400	
$100 < H_g \leqslant 200$	300	
$200 < H_g \leqslant 250$	200	

注:1. 本表数值为建筑物地基实际最终变形允许值。

2. 有括号者仅适用于中压缩性土。

3. l 为相邻柱基的中心距离,mm;H_g 为自室外地面起算的建筑物高度,m。

一般来说,如果建筑物均匀下沉,那么即使沉降量较大,也不会对结构本身造成损坏,但可能会影响到建筑物的正常使用,或使邻近建筑物倾斜,或导致与建筑物有联系的其他设施损坏。例如,单层排架结构沉降量过大会造成桥式吊车净空不够而影响使用;高耸结构(如烟囱、水塔等)沉降量过大会将烟道(或管道)拉裂。

砌体承重结构对地基的不均匀沉降是很敏感的,其损坏主要是由于墙体挠曲引起局部出现斜裂缝,故砌体承重结构的地基变形由局部倾斜控制。

高耸结构和高层建筑的整体刚度很大,可近似视为刚性结构,其地基变形应由建筑物的整体倾斜控制,必要时应控制平均沉降量。

地基土层的不均匀分布以及邻近建筑物的影响是高耸结构和高层建筑产生倾斜的重要原因。这类结构物的重心高,基础倾斜使重心侧向移动引起的偏心距荷载,不仅使基底边缘压力增加而影响倾覆稳定性,还会产生附加弯矩。因此,倾斜允许值应随结构高度的增加而递减。

高层建筑物的横向整体倾斜允许值主要取决于人们视觉的敏感程度,当倾斜值到达明显可见的程度时大致为1/250(0.004),而结构损坏则大致当倾斜达到1/150时开始。

由于沉降计算方法误差较大,理论计算结果常与实际产生的沉降有出入,因此,对于重要的、新型的、体形复杂的房屋和结构物,或使用上对不均匀沉降有严格控制的房屋和结构物,还应进行系统的沉降观测。这一方面能观测沉降发展的趋势并预估最终沉降量,以便及时研究加固及处理措施;另一方面也可以验证地基基础设计计算的正确性,以完善设计规范。

沉降观测点的布置,应根据建筑物体型、结构、工程地质条件等综合考虑,一般设在建筑物四周的角点、转角处、中点以及沉降缝和新老建筑物连接点的两侧,或地基条件有明显变化的区段内,测点的间隔距离为 8～12 m。

沉降观测应从施工时就开始,民用建筑每增高一层观测一次,工业建筑应在不同的荷载阶段分别进行观测。必要时记录沉降观测时的荷载大小及分布情况。竣工后逐渐拉开观测间隔时间直至沉降稳定为止,稳定标准为半年的沉降量不超过 2 mm。当工程有特殊要求时,应根据要求进行观测。

在必要的情况下,需要分别预估建(构)筑物在施工期间和使用期间的地基变形值,以便预留建(构)筑物有关部分之间的净空,并考虑连接方法和施工顺序。此时,一般浅基础的建(构)筑物在施工期间完成的沉降量,对于砂土可认为其最终沉降量已基本完成,对于低压缩黏性土可认为已完成最终沉降量的 $50\%～80\%$,对于中压缩黏性土可认为已完成 $20\%～50\%$,对于高压缩黏性土可认为已完成 $10\%～20\%$。在软土地基上,埋深 5 m 左右的高层建筑箱型基础在结构竣工时已完成其最终沉降量的 $60\%～70\%$。

2.6.2　地基稳定性验算

对于经常承受水平荷载作用的高层建筑、高耸结构以及建造在斜坡上或边坡附近的建筑物和构筑物,应对地基进行稳定性验算。

滑动稳定安全系数 K 是指滑动面上诸力对滑动圆弧的圆心所产生的抗滑力矩和滑动力矩之比值,要求其不小于 1.2。即

$$K = \frac{抗滑力矩}{滑动力矩} \geqslant 1.2 \tag{2.22}$$

通常最危险的滑动面假定为圆弧面。若考虑深层滑动时,滑动面可为软硬土层界面,即为一平面,此时安全系数 K 应大于 1.3。

对修建于坡高和坡角不太大的稳定土坡顶的基础(图 2.17),当垂直于坡顶边缘线的基础底面边长 b 小于或等于 3 m 时,如基础底面外缘至坡顶边缘的水平距离 a 不小于 2.5 m,且符合公式(2.23)要求,则边坡坡面附近由基础所引起的附加压力不影响土坡的稳定性。

$$a > \xi b - d/\tan\beta \tag{2.23}$$

式中:β 为边坡坡角;d 为基础埋深;ξ 取 3.5(对条形基础)或 2.5(对矩形基础和圆形基础)。

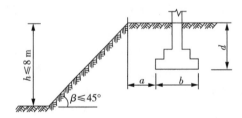

图 2.17　基础底面外缘至坡顶边缘的水平距离示意图

当公式(2.23)的要求不能得到满足时,可以根据基底平均压力按圆弧滑动面法进行土坡稳定性验算,以确定基础距坡顶边缘的距离和基础埋深。

当计算挡土墙土压力、地基或斜坡稳定性及滑坡推力时,荷载效应须按承载能力极限状态下荷载效应的基本组合,但其分项系数均为1.0。

2.7 减轻建筑物不均匀沉降危害的措施

在工程实际中,建筑物的不均匀沉降、变形是无法避免的。不均匀的沉降超过一定的限度时则会引起建筑物的局部甚至整体开裂,可能会导致建筑物的结构功能受损,直接影响正常使用,甚至会对生命、财产安全造成威胁。因此,必须采取一定的技术措施,来减轻或控制不均匀沉降所带来的危害。由于整个建筑物分为上部结构和下部结构,所以要结合整体的设计施工等方面来综合考虑,才能达到较好的效果。

2.7.1 建筑措施

1. 建筑物的体型力求简单

建筑物的体型指的是其平面形状和立面轮廓。平面形状复杂的建筑物(如 L 形、T 形、H 形、槽形等),由于纵横交错,基础过于密集,所以在纵横交接处会产生重叠的附加应力,造成较大的沉降。由于这类建筑的整体刚度较差,而且各部分的刚度也不对称,很容易因地基不均匀沉降而开裂(图 2.18)。相对来说一字形建筑物整体刚度大,抵抗变形的能力较强,在没有较严格体型要求的情况下应优先选择。

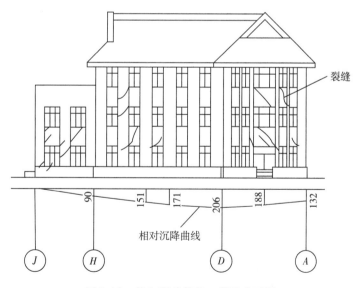

图 2.18 某 L 形建筑物一翼墙身开裂

同样在立面上,当建筑物的高度变化过大,地基会由于建筑物荷载的差异而产生较大的不均匀的沉降(图 2.19),从而使建筑物发生倾斜或开裂。

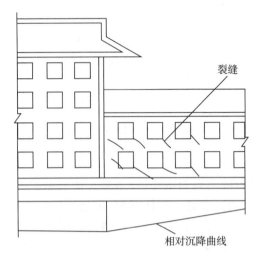

图 2.19   建筑物高差引起的沉降

2. 控制建筑物的长高比及合理布置纵横墙

建筑物的长高比指的是建筑物的平面长度与从基础底面算起的高度之比，它影响着建筑物的整体刚度，过长的建筑物会因为过大的挠曲变形而产生开裂（图 2.20）。根据调查，当预估的最大沉降量超过 120 mm 时，对于一般两层以上的砌体承重房屋，长高比不宜大于 2.5；对于平面简单，内、外墙贯通，横墙间隔较小的房屋，长高比可以放宽到不大于 3.0。不符合上述条件时，应当考虑设置沉降缝。

合理布置纵横墙是增强砌体承重房屋整体结构刚度的重要措施之一。一般地，房屋的纵墙刚度较弱，容易因地基不均匀沉降而发生挠曲破坏，因此应尽量避免内外纵墙的中断、转折，应尽量使内外纵墙贯通，缩小横墙的间距，从而增强房屋的整体性。

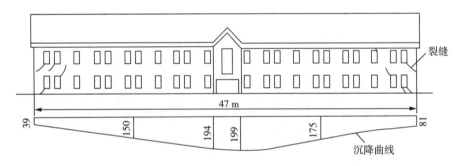

图 2.20   建筑物因长高比过大而开裂

3. 设置沉降缝

当建筑物体型复杂、长高比过大、高低悬殊时，可以通过设置沉降缝将建筑物分割成若干个独立的沉降单元。沉降缝通常设置在转角处或高差交界处，并且力求使该单元体型简单，长高比合适。这样，每个沉降单元都具有相对较好的整体性。

一般来说，沉降缝应设置在建筑物的下列部位：

（1）建筑平面转折处；

（2）建筑物高度或荷载差异处；

（3）长高比较大的砌体承重结构及钢筋混凝土框架结构的适当位置；

（4）建筑结构或基础类型不同处；

（5）地基土压缩性明显变化处；

（6）分期建造房屋的交界处；

（7）拟设置伸缩缝处。

4. 控制相邻建筑物基础间的净距

当基础过于密集，由于地基附加应力扩散和叠加影响，会使基础的沉降比单个基础时大得多，导致建筑物的开裂或倾斜。

（1）同期建造的两相邻建筑物之间会彼此影响，特别是当两建筑物轻（低）重（高）差别较大时，轻者受重者的影响较大；

（2）原有建筑物受邻近新建重型或高层建筑物的影响。

相邻建筑物基础间的净距可按表 2.11 选用，其值通过地基的压缩性、影响建筑物的规模和重量以及被影响建筑物的刚度（用长高比来衡量）等因素确定。

表 2.11　相邻建筑物基础间的净距

受影响建筑的预估平均沉降量 s/mm	相应长高比下相邻建筑物基础间的净距/m	
	$2.0 \leqslant L/H_f < 3.0$	$3.0 \leqslant L/H_f < 5.0$
70～150	2～3	3～6
160～250	3～6	6～9
260～400	6～9	9～12
>400	9～12	≥12

注：1. 表中 L 为房屋长度或沉降缝分隔单元格长度，m；H_f 为自地面算起的建筑物高度，m。

2. 当受影响建筑的长高比为 $1.5 < L/H_f < 2.0$ 时，净距可适当缩小。

5. 调整建筑物的局部标高

由于沉降会改变建筑物原有的标高，严重时会影响到建筑物的使用功能，以下是几条调整的措施：

（1）根据预估的沉降量适当地提高室内地坪和地下设施的标高；

（2）建筑五个部分有联系时，将沉降量大的部分的标高适当提高；

（3）建筑物与设备之间应留足够的净空；

（4）当有管道穿过建筑物时，应预留足够尺寸的孔洞，或采用柔性管道接头。

2.7.2　结构措施

1. 减轻建筑物的自重

建筑物的荷载一般占总荷载的 50%～80%，因此减轻建筑物的自重可以减轻对地基的压力，从而有效地减轻地基的沉降量，主要措施如下：

（1）减轻墙体重量，采用空心砌块、多孔砖及其他轻质墙。

（2）选用轻型结构，采用预应力混凝土结构、轻钢结构及各种轻型空间结构。

（3）减小基础和回填土的重量，采用一些轻型基础，像空心基础、壳体基础、浅埋基础等。

2. 设置圈梁

圈梁的作用主要是提高砌体结构抵抗弯曲的能力,增强结构的抗弯刚度,设置圈梁是防止砌体结构出现裂缝和阻止裂缝进一步扩大的有效措施。

通常,由于不便确定墙体产生的是正向挠曲还是反向挠曲,因此在砌体结构的基础顶面附近、顶层门窗顶处各设置一道圈梁,来抵抗墙体的正向挠曲和反向挠曲。并且圈梁必须与砌体结构组合成整体,每道圈梁应尽量贯通全部外墙、承重内纵墙及主要内横墙,在平面上形成封闭的系统。当通过门窗洞口时,可将门窗上的过梁作为搭接的圈梁来保持圈梁的整体性(图 2.21)。

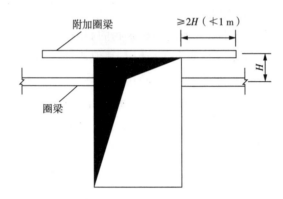

图 2.21 附加圈梁与圈梁的搭接

圈梁一般是现浇的钢筋混凝土梁,宽度可与墙厚相同,高度不小于 120 mm,混凝土的强度等级不低于 C15,纵向钢筋不宜小于 $4\phi8$,箍筋间距不大于 300 mm,当兼作过梁时应适当增大配筋。

3. 减小或调整基底附加压力

(1)设置地下室:利用挖去土的重量来抵消一部分建筑物总重量,达到减小基底附加压力的效果,从而减小沉降。

(2)调整基础底面尺寸:加大基础的底面积可以减小沉降量,因此,为了减小沉降差异,可将荷载大的基础的底面积适当加大。

4. 采用对不均匀沉降不敏感的结构

采用铰接排架、三铰拱等结构,则当地基发生不均匀沉降时不会产生过大附加应力,可避免结构产生开裂等危害。

2.7.3 施工措施

合理安排施工程序同样能达到减小不均匀沉降的效果。当拟建建筑物的轻重、高低相差悬殊时,应按照先重后轻、先高后低的顺序施工,必要时还应在重建筑物完工后过一段时间再进行轻建筑物施工。

要注意堆载、沉桩和降水等对邻近建筑物的影响,在已建成的建筑物周围不宜堆放建筑材料或土方等重物,以免引起建筑物的附加沉降。

在淤泥及淤泥质土地基上开挖基坑时,要注意尽可能不扰动土体的原状结构。通常在坑底保留大约 200 mm 厚的原土层,待基坑内基础砌筑或浇筑时再挖,如有被扰动,应挖去扰动部分并用砂、碎石等回填处理。

2.8　刚性基础设计

2.8.1　设计原理与步骤

由砖、毛石、素混凝土、毛石混凝土与灰土等材料建筑的基础称刚性基础(无筋扩展基础),这种基础只能承受压力不能承受弯矩或拉力。刚性基础也可由两种材料叠合组成,例如,上层用砖砌体,下层用混凝土。刚性基础底面宽度受材料刚性角的限制,应符合式(2.24)的要求,如图 2.22 所示。

$$b \leqslant b_0 + 2h\tan\alpha \tag{2.24}$$

式中:b_0 为基础顶面的砌体宽度,m;h 为基础高度,m;$\tan\alpha$ 为基础台阶宽高比的允许值,按表 2.12 选用。

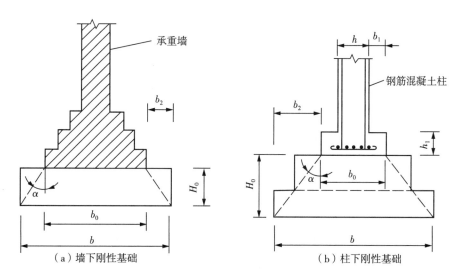

（a）墙下刚性基础　　　　　　　（b）柱下刚性基础

图 2.22　刚性基础构造图

表 2.12　无筋扩展基础台阶宽高比的允许值

基础材料	质量要求	台阶宽高比的允许值		
		$p_k \leqslant 100$	$100 < p_k \leqslant 200$	$200 < p_k \leqslant 300$
混凝土基础	C15 混凝土	1∶1.00	1∶1.00	1∶1.25
毛石混凝土基础	C15 混凝土	1∶1.00	1∶1.25	1∶1.50
砖基础	砖不低于 MU10、砂浆不低于 M5	1∶1.50	1∶1.50	1∶1.50
毛石基础	砂浆不低于 M5	1∶1.25	1∶1.50	—

（续表）

基础材料	质量要求	台阶宽高比的允许值		
		$p_k \leqslant 100$	$100 < p_k \leqslant 200$	$200 < p_k \leqslant 300$
灰土基础	体积比为 3：7 或 2：8 的灰土，其最小干密度：粉土 1550 kg/m³；粉质黏土 1500 kg/m³，黏土 1450 kg/m³	1：1.25	1：1.50	—
三合土基础	体积比 1：2：4～1：3：6（石灰：砂：骨料），每层约虚铺 220 mm，夯至 150 mm	1：1.50	1：2.00	—

注：1. p_k 为作用标准组合时的基础底面处的平均压力值，kPa。

2. 阶梯形毛石基础的每阶伸出宽度不宜大于 200 mm。

3. 当基础由不同材料叠合组成时，应对接触部分作抗压验算。

4. 混凝土基础单侧扩展范围内基础底面处的平均压力值超过 300 kPa 时，还应进行抗剪验算；对基底反力集中于立柱附近的岩石地基，应进行局部受压承载力验算。

【例 2.2】 某住宅承重墙厚 240 mm；地基土表层为杂填土，厚度为 0.65 m，重度为 17.3 kN/m³。其下为粉土层，重度为 18.3 kN/m³，承载力特征值为 170 kPa，液性指数为 0.86，饱和度大于 0.91。地下水位在地表下 0.8 m 处。若已知上部墙体传来的竖向荷载标准值为 190 kN/m。（1）确定基础底面尺寸；（2）设计该承重墙下的刚性条形基础。

解 （1）确定基础埋置深度。

为了便于施工，基础宜建在地下水位以上，故选择粉土层作为持力层，初步选择基础埋深 d 为 0.8 m。

（2）确定条形基础底面宽度 b。

由 $e = 0.86$ 和 $I_L = 0.91 > 0.85$，查表 2.8 得 $\eta_b = 0$，$\eta_d = 1.0$。

埋深范围内土的加权平均重度

$$\gamma_m = \frac{17.3 \times 0.65 + 18.3 \times 0.15}{0.8} = 17.5 (kN/m^3)$$

持力层土的承载力特征值

$$f_a = 170 + 17.5 \times 1.0 \times (0.8 - 0.5) = 175.3 (kPa)$$

基础宽度

$$b \geqslant \frac{F_k}{f_a - \gamma_G d} = \frac{190}{176 - 20 \times 0.8} = 1.19 (m)$$

小于 3.0 m，不需要宽度修正。取该承重墙下条形基础宽度 $b = 1.20$ m。

（3）选择基础材料，并确定基础高度 H_0。

方案 1：采用 MU10 砖和 M5 砂浆砌"二一间隔收"砖基础，基底下做 100 mm 厚 C10 素混凝土垫层。

砖基础所需台阶数

$$n \geqslant \frac{1}{2} \times \frac{1200 - 240}{60} = 8 (阶)$$

相应的基础高度

$$H_0 = 120 \times 4(阶) + 60 \times 4(阶) = 720(mm)$$

基坑的最小开挖深度 $D_{min} = 720 + 100 + 100 = 920(mm)$，已深入地下水位以下，必然给施工带来困难，且此时实际基础埋深 d 已超过前面选择的 $d = 0.8$ m。可见方案 1 不合理。

方案 2：基础上层采用 MU10 砖和 M5 砂浆砌筑的"二一间隔收"砖基础；下层为 300 mm 厚 C10 素混凝土。

混凝土垫层（作为基础结构层）设计：

$$p_k = \frac{F_k + G_k}{A} = \frac{190 + 20 \times 0.8 \times 1.2}{1.2} = 174(kPa)$$

查表 2.12 得 $\tan\alpha = 1.0$。所以，混凝土垫层缩进不大于 300 mm，取 240 mm。

上层砖基础所需台阶数

$$n \geqslant \frac{1}{2} \times \frac{1200 - 240 - 2 \times 240}{60} = 4(阶)$$

相应的基础高度

$$H_0 = 120 \times 2(次) + 60 \times 2(次) + 300 = 660(mm)$$

基础顶面至地面的距离取为 140 mm，则埋深 $d = 0.8$ m，与前面选择的 $d = 0.8$ m 完全吻合，可见方案 2 合理。

（4）绘制基础剖面图。

该刚性基础剖面形状及尺寸如图 2.23 所示。

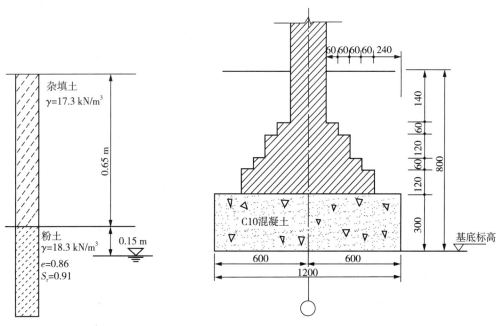

图 2.23　刚性基础剖面图

2.9 扩展基础设计

扩展基础系指墙下钢筋混凝土条形基础和柱下钢筋混凝土独立基础。

扩展基础的底面向外扩展,基础外伸的宽度大于基础高度,基础材料承受拉应力,因此扩展基础必须采用钢筋混凝土材料。

扩展基础适用于上部结构荷载较大,有时为偏心荷载或承受弯矩、水平荷载的建筑物基础。在地基表层土质较好、下层土质软弱的情况下,利用表层好土层设计浅埋基础,最适宜采用扩展基础。

2.9.1 墙下钢筋混凝土条形基础的设计

墙下钢筋混凝土条形基础一般可按平面应变问题处理,在长度方向上可取单位长度计算,主要设计内容有确定基础的高度和基础底板配筋。在计算时,可不考虑基础及基础上土的重力,因为这部分力所产生的基底反力与它们的重力相抵,仅由基础顶面的荷载所产生的地基反力称为基底净反力,常以 p_j 表示,如图 2.24 所示。

1. 构造要求

(1)锥形基础的边缘高度不宜小于200 mm,且两个方向的坡度不宜大于 1:3;阶梯形基础的每阶高度,宜为 300～500 mm。

(2)垫层的厚度不宜小于 70 mm,垫层混凝土强度等级不宜低于 C10。

(3)扩展基础受力钢筋最小配筋率不应小于0.15%,底板受力钢筋的最小直径不宜小于10 mm,间距不宜大于 200 mm,也不宜小于100 mm。墙下钢筋混凝土条形基础纵向分布钢筋的直径不宜小于 8 mm;间距不宜大于300 mm;每延米分布钢筋的面积应不小于受力钢筋面积的15%。当有垫层时钢筋保护层的厚度不应小于 40 mm;无垫层时不应小于 70 mm。

(4)混凝土强度等级不应低于C20。

(5)当柱下钢筋混凝土独立基础的边长和墙下钢筋混凝土条形基础的宽度大于或等于2.5 m时,底板受力钢筋的长度可取边长或宽度的 0.9 倍,并宜交错布置,如图2.25所示。

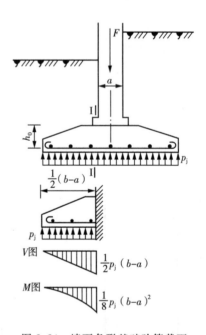

图 2.24 墙下条形基础验算截面

(6)钢筋混凝土条形基础底板在 T 形及十字形交接处,底板横向受力钢筋仅沿一个主要受力方向通长布置,另一方向的横向受力钢筋可布置到主要受力方向底板宽度1/4处,在拐角处底板横向受力钢筋应沿两个方向布置,如图2.26所示。

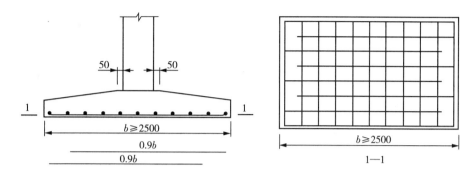

图 2.25　柱下独立基础底板受力钢筋布置

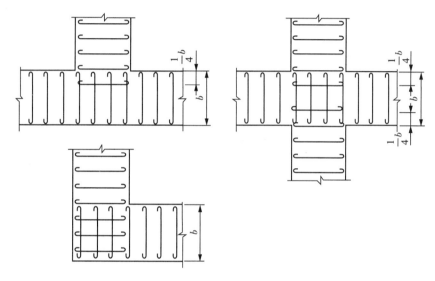

图 2.26　墙下条形基础纵横交叉处底板受力钢筋布置

2. 轴心荷载作用

(1)基础高度

基础内不配置箍筋和弯起钢筋的受剪钢筋时,应满足混凝土的抗剪条件:

$$V_s \leqslant 0.7\beta_{hs}f_t A_0 \tag{2.25}$$

$$\beta_{hs} = (800/h_0)^{1/4} \tag{2.26}$$

式中:V_s 为基础底板根部的剪力设计值,kN;f_t 为混凝土轴心抗拉强度设计值,kPa;β_{hs} 为受剪切承载力截面高度影响系数(当 $h_0 < 800$ mm 时,取 $h_0 = 800$ mm;当 $h_0 > 2000$ mm时,取 $h_0 = 2000$ mm);A_0 为验算截面处基础的有效截面面积,m^2。

由于墙下条形基础沿长度方向通常取单位长度 $l = 1$ m,所以式(2.25)可化为如下形式:

$$p_j b_1 \leqslant 0.7\beta_{hs}f_t h_0 \tag{2.27}$$

$$h_0 \geqslant p_j b_1 / (0.7\beta_{hs}f_t) \tag{2.28}$$

式中：p_j 为相应于作用的基本组合时的地基净反力设计值，$p_j = F/b$；F 为相应于作用的基本组合时上部结构传至基础顶面的竖向力设计值；b 为基础宽度；b_1 为基础悬臂部分计算截面的挑出长度，如图 2.27 所示（当墙体材料为混凝土时，b_1 为基础边缘至墙脚的距离；当为砖墙且放脚不大于 1/4 砖长时，b_1 为基础边缘至墙角距离加上 1/4 砖长）。

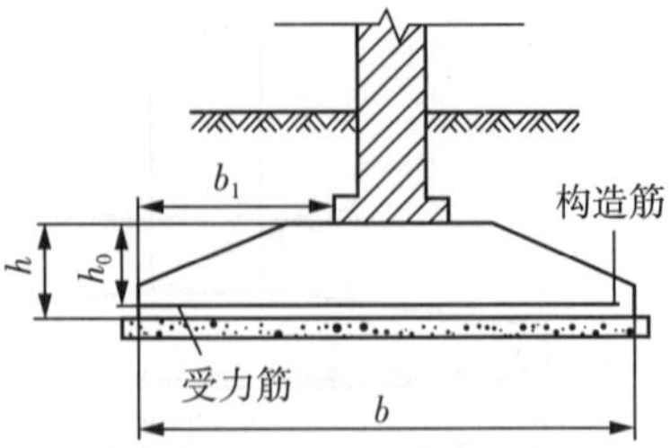

图 2.27　墙下条形基础

（2）基础底板配筋

悬臂根部的最大弯矩设计值为

$$M = \frac{1}{2} p_j b_1^2 \tag{2.29}$$

基础底板配筋可按矩形截面单筋板进行计算：

$$A_s = \frac{M}{0.9 f_y h_0} \tag{2.30}$$

式中：A_s 为每米长基础底板受力钢筋截面积；f_y 为钢筋的抗拉强度设计值；h_0 为基础的有效高度，$0.9 h_0$ 为截面内力臂的近似值。注意计算时单位应统一。

3. 偏心荷载作用

在偏心荷载作用下，通常先计算基底净反力的偏心距 e_0：

$$e_0 = M/F \tag{2.31}$$

再求基础边缘最大和最小净反力：

$$\begin{cases} p_{j\,max} = \dfrac{F}{b} \left(1 + \dfrac{6e_0}{b}\right) \\[2mm] p_{j\,min} = \dfrac{F}{b} \left(1 - \dfrac{6e_0}{b}\right) \end{cases} \tag{2.32}$$

基础的高度和配筋仍按式（2.28）和式（2.30）进行计算，但剪力和弯矩的值应做出相应的调整，如式（2.33）及式（2.34）：

$$V = \frac{1}{2} (p_{j\,max} + p_{j\,I}) b_1 \tag{2.33}$$

$$M = \frac{1}{6} (2 p_{j\,max} + p_{j\,I}) b_1^2 \tag{2.34}$$

式中：$p_{j\,I}$ 为计算截面处的净反力设计值，按式（2.35）计算。

$$p_{j\,I} = p_{j\,min} + \frac{b - b_1}{b} (p_{j\,max} - p_{j\,min}) \tag{2.35}$$

【例 2.3】　如图 2.28 所示，某混凝土承重墙下条形基础，墙厚 0.4 m，上部结构传来

荷载 $F_k = 290 \text{ kN/m}^2$，$M_k = 10.4 \text{ kN} \cdot \text{m}$，基础埋深 $d = 1.2 \text{ m}$，地基承载力特征值 $f_{ak} = 140 \text{ kN/m}^2$，试设计该基础。

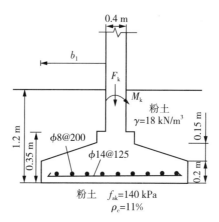

图 2.28 混凝土承重墙下条形基础

解 （1）确定基础埋深。

按轴心受压计算

$$b_0 = \frac{F_k}{f_a - \gamma_G d} = \frac{290}{159 - 20 \times 1.2} \text{ m} = 2.15 \text{ m}$$

偏心荷载作用下，将 b 增大 20%，$b = b_0 \times 1.2 = 2.15 \text{ m} \times 1.2 = 2.58 \text{ m}$，取 $b = 2.6 \text{ m}$，则

$$p_k = \frac{F_k + G_k}{A} = \frac{290 + 2.6 \times 1.2 \times 20}{2.6} \text{ kPa} = 135.5 \text{ kPa}$$

由 $\rho_c = 11\%$，查表 2.8 可得 $\eta_b = 0.3$，$\eta_d = 1.5$。

$$f_a = f_{ak} + \eta_d \gamma_m (d - 0.5) = [140 + 1.5 \times 18 \times (1.2 - 0.5)] \text{ kPa} = 159 \text{ kPa} > 135.5 \text{ kPa}$$

满足要求。

$$p_{k\,max} = \frac{F_k + G_k}{A} + \frac{M_k}{W} = \left(135.5 + \frac{10.4}{2.6^2 \times \frac{1.0}{6}} \right) \text{ kPa}$$

$$= 144.5 \text{ kPa} < 1.2 f_a = 1.2 \times 159 \text{ kPa} = 190.8 \text{ kPa}$$

满足要求。

（2）确定基础高度。

设基础高 $h = 3.5 \text{ m}$，基础有效高度 $h_0 = (0.35 - 0.04) \text{ m} = 0.31 \text{ m}$。基础采用 C20 混凝土，$f_t = 1.1 \text{ N/mm}^2$，Ⅰ级钢筋，$f_y = 210 \text{ N/mm}^2$。

$$b_1 = \frac{b}{2} - \frac{b'}{2} = \left(\frac{2.6}{2} - \frac{0.4}{2} \right) \text{ m} = 1.1 \text{ m}$$

地基净反力

$$e_k = \frac{M_k}{F_k} = \frac{10.4}{290} \text{ m} = 0.036 \text{ m}$$

$$p_{j\,max} = \frac{F_k}{b}\left(1 + \frac{6\,e_k}{b}\right) = \frac{290}{2.6} \times \left(1 + \frac{6 \times 0.036}{2.6}\right) \text{ kPa} = 120.8 \text{ kPa}$$

$$p_{j\,min} = \frac{290}{2.6} \times \left(1 - \frac{6 \times 0.036}{2.6}\right) \text{ kPa} = 102.3 \text{ kPa}$$

墙边处净反力

$$p_{j\,I} = \left[102.3 + \frac{(2.6 - 1.1)(120.8 - 102.3)}{2.6}\right] \text{ kPa} = 113 \text{ kPa}$$

$$p_j = \frac{1}{2}(p_{j\,max} + p_{j\,I}) = \frac{1}{2}(120.8 + 113) \text{ kPa} = 116.9 \text{ kPa}$$

墙边处基础剪力设计值

$$V_s = p_j l b_I \times 1.35 = 116.9 \times 1.0 \times 1.1 \times 1.35 \text{ kN} = 173.6 \text{ kN}$$

根据《建筑地基基础设计规范》,条形基础剪切应满足

$$V_s \leqslant 0.7 \beta_{hs} f_t A_0$$

$$\beta_{hs} = 1.0, f_t = 1100 \text{ kN/m}^2$$

$$0.7 \beta_{hs} f_t A_0 = 0.7 \times 1.0 \times 1100 \times 0.31 \times 1.0 \text{ kN} = 238.7 \text{ kN}$$

$$V_s = 173.6 \text{ kN} < 238.7 \text{ kN}$$

基础高度满足要求。

(3)配筋计算。

$$M = \frac{1}{6}(2 p_{j\,max} + p_{j\,I}) \times b_I^2$$

$$= \frac{1}{6}(2 \times 120.8 + 113) \times 1.1^2 \text{ kN} \cdot \text{m} = 71.5 \text{ kN} \cdot \text{m}$$

$$A_s = \frac{M}{0.9 f_y h_0} = \frac{71.5 \times 10^6}{0.9 \times 210 \times 310} \text{ mm}^2 = 1220.3 \text{ mm}^2$$

配筋为 $\phi 14 @ 125 (A_s = 1231 \text{ mm}^2)$。

2.9.2 柱下钢筋混凝土独立基础的设计

1. 构造要求

柱下钢筋混凝土独立基础除了满足条形基础的构造要求外,还应满足一些其他要求。钢筋混凝土柱和剪力墙纵向受力钢筋在基础内的锚固长度应符合下列规定:

(1)钢筋混凝土柱和剪力墙纵向受力钢筋在基础内的锚固长度(l_a)应根据现行国家

标准《混凝土结构设计规范》(GB 50010—2010)(以下简称《结构规范》)的有关规定确定。

(2)抗震设防烈度为 6～9 度地区的建筑工程,抗震等级为一级或二级纵向受力钢筋的抗震锚固长度 $l_{aE}=1.15l_a$(纵向受拉钢筋的锚固长度);抗震等级为三级纵向受力钢筋的抗震锚固长度 $l_{aE}=1.05l_a$;抗震等级为四级纵向受力钢筋的抗震锚固长度 $l_{aE}=l_a$。

(3)当基础高度小于 $l_a(l_{aE})$ 时,纵向受力钢筋的锚固总长度除应符合上述要求外,其最小直锚段的长度不应小于 $20d$,弯折段的长度不应小于 150 mm。

(4)现浇柱的基础,其插筋的数量、直径以及钢筋种类应与柱内纵向受力钢筋相同。

(5)插筋的锚固长度应满足上述的规定,插筋与柱的纵向受力钢筋的连接方法,应符合现行国家标准《结构规范》的有关规定。插筋的下端宜做成直钩放在基础底板钢筋网上。当柱为轴心受压或小偏心受压,基础高度大于或等于 1200 mm,或柱为大偏心受压,基础高度大于或等于 1400 mm 时,可仅将四角的插筋伸至底板钢筋网上,其余插筋锚固在基础顶面下 l_a 或 l_{aE} 处,如图 2.29 所示。

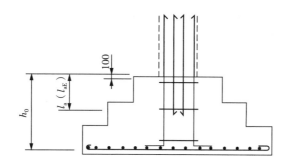

图 2.29　现浇柱的基础中插筋构造示意图

2. 轴心荷载作用

(1)基础高度

当基础底面短边尺寸小于或等于柱宽加两倍基础有效高度时,应按式(2.26)验算柱与基础交接处及基础变阶处的基础截面受剪承载力。

当冲切破坏锥体落在基础底面以内时,基础高度由混凝土受冲切承载力确定。在柱荷载作用下,如果基础高度(或阶梯高度)不足,则将沿柱周边(或阶梯高度变化处)产生冲切破坏,形成 45°斜裂面的角锥体,如图 2.30 所示。因此,由冲切破坏锥体以外的地基

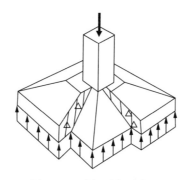

图 2.30　冲切破坏示意图

净反力所产生的冲切力应小于冲切面处混凝土的抗冲切能力。对于矩形基础,柱短边一侧冲切破坏较柱长边一侧危险,所以,一般只需要根据短边一侧冲切破坏条件来确定底板厚度,即按下列公式验算柱与基础交接处及基础变阶处的受冲切承载力。

$$F_l \leqslant 0.7 \beta_{hp} f_t a_m h_0 \tag{2.36}$$

$$a_m = (a_t + a_b)/2 \tag{2.37}$$

$$F_l = p_j A_l \tag{2.38}$$

式中:β_{hp} 为受冲切承载力截面高度影响系数(当 $h<800$ m 时,$\beta_{hp}=1.0$;当 $h \geqslant 200$ m 时,$\beta_{hp}=0.9$,其间按线性内插法取用)f_t 为混凝土轴心抗拉强度设计值,kPa;h_0 为基础冲切破坏锥体的有效高度,m;a_m 为冲切破坏锥体最不利一侧计算长度,m;a_t 为冲切破坏锥体最不利一侧斜截面的上边长,m(当计算柱与基础交接处的受冲切承载力时,取柱宽;当计算基础变阶处的受冲切承载力时,取上阶宽);a_b 为冲切破坏锥体最不利一侧斜截面在基础底面范围内的下边长,m(当冲切破坏锥体的底面落在基础底面以内,如图 2.31 所示,计算柱与基础交接处的受冲切承载力时,取柱宽加两倍基础有效高度;当计算基础变阶处的受冲切承载力时,取上阶宽加两倍该处的基础有效高度);p_j 为扣除基础自重及其上土重后相应于作用的基本组合时的地基土单位面积净反力,kPa(对偏心受压基础可取基础边缘处最大地基土单位面积净反力);A_l 为冲切验算时取用的部分基底面积,m²(图 2.31 中阴影 $ABCDEF$ 的面积);F_l 为相应于作用的基本组合时作用在 A_l 上的地基土净反力设计值,kPa。

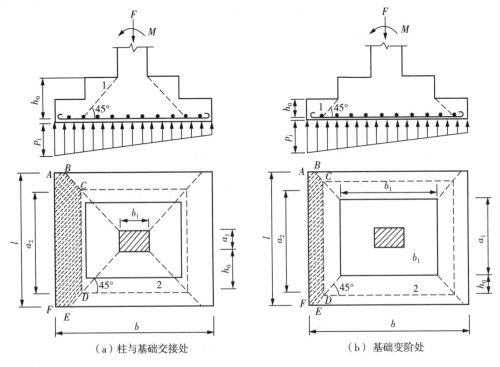

图 2.31　计算阶形基础的受冲切承载力截面位置

（a）柱与基础交接处　　　　　　（b）基础变阶处

1—冲切破坏锥体最不利一侧的斜截面;2—冲切破坏锥体的底面线

（2）基础配筋

由于单独基础底板在地基净反力 p_j 作用下,两方向均发生弯曲,所以两个方向都要配受力筋,钢筋面积按两个方向的最大弯矩分别计算。注意:计算时应符合《结构规范》正截面受弯承载力计算公式,或者按式(2.30)简化计算。

如图 2.32 所示,最大弯矩的计算公式如下:

① 柱边（Ⅰ—Ⅰ截面）

$$M_{\mathrm{I}} = \frac{p_j}{24}(2b+b_c)(l-a_c)^2 \qquad (2.39)$$

② 柱边（Ⅱ—Ⅱ截面）

$$M_{\mathrm{II}} = \frac{p_j}{24}(2l+a_c)(b-b_c)^2 \qquad (2.40)$$

③ 阶梯高度变化处（Ⅲ—Ⅲ截面）

$$M_{\mathrm{III}} = \frac{p_j}{24}(2b+b_1)(l-a_1)^2 \qquad (2.41)$$

④ 阶梯高度变化处（Ⅳ—Ⅳ截面）

$$M_{\mathrm{IV}} = \frac{p_j}{24}(2l+a_1)(b-b_1)^2 \qquad (2.42)$$

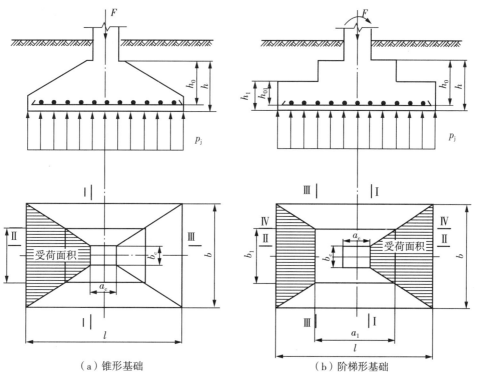

（a）锥形基础　　　　　（b）阶梯形基础

图 2.32　中心受压柱基础底板配筋计算

3. 偏心荷载作用

偏心荷载作用下,基础底板的厚度和配筋可根据中心受压公式来计算。在计算底板厚度时,将式(2.39)～式(2.42)中的 p_j 换成偏心受压时基础边缘处最大设计净反力即可(图 2.33)。

$$p_{j\,max} = \frac{F}{lb}\left(1 + \frac{6\,e_{j0}}{l}\right) \qquad (2.43)$$

式中:e_{j0} 为净偏心距,$e_{j0} = M/F$。

偏心荷载作用下基础底板配筋时,将式(2.39)～式(2.42)中的 p_j 换成偏心受压时柱边处(或变阶面处)基底设计反力 $p_{j\,I}$(或 $p_{j\,II}$)与 $p_{j\,max}$ 的平均值 $0.5(p_{j\,max} + p_{j\,I})$ 或 $0.5(p_{j\,max} + p_{j\,II})$ 即可(图 2.34)。

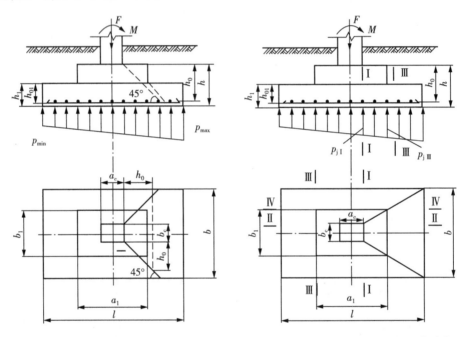

图 2.33 偏心受压柱基础底板厚度计算   图 2.34 偏心受压柱基础底板配筋计算

【例 2.4】 某柱下锥形基础(图 2.35)的底面尺寸为 2200 mm×3000 mm,上部结构荷载 $F = 750$ kN,$M = 110$ kN·m,柱截面尺寸为 400 mm×400 mm,基础采用 C20 级混凝土和 I 级钢筋。试确定基础高度,并计算基础配筋。

解 (1)设计基本数据。

根据构造要求,可在基础下设置 100 mm 的混凝土垫层,强度级别为 C10。

假设基础高度为 $h = 500$ mm,则基础有效高度 $h_0 = (500 - 40)$ mm $= 460$ mm。从规范中可以查出 C20 级混凝土 $f_t = 1.1 \times 10^3$ kPa,I 级钢筋 $f_y = 210$ MPa。

(2)基底净反力计算。

$$p_{j\,max} = \frac{F}{A} + \frac{M}{W} = \left(\frac{750}{3.0 \times 2.2} + \frac{110}{2.2 \times 3.0^2/6}\right) \text{kPa} = 147 \text{ kPa}$$

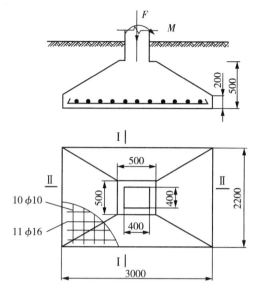

图 2.35　柱下锥形基础

$$p_{j\min} = \frac{F}{A} - \frac{M}{W} = \left(\frac{750}{3.0 \times 2.2} - \frac{110}{2.2 \times \frac{3.0^2}{6}} \right) \text{kPa} = 80.3 \text{ kPa}$$

(3)基础高度验算。

基础短边长度 $l = 2.2$ m，柱截面的宽度和高度 $a = b_c = 0.4$ m。

由 $\beta_{hp} = 1.0$，$a_t = a = 0.4$ m，$a_b = a + 2h_0 = 1.32$ m 得

$$a_m = (a_t + a_b)/2 = (0.4 + 1.32)/2 \text{ m} = 0.86 \text{ m}$$

由于 $l > a + 2h_0$，于是

$$A_l = \left(\frac{b}{2} - \frac{b_c}{2} - h_0 \right) l - \left(\frac{l}{2} - \frac{a}{2} - h_0 \right)^2$$

$$= \left[\left(\frac{3.0}{2} - \frac{0.4}{2} - 0.46 \right) \times 2.2 - \left(\frac{2.2}{2} - \frac{0.4}{2} - 0.46 \right)^2 \right] \text{m}^2 = 1.65 \text{ m}^2$$

$$p_{j\max} A_l = 147.0 \times 1.65 \text{ kN} = 242.6 \text{ kN}$$

$$0.7\beta_{hp} f_t a_m h_0 = 0.7 \times 1.0 \times 1.1 \times 10^3 \times 0.86 \times 0.46 \text{ kN} = 304.6 \text{ kN}$$

满足 $F_l \leqslant 0.7\beta_{hp} f_t a_m h_0$ 条件，所以选用基础高度 $h = 500$ mm 合适。

(4)内力计算与配筋。

设计控制截面在柱边处，此时相应的 a'，b' 和 p_{jI} 值为

$$a' = 0.4 \text{ m}, \quad b' = 0.4 \text{ m}, \quad a_1 = \frac{3.0 - 0.4}{2} \text{ m} = 1.3 \text{ m}$$

$$p_{jI} = \left[80.3 + (147.0 - 80.3) \times \frac{3.0 - 1.3}{3.0} \right] \text{kPa} = 118.1 \text{ kPa}$$

长边方向

$$M_I = \frac{1}{24} \times \frac{p_{j\,max} + p_{jI}}{2} (l - a_c)^2 (2b + b_c)$$

$$= \frac{1}{48} \times (147.0 + 118.1) \times (3 - 0.4)^2 \times (2 \times 2.2 + 0.4) \ kN \cdot m = 179.2 \ kN \cdot m$$

短边方向

$$M_{II} = \frac{1}{48} (b - b_c)^2 (2l + a_c)(p_{j\,max} + p_{j\,min})$$

$$= \frac{1}{48} \times (2.2 - 0.4)^2 \times (2 \times 3 + 0.4) \times (147.0 + 0.3) \ kN \cdot m = 63.6 \ kN \cdot m$$

长边方向配筋

$$A_{sI} = \frac{179.2}{0.9 \times 460 \times 210} \times 10^6 \ mm^2 = 2061 \ mm^2$$

选用 $11\phi16 (A_{sI} = 2211 \ mm^2)$。

短边方向配筋

$$A_{sII} = \frac{63.6}{0.9 \times (460 - 16) \times 210} \times 10^6 \ mm^2 = 758 \ mm^2$$

选用 $10\phi10 (A_{sII} = 785 \ mm^2)$。

基础配筋布置图见图 2.35。

思考题与习题

2.1 试述刚性基础和扩展基础的区别。

2.2 常用浅基础形式有哪些?

2.3 何谓基础的埋置深度? 当选择基础埋深时,应考虑哪些因素?

2.4 何谓地基承载力特征值、修正地基承载力特征值? 如何确定地基承载力特征值?

2.5 确定地基承载力的方法有哪些? 如何验算地基承载力?

2.6 何谓软弱下卧层? 如何进行软弱下卧层承载力验算?

2.7 如何确定轴心荷载和偏心荷载作用下基础底面尺寸?

2.8 什么情况下需进行地基变形验算? 变形控制特征有哪些?

2.9 如何进行刚性基础设计?

2.10 如何进行扩展基础的设计?

2.11 某基础宽 2 m,埋置深度为 1.8 m,地基土为粉质黏土,重度为 20 kN/m³,土的内摩擦角标准值为 26°,黏聚力标准值为 12 kPa。试确定地基承载力特征值。

2.12 某墙下条形基础宽为 1.8 m,埋深为 1.5 m,地基土为黏土,内摩擦角标准值为 20°,黏聚力标准值为 12 kPa,地下水位与基底平齐,水位以下土的有效重度为 12 kN/m³,基底以上土的天然重度为 19 kN/m³。试确定地基承载力特征值。

2.13 图 2.36 为某柱的基础剖面图,上部结构传来的荷载值为 470 kN/m,室内外高差为 0.6 m,埋深 $d=1.8$ m,地基持力层为中砂,$f_{ak}=170$ kPa,$\gamma_m=19$ kN/m³。试确定该基础基底尺寸。

2.14 已知某独立柱基础所受到的荷载如图 2.37 所示,地基土为较均匀的黏性土($\eta_b=0.3$,$\eta_d=1.6$),土的重度 $\gamma_m=19$ kN/m³,地基承载力特征值 $f_{ak}=200$ kPa,埋深 $d=1.8$ m。试确定基底尺寸。

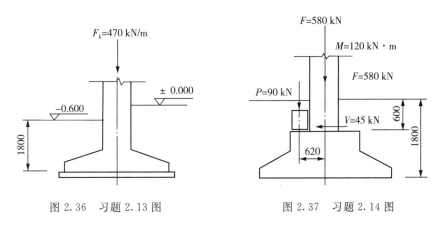

图 2.36 习题 2.13 图　　　　　图 2.37 习题 2.14 图

2.15 某中砂土的重度为 $\gamma=18$ kN/m³,地基承载力特征值 $f_{ak}=280$ kPa。现设计一方形截面柱的基础,作用在基础顶面的轴心荷载标准值 $F_k=1.05$ MN,基础埋深 $d=1$ m。试确定方形基础的底面边长。

2.16 某柱下矩形基础底面尺寸为 3.0 m×5.0 m,$F_{k1}=1500$ kN,$F_{k2}=300$ kN,$M_k=90$ kN·m,$V_k=20$ kN。如图 2.38 所示,基础埋深 1.5 m,基础及填土自重 $\gamma_G=20$ kN/m³。试计算基础底面的最大压力。

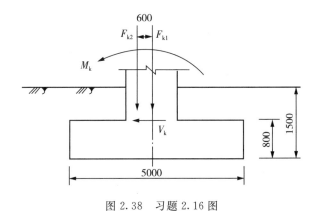

图 2.38 习题 2.16 图

2.17 某柱下钢筋混凝土锥形独立基础,已知相应于荷载效应基本组合时柱荷载设计值 $F=850$ kN,弯矩 $M=95$ kN·m,取荷载效应的基本组合值为标准组合值的 1.35

倍,柱截面尺寸均为 300 mm×450 mm。基础埋深为 1.3 m,地基土为黏性土,$\gamma=$ 18.5 kN/m³,$I_L=0.9$,地基承载力特征值为 $f_{ak}=150$ kPa;采用 C25 混凝土、HRB400 级钢筋。试设计此基础。

2.18 如图 2.39 所示,某建筑采用柱下独立基础,基础底面尺寸为 3.7 m×2.2 m,柱截面尺寸为 400 mm×700 mm,作用在基础顶面荷载效应的基本组合值 $F=1900$ kN,弯矩 $M=80$ kN·m,剪力 $V=20$ kN;采用 C25 混凝土、HRB400 级钢筋。试设计此基础并进行配筋。

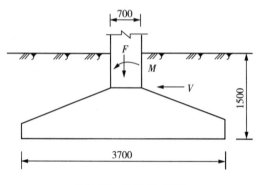

图 2.39 习题 2.18 图

2.19 某办公楼承重墙厚 240 mm,从室外设计地面算起的埋深 1.35 m,室内外地面高差 0.3 m,上部结构荷载效应标准组合值 $F_k=110$ kN/m,修正后的地基承载力特征值 $f_a=90$ kPa。试设计此基础。

2.20 某实验室外墙厚 370 mm,上部结构传至基础顶部的轴心荷载效应标准组合值 $F_k=267$ kN/m,室内外地面高差 0.9 m,从室外地面算起基础埋深 1.3 m,修正后的地基承载力特征值 $f_a=132$ kPa。基础采用 HRB400 钢筋,混凝土等级 C25。试设计该墙下钢筋混凝土条形基础。

2.21 某框架结构柱下锥形基础的底面尺寸为 2 m×3 m,相应于荷载效应基本组合时的柱荷载竖向力 $F=1730$ kN,$M=30$ kN·m,柱截面尺寸为 400 mm×300 mm,基础采用 C25 混凝土和 HRB400 级钢筋。试设计此基础。

2.22 某多层住宅的承重砖墙厚 240 mm,作用于基础顶面的荷载 $F_k=220$ kN/m,该处土层自地表起依次为:耕土,厚度 0.6 m,$\gamma=16.2$ kN/m³;粉质黏土,厚度 2.0 m,$\gamma=17.8$ kN/m³,$e=0.9$,$E_{s1}=7.2$MPa,$f_{ak}=160$ kPa;淤泥质黏土,厚度 1.5 m,$E_{s2}=2.4$ MPa,$f_{ak}=82$ kPa;中砂,中等密实。地下水位在淤泥质顶面处。试设计该钢筋混凝土条形基础(可近似取作用的基本组合值为标准组合值的 1.35 倍)。

2.23 在截面为 300 mm×400 mm 的单层厂房柱下设置矩形钢筋混凝土扩展基础,作用在基础顶面处荷载 $F_k=800$ kN,$M_k=120$ kN·m,$V=40$ kN;自地表起土层的分布情况为:杂填土,松散,厚度 1.2 m,$\gamma=16$ kN/m³;细砂,厚度 4.5 m,$\gamma=18.6$ kN/m³;$\gamma_{sat}=20.4$ kN/m³,标准贯入试验锤击数 $N=20$;黏土,硬塑,厚度较大。地下水位在地面下 2.0 m 处。试确定此基础的底面尺寸并设计截面和配筋。

第 3 章　连 续 基 础

连续基础是指在地基平面的一个或两个方向的尺度与其竖向截面的高度相比较大的基础,主要包括柱下条形基础、柱下十字交叉条形基础、筏形基础和箱形基础等。连续基础一般具有以下几个特点:

(1)与独立基础相比,一般具有较大的基础底面积,因此能够承受较大的建筑物荷载。

(2)连续基础的连续性能够增大建筑物的整体刚度,减小建筑物的不均匀沉降,提高建筑物的抗震性能。

(3)对于筏形基础和箱形基础而言,可以部分或全部补偿建筑物自重,从而减小建筑物总沉降量。

对连续基础进行受力分析时,一般可将其看成是地基上的受弯构件,如梁、板等。连续基础的挠曲特征、基底反力和截面内力分布与地基、基础以及上部结构的相对刚度特征有关。因此,在进行地基上梁或板的分析和设计时,需要考虑地基、基础和上部结构三者的相互作用问题。

3.1　地基、基础与上部结构共同作用的概念

3.1.1　概述

常规的设计方法中,通常是将地基、基础和上部结构三部分作为彼此独立的结构单元进行分析,这样虽然满足了静力平衡条件的要求,但却完全忽略了三者在受荷前后的变形连续性(也就是说在受荷后,地基、基础和上部结构都将按照各自的刚度发生变形,那么在三者相互接触的位置就有可能由于彼此变形的不同而发生脱离现象),这与实际是不相符的。图 3.1 所示的高层框架结构体系,按照常规设计方法,能够满足上部结构、基础、地基之间作用力的平衡,却不能满足上部结构—基础、基础—地基之间的变形协调。当地基软弱、结构物对不均匀沉降敏感时,上述常规分析结果与实际情况的差别就会增大。事实上,地基、基础和上部结构三者是一个统一的整体,三者相互联系共同承担荷载,在外荷载作用下,内力和变形均相互制约、彼此影响。由此可见,合理的分析方法,原则上应该是地基、基础和上部结构三者不仅要满足静力平衡条件,而且必须同时满足变形协调条件,这样才能揭示地基、基础和上部结构三者在外荷载作用下相互制约、彼此影响的内在联系,由此所设计的地基基础方案才能够真正达到安全、经济、合理的目的。

由于上部结构往往为空间结构,而地基土为半无限的三相体,所以按地基、基础和上

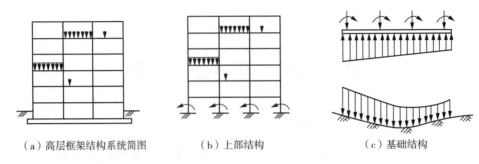

（a）高层框架结构系统简图　　　　（b）上部结构　　　　　　（c）基础结构

图 3.1　地基、基础与上部结构的相互作用关系

部结构三者共同作用的原则进行整体的相互作用分析是比较复杂的。在分析和计算过程中,要借助计算机平台,采用能够全面反映结构影响和土的变形特征的地基计算模型进行分析和计算。

3.1.2　地基与基础的共同作用

在地基、基础和上部结构三者相互作用的过程中,地基起主导作用,其次是基础,另外还受到上部结构刚度的约束作用。在常规设计法中,通常假设地基对基础的作用力——基底反力为线性分布。事实上,基底反力的分布是非常复杂的,其分布形式与地基、基础和上部结构的类型、刚度等有关。为便于分析,忽略上部结构的影响,探讨基础刚度对基底压力的影响。对于基础刚度对基底压力的影响,下面先探讨两种极端情况,一种是基础刚度为零的柔性基础,另一种是基础刚度趋于无穷大的刚性基础。

（1）柔性基础。柔性基础的抗弯刚度很小。这种基础就像放在地基上的柔软薄膜,可以随着地基的变形而任意弯曲,这样基础上任意一点的荷载传递到基底时不可能向四周扩散分布,所以基础像直接作用在地基上一样。基底反力分布与作用于基础上的荷载分布完全一致。在均布荷载作用下,柔性基础的基底沉降是中部大、边缘小[图 3.2(a)];如果使柔性基础的沉降均匀,则需增大基础边缘的荷载,减小基础中部荷载[图 3.2(b)]。

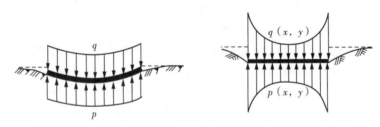

（a）均布荷载作用时基底反力p为常数　　　（b）沉降均匀时基底反力p（x, y）非常数

图 3.2　柔性基础的基底反力分布

（2）刚性基础。刚性基础的抗弯刚度可以视为无穷大,在外力作用下,基础本身不会发生挠曲。假定基础绝对刚性,在集中荷载作用下,原来是平面的基底,沉降后仍然保持平面(图 3.3),即刚性基础的基底均匀下沉,此时基底反力将向两侧集中,边缘大,中部小。如果按弹性半空间理论,求得刚性基础的基底反力分布,如图 3.3 中的实线所示,边

缘处的值趋于无穷大。实际上,地基土抗剪强度有限,基础边缘处的土体受荷后首先屈服,破坏,部分应力将向中部转移,这样基底压力的分布将呈现为马鞍形,如图 3.3 中的虚线所示。刚性基础这种跨越基底中部,将所承担的荷载相对集中地传至基底边缘的现象叫作基础的"架越作用"。

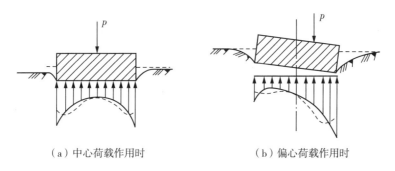

（a）中心荷载作用时　　　　　　　　（b）偏心荷载作用时

图 3.3　刚性基础的基底反力分布

（3）基础相对刚度的影响。基础相对刚度是指基础与地基之间的刚度比,称为基础相对刚度。基础相对刚度对基底反力的分布影响较大。对于图 3.4(a)所示的黏性土地基上的基础相对刚度较大的基础,当荷载不太大时,地基中的塑性区较小,基础的架越作用明显。当荷载增大时,塑性区不断扩大,基底反力会趋于均匀。在流塑状态的软土中,基底反力几乎呈直线分布。对于基础相对刚度较小的基础,如图 3.4(c)所示,由于基础的扩散能力不大,基底出现反力集中的现象,基础的内力反而不大。对于一般的黏性土地基上相对刚度适中的基础,如图 3.4(b)所示,其基底压力的分布介于图 3.4(a)与图 3.4(c)之间。

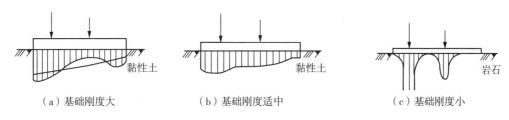

（a）基础刚度大　　　　　　　（b）基础刚度适中　　　　　　　（c）基础刚度小

图 3.4　基础相对刚性与架越作用

由此可见,基础架越作用的强弱,取决于基础相对刚度的大小、土的压缩性及基底塑性区的大小。一般来说,基础的相对刚度越大,架越作用越明显,基底压力分布与上部荷载分布越不一致。

（4）邻近荷载的影响。事实上,上述地基与基础的共同作用的分析是在没有考虑邻近荷载作用情况下得出的。如果基础受到相邻荷载的影响,那么受荷载影响一侧的沉降量会增大,此时基底反力分布会发生明显的变化,反力呈现为中间大两端小的向下凸的双拱形,而显著有别于无邻近荷载时的马鞍形分布形式。

（5）地基非均质性的影响。地基的非均质性对地基与基础的共同作用也有显著的影响。当地基压缩性不均匀时,按照常规的设计方法计算得到的基础内力可能会与实际情况明显不同。

3.1.3 上部结构与基础的共同作用

上部结构刚度对基础的受力状态影响较大。上部结构刚度指的是整个上部结构对基础不均匀沉降或挠曲的抵抗能力，或称为整体刚度。如果上部结构为绝对刚性，比如长高比很小的现浇剪力墙结构，如图 3.5 所示，当地基变形时，由于上部结构的刚度较大，所以认为其不发生弯曲，那么刚性结构均匀下沉，基础梁挠曲时柱端相当于不动的支座，因此对基础梁进行受力分析时可以将其看作一根倒置的连续梁。事实上，实际工程中体型简单、长高比很小的结构，如烟囱、水塔、高炉、筒仓等高耸结构物或采用框架-剪力墙、筒体结构的高层建筑均可看作刚性结构。这类结构基础常为整体配置的独立基础，基础与上部结构浑然一体，使整个体系具有很大的刚度。当地基不均匀时，基础转动倾斜，但几乎不会发生相对挠曲，这类结构也可采用常规设计。

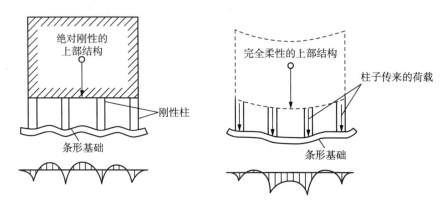

图 3.5 上部结构刚度对基础变形的影响

另外，实际工程中按照上部结构刚度对基础的影响，还有一类柔性结构。柔性结构是指上部结构的刚度较小，不会对地基变形产生影响或对地基变形影响较小的结构，如刚度较小的框架结构，或以屋架—柱—基础为承重体系的排架结构和木结构等。如果上部结构为刚度较小的框架结构，由于其刚度很小，对基础的变形几乎没有约束作用，在进行受力分析时可将上部结构简化为荷载直接作用在基础梁上。此外，由于整个承重体系对基础的不均匀沉降有很大的顺从性，故基础的沉降差不会引起主体结构的附加应力，传给基础的柱荷载也不会因此而有所改变。结构与地基变形之间并不存在彼此制约、相互作用的关系。这类结构最适合按常规方法设计。

由上述分析可知，上部结构的刚度对基础梁的受力有较大影响，其为绝对刚性和完全柔性时，形成的基础弯曲变形和内力是截然不同的，如图 3.5 所示。实际上，建筑结构中最常见的砖石砌体承重结构和钢筋混凝土框架结构的刚度一般有限，这类结构一方面可以调整地基不均匀沉降，但在调整地基不均匀沉降的同时也引起了结构中的附加应力，这样就有可能导致结构的变形甚至开裂，也就是说，这类结构对基础的不均匀沉降的反应都很灵敏，故称为敏感性结构。此类结构应考虑地基、基础和上部结构的相互影响作用。基于相互作用分析的设计方法，称为"合理设计"方法，但对于柔性基础和刚性基础仍然可以采用常规的简化计算方法，而对于敏感性结构则需考虑三者的相互作用。因为合理设计方法不仅需要建立能正确反映结构刚度影响的分析理论,还要有能够合理反映地基土变形特性的地基计算模型和相应的参数,以及可以借助计算机完成相应计算的有效计算方法。到目前为止,基于地基、基础和上部结构的相互作用分析还处于研究阶段,也是引起国内外学者广泛研究兴趣的一项研究课题。

3.2 地基计算模型

在进行地基、基础和上部结构的共同作用分析或地基上的梁、板的分析时,都要用到土与基础接触界面上的力与位移的关系,这种关系可以用连续的或离散化形式的特征函数表示,这就是地基计算模型。地基计算模型可以是线性的,也可以是非线性的,最简单的地基模型是线弹性模型,并且只考虑竖向力和位移的关系。下面仅介绍几种用于工程计算的常用线弹性地基模型。

3.2.1 文克勒地基模型

文克勒地基模型是由捷克工程师文克勒(Winkler)在 1867 年提出的,该模型是最简单的线弹性模型,其假设地基上任一点所受到的压力强度 p 与该点的竖向位移(沉降)s 成正比(图 3.6),即

$$p = ks \tag{3.1}$$

式中:k 为基床系数,kN/m^3(其参考值见表 3.1)。

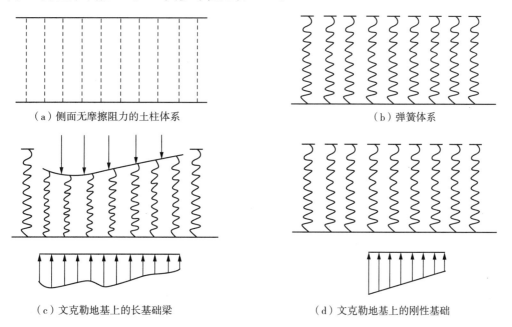

(a)侧面无摩擦阻力的土柱体系　　　　　　　　　(b)弹簧体系

(c)文克勒地基上的长基础梁　　　　　　　　　(d)文克勒地基上的刚性基础

图 3.6　文克勒地基模型

表 3.1　基床系数 k 参考值

土的名称	土的状态	$k/(kN/m^3)$
淤泥质土、有机质土	—	$0.5 \times 10^4 \sim 1.0 \times 10^4$
黏土、粉质黏土	软塑	$0.5 \times 10^4 \sim 2.0 \times 10^4$
	可塑	$2.0 \times 10^4 \sim 4.0 \times 10^4$
	硬塑	$4.0 \times 10^4 \sim 10.0 \times 10^4$
砂土	松散	$0.7 \times 10^4 \sim 1.5 \times 10^4$
	中密	$1.5 \times 10^4 \sim 2.5 \times 10^4$
	密实	$2.5 \times 10^4 \sim 4.0 \times 10^4$
砾石	中密	$2.5 \times 10^4 \sim 4.0 \times 10^4$
黄土、黄土性粉质黏土	—	$4.0 \times 10^4 \sim 5.0 \times 10^4$

文克勒地基模型假设地基表面某点的沉降与其他点的压力无关。该模型实际上是把连续的地基土体划分成许多竖直的土柱,把每条土柱看作一根独立的弹簧。如果在弹簧体系上施加荷载,则每根弹簧所受的压力与该根弹簧的变形成正比。这种模型的地基反力图形与基础底面的竖向位移形状是相似的。如果基础的刚度非常大,基础底面在受荷后保持为平面,则地基反力按直线规律变化。这与前面所采用的基底压力简化计算方法是完全一致的。按照图 3.6 所示的弹簧体系,每根弹簧与相邻弹簧的压力和变形毫无关系,这样由弹簧所代表的土柱,在产生竖向变形时与相邻土柱之间没有摩擦阻力,也就是说地基中只有正应力而没有剪应力,因此地基变形只限于基础底面范围之内。

事实上,地基中土柱之间存在着剪应力。正是由于剪应力的存在,才使基底压力在地基中产生应力扩散,并使基底以外的地表发生沉降。

尽管文克勒地基模型存在一定的局限性,但由于该模型参数少、便于应用,所以仍是目前最常用的地基模型之一。一般认为力学性质与水相近的地基,采用文克勒模型就比较合适。在下述情况下,可以考虑采用文克勒地基模型。

(1)地基主要受力层为软土。由于软土的抗剪强度低,因而能够承受的剪应力值很小。

(2)厚度不超过基础底面宽度之半的薄压缩层地基。这时地基中产生附加应力集中现象,剪应力很小。

(3)基底下塑性区相应较大时。

(4)支承在桩上的连续基础,可以用弹簧体系来代替群桩。

3.2.2　弹性半空间地基模型

弹性半空间地基模型将地基视为均质的线性变形半空间体,采用弹性力学中弹性半空间体理论公式求解地基中的附加应力或位移,此时地基上任意点的沉降与整个基底反力以及邻近荷载的分布有关。

根据布辛奈斯克(Boussinesq)解,在弹性半空间表面上作用一个竖向集中力 p 时,半

空间表面上离竖向集中力作用点距离为 r 处的地基表面沉降 s 为

$$s = \frac{p(1-\mu^2)}{\pi E_0 r} \tag{3.2}$$

式中：E_0 为地基土的变形模量，MPa；μ 为地基土的泊松比；r 为地基表面任意点至集中力作用点的距离，m。

对于均布矩形荷载 p_0 作用下矩形面积中心点的沉降，可以通过对式（3.2）进行积分求得，即

$$s = \frac{2(1-\mu^2)}{\pi E_0}\left(l \ln \frac{b+\sqrt{l^2+b^2}}{l} + b \ln \frac{l+\sqrt{l^2+b^2}}{b}\right)p_0 \tag{3.3}$$

式中：l 为矩形荷载面的长度，m；b 为矩形荷载面的宽度，m。

设地基表面作用着任意分布的荷载，把基底平面划分为 n 个矩形网格，如图 3.7 所示，作用于各网格面积 $(f_1, f_2, \cdots, f_n)$ 上的基底压力 $(p_1, p_2, \cdots, p_n)$ 可以近似地认为是均布的。如果以沉降系数 δ_{ij} 表示网格 i 的中点作用于网格 j 上的均布压力 $p_j = 1/f_j$（此时面积 f_j 上的总压力 $R_j = 1$，$R_j = p_j f_j$ 称为集中基底压力）引起的沉降，则按叠加原理，网格 i 中点的沉降应为所有 n 个网格上的基底压力分别引起的沉降总和，即

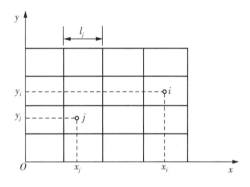

图 3.7　基底网格的划分

$$\delta_i = \delta_{i1} p_1 f_1 + \delta_{i2} p_2 f_2 + \cdots + \delta_{in} p_n f_n = \sum_{j=1}^{n} \delta_{ij} R_j \tag{3.4}$$

对于整个基础，式（3.4）可用矩阵形式表示为

$$\begin{Bmatrix} s_1 \\ s_2 \\ \vdots \\ s_n \end{Bmatrix} = \begin{bmatrix} \delta_{11} & \delta_{12} & \cdots & \delta_{1n} \\ \delta_{21} & \delta_{22} & \cdots & \delta_{2n} \\ \vdots & \vdots & \ddots & \vdots \\ \delta_{n1} & \delta_{n2} & \cdots & \delta_{nn} \end{bmatrix} \begin{Bmatrix} R_1 \\ R_2 \\ \vdots \\ R_n \end{Bmatrix}$$

简写为

$$s = \boldsymbol{\delta} R \tag{3.5}$$

式中：$\boldsymbol{\delta}$ 为地基柔度矩阵。

为了简化计算，可以只对 δ_{ij} 根据作用于 j 网格上的均布荷载 $p_j = 1/f_j$ 按式（3.3）计算，即

$$\delta_{ij} = \begin{cases} 1 - \mu^2 \left(\dfrac{2}{b_j} \ln \dfrac{b_j + \sqrt{l_j^2 + b_j^2}}{l_j} + \dfrac{2}{l_j} \ln \dfrac{l_j + \sqrt{l_j^2 + b_j^2}}{b_j} \right), & i = j \\[4mm] \pi E_0 \dfrac{1}{\sqrt{(x_i - x_j)^2 + (y_i - y_j)^2}}, & i \neq j \end{cases} \qquad (3.6)$$

弹性半空间地基模型具有能够扩散应力和变形的优点,可以反映邻近荷载的影响,但它的扩散能力往往超过地基的实际情况,所以计算所得的沉降量和地表的沉降范围常常比实测结果大,同时该模型没有考虑地基的成层性、非均质性以及土体应力-应变关系的非线性等重要因素的影响。

3.2.3 有限压缩层地基模型

有限压缩层地基模型是把计算沉降的分层总和法应用于地基上梁和板的分析,地基沉降等于沉降计算深度范围内各计算分层在侧限条件下的压缩量之和。这种模型能够较好地反映地基土扩散应力和应变的能力,可以反映邻近荷载的影响,考虑土层沿深度和水平方向的变化,但仍无法考虑土的非线性和基底反力的塑性重分布。

有限压缩层地基模型的表达式与式(3.5)相同,式中的柔度矩阵 $\boldsymbol{\delta}$ 需按分层总和法计算。将基底划分成 n 个矩形网格,并将其下面的地基分割成截面与网格相同的棱柱体,其下端到达硬层顶面或沉降计算深度。各棱柱体按照天然土层界面和计算精度要求分成若干计算层,于是沉降系数 δ_{ij} 的计算公式可以写成

$$\delta_{ij} = \sum_{t=1}^{n_c} \frac{\sigma_{tij} h_{ti}}{E_{sti}} \qquad (3.7)$$

式中:h_{ti},E_{sti} 分别为第 i 个棱柱体中第 t 分层的厚度和压缩模量;n_c 为第 i 个棱柱体的分层数;σ_{tij} 为第 i 个棱柱体中第 t 分层由 $p_j = 1/f_j$ 引起的竖向附加应力的平均值,可用该层中点处的附加应力值来代替。

3.3 文克勒地基上梁的计算

3.3.1 文克勒地基上梁的挠曲微分方程

在材料力学中,根据梁的纯弯曲得到的挠曲微分方程式为

$$EI \frac{\mathrm{d}^2 \omega}{\mathrm{d} x^2} = -M \qquad (3.8)$$

式中:ω 为梁的挠度;M 为弯矩;E 为材料的弹性模量;I 为梁的截面惯性矩。

文克勒地基上基础梁的计算简图,如图3.8所示。根据梁的微单元的静力平衡条件 $\sum M = 0$,$\sum V = 0$ 得到

$$\frac{\mathrm{d}M}{\mathrm{d}x} = V \qquad (3.9)$$

$$\frac{\mathrm{d}V}{\mathrm{d}x} = bp - q \tag{3.10}$$

式中:V 为剪力;q 为梁上的分布荷载;p 为地基反力;b 为梁的宽度。

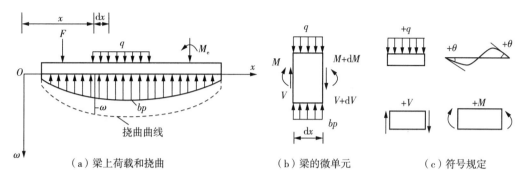

（a）梁上荷载和挠曲　　　　　（b）梁的微单元　　　　　（c）符号规定

图 3.8　文克勒地基上基础梁的计算简图

将式(3.10)连续对坐标 x 求两次导数,可得

$$EI\,\frac{\mathrm{d}^4\omega}{\mathrm{d}x^4} = -\frac{\mathrm{d}^2 M}{\mathrm{d}x^2} = -\frac{\mathrm{d}V}{\mathrm{d}x} = -bp + q \tag{3.11}$$

对于没有分布荷载作用,即 $q=0$ 的梁段,式(3.11)可写为

$$EI\,\frac{\mathrm{d}^4\omega}{\mathrm{d}x^4} = -bp \tag{3.12}$$

式(3.12)是基础梁的挠曲微分方程,对任何一种地基模型都适用。采用文克勒地基模型时,按式(3.1)$p = ks$ 进行计算。

根据变形协调条件,地基沉降等于梁的挠度,即 $s=\omega$,代入式(3.12)得

$$EI\,\frac{\mathrm{d}^4\omega}{\mathrm{d}x^4} = -bk\omega \quad 或 \quad \frac{\mathrm{d}^4\omega}{\mathrm{d}x^4} + \frac{kb}{EI}\omega = 0 \tag{3.13}$$

式(3.13)即为文克勒地基上梁的挠曲微分方程。为了求解的方便,令

$$\lambda = \sqrt[4]{\frac{kb}{4EI}} \tag{3.14}$$

其中 λ 称为梁的柔度特征值,量纲为 L^{-1},其倒数 $1/\lambda$ 称为特征长度。λ 值与地基的基床系数和梁的抗弯刚度有关,λ 值越小,基础的相对刚度越大。

将式(3.14)代入式(3.13)得到

$$\frac{\mathrm{d}^4\omega}{\mathrm{d}x^4} + 4\lambda^4\omega = 0 \tag{3.15}$$

式(3.15)是 4 阶常系数线性常微分方程,可以用比较简便的方法得到它的通解,即

$$\omega = \mathrm{e}^{\lambda x}(C_1\cos\lambda x + C_2\sin\lambda x) + \mathrm{e}^{-\lambda x}(C_3\cos\lambda x + C_4\sin\lambda x) \tag{3.16}$$

式中:C_1,C_2,C_3 和 C_4 为积分常数,可按荷载类型由已知条件来确定;e 为自然对数的底。

如果设梁的长度为 l，则梁的柔度特征值 λ 与长度 l 的乘积 λl 称为柔度指数，其表征了文克勒地基上梁的相对刚柔程度的一个无量纲值。当 $\lambda l \to 0$ 时，梁的刚度为无限大，可视为刚性梁；当 $\lambda l \to \infty$ 时，梁是无限长的，可视为柔性梁。一般可按柔度指数 λl 值的大小将梁分为下列三种：

对于短梁（或刚性梁）$\qquad\qquad \lambda l \leqslant \dfrac{\pi}{4}$

对于有限长梁（或有限刚度梁）$\qquad \dfrac{\pi}{4} < \lambda l < \pi$

对于长梁（柔性梁）$\qquad\qquad\quad \lambda l \geqslant \pi$

3.3.2　文克勒地基上无限长梁的解答

1. 竖向集中荷载作用下的解答

图 3.9(a) 表示一个竖向集中力 F_0 作用于无限长梁时的情况。取 F_0 的作用点为坐标原点 O。离 O 点无限远处的梁挠度应为 0，即当 $x \to \infty$ 时，$\omega \to 0$。将此边界条件代入式(3.16)，得 $C_1 = C_2 = 0$。于是，对梁的右半部，式(3.16)成为

$$\omega = e^{-\lambda x}(C_3 \cos\lambda x + C_4 \sin\lambda x) \qquad (3.17)$$

在竖向集中力作用下，梁的挠曲线和弯矩图是关于原点对称的，如图 3.9(a) 所示。因此，在 $x=0$ 处，$d\omega/dx = 0$，代入式(3.17)得 $C_3 - C_4 = 0$。令 $C_3 = C_4 = C$，则式(3.17)成为

$$\omega = Ce^{-\lambda x}(\cos\lambda x + \sin\lambda x) \qquad (3.18)$$

在 O 点处紧靠 F_0 的左、右侧把梁切开，则作用于 O 点左右两侧截面上的剪力均等于 $F_0/2$，且指向下方。根据图 3.8(c) 中的符号规定，在右侧截面有 $V = -F_0/2$，由此得 $C = F_0\lambda/2kb$，代入式(3.18)，则

$$\omega = \frac{F_0\lambda}{2kb}e^{-\lambda x}(\cos\lambda x + \sin\lambda x) \qquad (3.19)$$

将式(3.19)对 x 依次取一阶、二阶和三阶导数，就可以求得梁截面的转角 $\theta \approx d\omega/dx$、弯矩 $M = -EI(d^2\omega/dx^2)$ 和剪力 $V = -EI(d^3\omega/dx^3)$。将所得公式归纳为

$$\begin{cases} \omega = \dfrac{F_0\lambda}{2kb}A_x \\[2mm] \theta = -\dfrac{F_0\lambda^2}{kb}B_x \\[2mm] M = \dfrac{F_0}{4\lambda}C_x \\[2mm] V = -\dfrac{F_0}{2}D_x \end{cases} \qquad (3.20)$$

式中：$A_x = e^{-\lambda x}(\cos\lambda x + \sin\lambda x)$；$B_x = e^{-\lambda x}\sin\lambda x$；$C_x = e^{-\lambda x}(\cos\lambda x - \sin\lambda x)$；$D_x = e^{-\lambda x}\cos\lambda x$。这 4 个系数都是 λx 的函数，其值也可由表 3.2 查得。

由于式(3.20)是针对梁的右半部($x>0$)导出的,所以对 F_0 左边的截面($x<0$),需用 x 的绝对值代入式(3.20)中进行计算,计算 ω 和 M 时,结果的正负号不变,但 θ 和 V 则取相反的符号。基底反力按 $p=k\omega$ 计算。ω,θ,M,V 的分布图如图 3.9(a)所示。

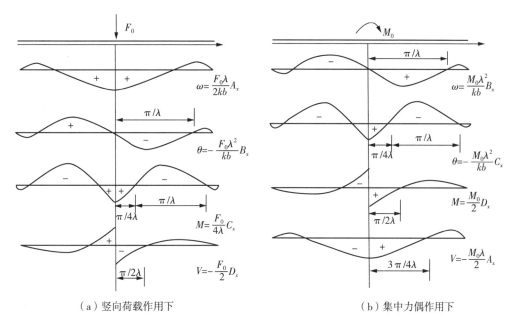

（a）竖向荷载作用下　　　　　　　（b）集中力偶作用下

图 3.9　无限长梁的挠度 ω、转角 θ、弯矩 M、剪力 V 分布

2. 集中力偶作用下的解答

如图 3.9(b)所示,当一个顺时针方向的集中力偶 M_0 作用于无限长梁时,同样取 M_0 作用点为坐标原点 O。当 $x\rightarrow\infty$ 时,$\omega\rightarrow0$,由此得式(3.16)中的 $C_1=C_2=0$。在集中力偶作用下,θ 和 V 是关于 O 点对称的,而 ω 和 M 是反对称的。因此,当 $x=0$ 时,$\omega=0$,所以 $C_3=0$。然后在紧靠 M_0 作用点的左、右两侧把梁切开,则作用于 O 点左右两侧截面上的弯矩均为 M_0 的一半,且为逆时针方向,即在右侧截面有 $M=M_0/2$。由此可得 $C_4=M_0\lambda^2/kb$,于是

$$\omega=\frac{M_0\lambda^2}{kb}\mathrm{e}^{-\lambda x}\sin\lambda x \tag{3.21}$$

求 ω 对 x 的一、二、三阶导数后,所得的式子归纳为

$$\begin{cases}\omega=\dfrac{M_0\lambda^2}{kb}B_x\\[2mm]\theta=-\dfrac{M_0\lambda^3}{kb}C_x\\[2mm]M=\dfrac{M_0}{2}D_x\\[2mm]V=-\dfrac{M_0\lambda}{2}A_x\end{cases} \tag{3.22}$$

式中,系数 A_x,B_x,C_x,D_x 与式(3.20)相同。当计算截面位于 M_0 的左边时,式(3.22)中的 x 取绝对值,ω 和 M 取与计算结果相反的符号,而 θ 和 V 的符号不变。ω,θ,M,V 的分布如图 3.9(b)所示。

计算承受若干个集中荷载的无限长梁上任意截面的 ω,θ,M,V 时,可以按式(3.20)或式(3.22)分别计算各荷载单独作用时在该截面引起的效应,然后叠加得到共同作用下的总效应。注意:在每次计算时均需把坐标原点移到相应的集中荷载作用点处。图 3.10所示的无限长梁上 A,B,C 这 3 个点的 4 个荷载 F_a,M_a,F_b,M_c 在截面 D 引起的弯矩 M_d 和剪力 V_d 分别为

$$\begin{cases} M_d = \dfrac{F_a}{4\lambda}C_a + \dfrac{M_a}{2}D_a + \dfrac{F_b}{4\lambda}C_b - \dfrac{M_c}{2}D_c \\[3mm] V_d = -\dfrac{F_a}{2}D_a - \dfrac{M_a\lambda}{2}A_a + \dfrac{F_b}{2}D_b - \dfrac{M_c\lambda}{2}A_c \end{cases} \tag{3.23}$$

式中,系数 A_a,C_b,D_c 表示其所对应的 λ_x 值分别为 $\lambda_a,\lambda_b,\lambda_c$。

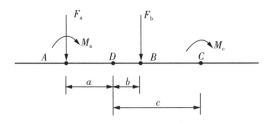

图 3.10　若干个集中荷载作用下的无限长梁

3.3.3　文克勒地基上有限长梁的解答

真正的无限长梁是没有的。满足 $\dfrac{\pi}{4} < \lambda < \pi$ 的梁均称为有限长梁,对于有限长梁,有多种方法求解,这里介绍的方法均是以上面推导得到的无限长梁的计算公式为基础,利用叠加原理来求得满足有限长梁的两个自由端边界条件的解答,其原理如下。

设想将图 3.11 中的有限长梁(梁Ⅰ)用无限长梁(梁Ⅱ)来替代。显然,如果能设法消除无限长梁Ⅱ在 A,B 两截面处的弯矩和剪力,即满足有限长梁Ⅰ两端为自由端的边界条件,则无限长梁Ⅱ的内力与变形情况就完全等同于有限长梁Ⅰ了。将无限长梁Ⅱ紧靠 A,B 两截面的外侧各施加一对附加荷载 F_A,M_A 和 F_B,M_B(称为梁端边界条件力,其正方向如图 3.11 所示),并且使无限长梁在梁端边界条件力和已知荷载共同作用下,A,B 两截面的弯矩和剪力为零,那么由此可求出 F_A,M_A 和 F_B,

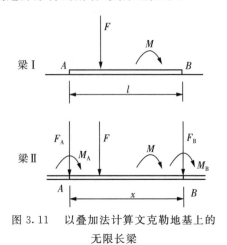

图 3.11　以叠加法计算文克勒地基上的无限长梁

M_B。再由叠加法计算在已知荷载和边界条件力的共同作用下,无限长梁 Ⅱ 上相应于梁 Ⅰ 所求截面处的 ω,θ,M 和 V 值,即为所求结果。

设外荷载在梁 Ⅱ 的 A,B 两截面上所产生的弯矩和剪力分别为 M_a,V_a 及 M_b,V_b,则要求两个梁端在 A,B 两截面产生的弯矩和剪力分别为 $-M_a,-V_a$ 及 $-M_b,-V_b$,由此可利用式(3.20)或式(3.22)列出方程组

$$\begin{cases}
\dfrac{F_A}{4\lambda} + \dfrac{F_B}{4\lambda}C_x + \dfrac{M_A}{2} - \dfrac{M_B}{2}D_x = -M_a \\[2mm]
-\dfrac{F_A}{2} + \dfrac{F_B}{2}D_x - \dfrac{M_A\lambda}{2} - \dfrac{M_B\lambda}{2}A_x = -V_a \\[2mm]
\dfrac{F_A}{4\lambda}C_x + \dfrac{F_B}{4\lambda} + \dfrac{M_A}{2}D_x - \dfrac{M_B}{2} = -M_b \\[2mm]
-\dfrac{F_A}{2}D_x + \dfrac{F_B}{2} - \dfrac{M_A\lambda}{2}A_x - \dfrac{M_B\lambda}{2} = -V_b
\end{cases} \tag{3.24}$$

解上述方程组得

$$\begin{cases}
F_A = (E_x + F_x D_x)V_a + \lambda(E_x - F_x A_x)M_a - (F_x + E_x D_x)V_b + \lambda(F_x - E_x A_x)M_b \\[2mm]
M_A = -(E_x + F_x C_x)\dfrac{V_a}{2\lambda} - (E_x - F_x D_x)M_a + (F_x + E_x D_x)\dfrac{V_b}{2\lambda} - (F_x - E_x D_x)M_b \\[2mm]
F_B = (F_x + F_x D_x)V_a + \lambda(F_x - E_x A_x)M_a - (E_x + F_x D_x)V_b + \lambda(E_x - F_x A_x)M_b \\[2mm]
M_B = (F_x + E_x C_x)\dfrac{V_a}{2\lambda} + (F_x - E_x D_x)M_a - (E_x + F_x C_x)\dfrac{V_b}{2\lambda} + (E_x - F_x D_x)M_b
\end{cases} \tag{3.25}$$

式中:$E_x = \dfrac{2\mathrm{e}^{\lambda x}\mathrm{sh}\lambda x}{\mathrm{sh}^2\lambda x - \sin^2\lambda x}$;$F_x = \dfrac{2\mathrm{e}^{\lambda x}\sin\lambda x}{\sin^2\lambda x - \mathrm{sh}^2\lambda x}$。sh 为双曲线正弦函数,$E_x,F_x$ 按 λx 值由表 3.2 查得。

表 3.2 A_x,B_x,C_x,D_x,E_x,F_x 函数表

λx	A_x	B_x	C_x	D_x	E_x	F_x
0	1	0	1	1	∞	$-\infty$
0.02	0.99961	0.01960	0.96040	0.980000	382156	-382105
0.04	0.99844	0.03842	0.92160	0.96002	48802.6	-48776.6
0.06	0.99654	0.05647	0.88360	0.94007	14851.3	-14738.0
0.08	0.99393	0.07377	0.84639	0.92016	9354.30	-6340.76
0.10	0.99065	0.09033	0.80998	0.90032	3321.06	-3310.01
0.12	0.98672	0.10618	0.77437	0.88054	1962.18	-1952.78
0.14	0.98217	0.12131	0.73954	0.68085	1261.70	-1253.48

λx	A_x	B_x	C_x	D_x	E_x	F_x
0.16	0.97702	0.13567	0.70550	0.84126	863.174	-855.840
0.18	0.97131	0.14954	0.67224	0.82178	619.176	-612.524
0.20	0.96507	0.16266	0.63975	0.80241	461.078	-454.971
0.22	0.95831	0.17513	0.60804	0.78318	353.904	-348.240
0.24	0.95106	0.18698	0.57710	0.76408	278.526	-273.329
0.26	0.94336	0.19822	0.54691	0.74514	223.862	-218.874
0.28	0.93522	0.20887	0.51748	0.72635	183.183	-178.457
0.30	0.92666	0.21893	0.48880	0.70773	152.233	-147.733
0.35	0.90360	0.24164	0.42033	0.66196	101.318	-97.2846
0.40	0.87844	0.26103	0.35637	0.61740	71.7915	-68.0628
0.45	0.85150	0.27735	0.29680	0.57415	53.3711	-49.8871
0.50	0.82307	0.29079	0.24149	0.53228	41.2142	-37.9185
0.55	0.79343	0.30156	0.19030	0.49186	32.8243	-29.7654
0.60	0.76284	0.30988	0.14307	0.45295	26.8201	-23.7856
0.65	0.73153	0.31594	0.09966	0.41559	22.3922	-19.4496
0.70	0.69972	0.31991	0.05990	0.37981	19.0435	-16.1724
0.75	0.66761	0.32198	0.02364	0.34563	16.4562	-13.6409
$\pi/4$	0.64479	0.32240	0	0.32240	14.9672	-12.1834
0.80	0.63538	0.32233	-0.00928	0.31305	14.4202	-11.6477
0.85	0.60320	0.32111	-0.03902	0.28209	12.7924	-10.0518
0.90	0.57120	0.31848	-0.06574	0.25273	11.4729	-8.75491
0.95	0.53954	0.31458	-0.08962	0.22496	10.3905	-7.68705
1.00	0.50833	0.30956	-0.11079	0.19877	9.49305	-6.79724
1.05	0.47766	0.30354	-0.12943	0.17412	8.74207	-6.04780
1.10	0.44765	0.29666	-0.14567	0.15099	8.10850	-5.41038
1.15	0.41836	0.28901	-0.15967	0.12934	7.57013	-4.86335
1.20	0.38986	0.28072	-0.17158	0.10914	7.10976	-4.39002
1.25	0.36223	0.27189	-0.18155	0.09034	6.71390	-3.97735
1.30	0.33550	0.26260	-0.18970	0.07290	6.37186	-3.61500
1.35	0.30972	0.25295	-0.19617	0.05678	6.07508	-3.29477
1.40	0.28492	0.24301	-0.20110	0.04191	5.81664	-3.01003
1.45	0.26113	0.23286	-0.20459	0.02827	5.59088	-2.75541
1.50	0.23835	0.22257	-0.20679	0.01578	5.39317	-2.52652

（续表）

λx	A_x	B_x	C_x	D_x	E_x	F_x
1.55	0.21662	0.21220	−0.20779	0.00441	5.21965	−2.31974
$\pi/2$	0.20788	0.20788	−0.20788	0	5.15382	−2.23953
1.60	0.19592	0.20181	−0.20771	−0.00590	5.06711	−2.13210
1.65	0.17625	0.19144	−0.20664	−0.01520	4.93283	−1.96109
1.70	0.15762	0.18116	−0.20470	−0.02354	4.81454	−1.80464
1.75	0.14002	0.17099	−0.20197	−0.03097	4.71026	−1.66098
1.80	0.12342	0.16098	−0.19853	−0.03765	4.61834	−1.52865
1.85	0.10782	0.15115	−0.19448	−0.04333	4.53732	−1.40638
1.90	0.09318	0.14154	−0.18989	−0.04835	4.46596	−1.29312
1.95	0.07950	0.13217	−0.18483	−0.05267	4.40314	−1.18795
2.00	0.06674	0.12306	−0.17938	−0.05632	4.34792	1.09008
2.05	0.05488	0.11423	−0.17359	−0.05936	4.29946	−0.99885
2.10	0.04388	0.10571	−0.16753	−0.06182	4.25700	−0.91368
2.15	0.03373	0.09749	−0.16124	−0.06376	4.21988	−0.83407
2.20	0.02438	0.08958	−0.15479	−0.06521	4.18751	−0.75959
2.25	0.01580	0.08200	−0.14821	−0.06621	4.15936	−0.68987
2.30	0.00796	0.07476	−0.14156	−0.06680	4.13495	−0.62457
2.35	−0.00084	0.06785	−0.13487	−0.06702	4.11387	−0.56340
$3\pi/4$	0	0.06702	−0.13404	−0.06702	4.11147	−0.55610
2.40	−0.00562	0.06128	−0.12817	−0.06689	4.09573	−0.50611
2.45	−0.01143	0.05503	−0.12150	−0.06647	4.08019	−0.45248
2.50	−0.01663	0.04913	−0.11489	−0.06576	4.06692	−0.40229
2.55	−0.02127	0.04354	−0.10836	−0.06481	4.05568	−0.35537
2.60	−0.02536	0.03829	−0.10193	−0.06364	4.04618	−0.31156
2.65	−0.02894	0.03335	−0.09563	−0.06228	4.03821	−0.27070
2.70	−0.03204	0.02872	−0.08948	−0.06076	4.03157	0.23264
2.75	−0.03469	0.02440	−0.08348	−0.05909	4.02608	−0.19727
2.80	−0.03693	0.02037	−0.07767	−0.05730	4.02157	−0.16445
2.85	−0.03877	0.01663	−0.07203	−0.05540	4.01790	−0.13408
2.90	−0.04026	0.01316	−0.06659	−0.05343	4.01495	−0.10603
2.95	−0.04142	0.00997	−0.06134	−0.05138	4.01259	−0.08020
3.00	−0.04226	0.00703	−0.05631	−0.04929	4.01074	−0.05650

λx	A_x	B_x	C_x	D_x	E_x	F_x
3.10	-0.04314	0.00187	-0.04688	-0.04501	4.00819	-0.01505
π	-0.04321	0	-0.04321	-0.04321	4.00748	0
3.20	-0.04307	-0.00238	-0.03831	-0.04069	4.00675	0.01910
3.40	-0.04079	-0.00853	-0.02374	-0.03227	4.00563	0.06840
3.60	-0.03659	-0.01209	-0.01241	-0.02450	4.00533	0.09693
3.80	-0.03138	-0.01369	-0.00400	-0.01769	4.00501	0.10969
4.00	-0.02583	-0.01386	-0.00189	-0.01197	4.00442	0.11105
4.20	-0.02042	-0.01307	0.00572	-0.00735	4.00364	0.10468
4.40	-0.01546	-0.01168	0.00791	-0.00377	4.00279	0.09354
4.60	-0.01112	-0.00999	0.00886	-0.00113	4.00200	0.07996
$3\pi/2$	-0.00898	-0.00898	0.00898	0	4.00161	0.07190
4.80	-0.00748	-0.00820	0.00892	0.00072	4.00134	0.06561
5.00	-0.00455	-0.00646	0.00837	0.00191	4.00085	0.05170
5.50	0.00001	-0.00288	0.00578	0.00290	4.00020	0.02307
6.00	0.00169	-0.00069	0.00307	0.00238	4.00003	0.00554
2π	0.00187	0	0.00187	0.00187	4.00001	0
6.50	0.00179	0.00032	0.00114	0.00147	4.00001	-0.00259
7.00	0.00129	0.00060	0.00009	0.00069	4.00001	-0.00479
$9\pi/4$	0.00120	0.00060	0	0.00060	4.00001	-0.00482
7.50	0.00071	0.00052	-0.00033	0.00019	4.00001	-0.00415
$5\pi/2$	0.00039	0.00039	-0.00039	0	4.00000	-0.00311
8.00	0.00028	0.00033	-0.00038	-0.00005	4.00000	-0.00266

当作用于有限长梁上的外荷载对称时，$V_a = -V_b$，$M_a = M_b$，则式（3.25）可简化为

$$\begin{cases} F_A = F_B = (E_x + F_x)\left[(1 + D_x)V_a + \lambda(1 - A_x)M_a\right] \\ M_A = -M_B = -(E_x + F_x)\left[(1 + C_x)\dfrac{V_a}{2\lambda} + (1 - D_x)M_a\right] \end{cases} \quad (3.26)$$

现将有限长梁的计算步骤归纳如下。

（1）按式（3.20）和式（3.22）以叠加法计算已知荷载在无限长梁 Ⅱ 上相应于有限长梁 Ⅰ 两端的 A 和 B 截面引起的弯矩和剪力 M_A，V_a 及 M_B，V_b。

（2）按式（3.25）和式（3.26）计算梁端边界条件力 F_A，M_A 和 F_B，M_B。

（3）再按式（3.20）和式（3.22）以叠加法计算在已知荷载和边界条件力的共同作用下，无限长梁 Ⅱ 上相应于有限长梁 Ⅰ 所求截面处的 ω，θ，M 和 V 值。

3.3.4 基床系数的确定

根据式(3.1)的定义,基床系数 k 可以表示为

$$k = \frac{p}{s} \tag{3.27}$$

由式(3.27)可知,基床系数 k 的取值受多种因素的影响,如基底压力的大小及分布、土的压缩性、土层厚度、邻近荷载影响等。因此,从严格意义上讲,在进行地基上梁或板的分析之前,基床系数的数值是难以准确确定的。下面仅介绍几种确定基床系数的方法以供参考。

1. **按基础的预估沉降量确定**

对于某个特定的地基和基础条件,可用式(3.28)估算基床系数,即

$$k = \frac{p_0}{s_m} \tag{3.28}$$

式中: p_0 为基底平均附加压力; s_m 为基础的平均沉降量。

对于厚度为 h 的薄压缩层地基,基底平均沉降 $s_m = \sigma_z h / E_s \approx p_0 h / E_s$ 代入式(3.28)得

$$k = \frac{E_s}{h} \tag{3.29}$$

式中: E_s 为土层的平均压缩模量。

如果薄压缩层地基由若干分层组成,则式(3.29)可写成

$$k = \frac{1}{\sum \dfrac{h_i}{E_{si}}} \tag{3.30}$$

式中: h_i, E_{si} 分别为第 i 层土的厚度和压缩模量。

2. **按载荷试验结果确定**

如果地基压缩层范围内的土质均匀,则可利用载荷试验结果来估算基床系数,即在 $p\text{-}s$ 曲线上取对应于基底平均反力 p 的刚性载荷板沉降值 s 来计算载荷板下的基床系数 $k_p = p/s$。对黏性土地基,实际基础下的基床系数按式(3.31)确定,即

$$k = \left(\frac{b_p}{b} \right) k_p \tag{3.31}$$

式中: b_p, b 分别为载荷板和基础的宽度。

国外常按太沙基建议的方法,采用 1 英尺×1 英尺(305 mm×305 mm)的方形载荷板进行试验。对于砂土,考虑到砂土的变形模量随深度逐渐增大的影响,采用式(3.32)计算,即

$$k = k_p \left(\frac{b + 0.3}{2b} \right)^2 \frac{b_p}{b} \tag{3.32}$$

式中:基础宽度的单位为 m;基础和载荷板下的基床系数 k 和 k_p 的单位均取 MN/m^3。对于黏性土,考虑基础长宽比 $m = l/b$ 的影响,用式(3.33)计算,即

$$k = k_p \frac{m + 0.5b_p}{1.5mb} \qquad (3.33)$$

【例 3.1】 某柱下钢筋混凝土条形基础如图 3.11 所示,基础长 $l = 17$ m,底面宽 $b = 2.5$ m,抗弯刚度 $EI = 4.3 \times 10^3$ MPa·m⁴,预估平均沉降 $S_m = 39.7$ mm。试计算基础中心点 C 处的挠度和弯矩。

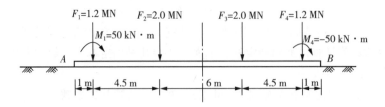

图 3.11 柱下钢筋混凝土条形基础

解 (1)确定基床系数 k 和梁的柔度指数 λl。

设基底附加压力 p_0 约等于基底平均净反力 p_j,有

$$P_0 = \frac{\sum F}{lb} = \frac{(1200 + 2000) \times 2}{17 \times 2.5} = 150.6(\text{kPa})$$

按式(3.28),得基床系数为

$$k = \frac{p_0}{S_m} = \frac{0.1506}{0.0397} = 3.8(\text{MN/m}^3)$$

柔度指数为

$$\lambda = \sqrt[4]{\frac{kb}{4EI}} = \sqrt[4]{\frac{3.8 \times 2.5}{4 \times 4.3 \times 10^3}} = 0.153(\text{m}^{-1})$$

$$\lambda l = 0.1533 \times 17 = 2.606$$

因为 $\pi/4 < \lambda < \pi$,所以该梁属有限长梁。

(2)按式(3.20)和式(3.22)计算无限长梁上相应于基础梁两端 A,B 处的弯矩 M 和剪力 V,计算结果列于表 3.3 中。

表 3.3 按无限长梁计算基础梁左端 B 处的内力值

外荷载	与 B 点距离 x/m	λx	A_x	C_x	D_x	M_b /(k·Nm)	V_b /kN
$F_1 = 1200$ kN	16.0	2.453		-0.1211	-0.0664	-237.0	39.8
$M_1 = 50$ kN·m	16.0	2.453	-0.0117		-0.0664	-1.7	0.04
$F_2 = 2000$ kN	11.5	1.763		-0.2011	-0.0327	-655.9	32.7

（续表）

外荷载	与 B 点距离 x/m	λx	A_x	C_x	D_x	M_b /(k·Nm)	V_b /kN
$F_3 = 2000\ kN$	5.5	0.843		-0.0349	0.2864	-113.8	-286.4
$F_4 = 1200\ kN$	1.0	0.153		0.7174	0.8481	1403.9	-508.9
$M_5 = -50\ kN·m$	1.0	0.153	0.9769		0.8481	-21.2	3.7
总计						374.3	-719.1

由于存在对称性,故 $M_a = M_b = 374.3, V_a = -V_b = -719.1$。

（3）计算梁端边界条件力 F_A, M_A 和 F_B, M_B。

由 $\lambda l = 2.606$ 查表 3.2 得: $A_l = -0.02579, C_l = -0.10117, D_l = -0.06348, E_l = 4.04522, F_l = -0.3066$。代入式（3.26）得

$$F_A = F_B = (4.04522 - 0.30666)$$

$$\times [(1 - 0.06348) \times 719.1 + 0.1533 \times (1 + 0.02579) \times 374.3]$$

$$= 2737.8(kN)$$

$$M_A = M_B = -(4.04522 - 0.30666)$$

$$\times \left[(1 - 0.10117) \times \frac{719.1}{2 \times 0.1533} + (1 + 0.06348) \times 374.3\right]$$

$$= -9369.5(kN)$$

（4）计算外荷载与梁端边界条件力同时作用于无限长梁时,基础中 C 点的弯矩 M_C、挠度 ω_C 和基底净反力 p_C,计算结果列于表 3.4 中。

表 3.4　C 点处的弯矩与挠度计算表

外荷载 与边界	与 C 点距离 x/m	λx	A_x	B_x	C_x	D_x	$M_C/2$ /(kN·m)	$\omega_C/2$ /mm
$F_1 = 1200\ kN$	7.5	1.150	0.4184		-0.1597		-312.5	4.1
$M_1 = 50\ kN·m$	7.5	1.150		0.2890		0.1293	3.2	0.04
$F_2 = 2000\ kN$	3.0	0.460	0.8458		0.2857		931.8	13.6
$F_A = 2737.8\ kN$	8.5	1.303	0.3340		-0.1910		-848.8	7.4
$M_A = -9369.5\ kN·m$	8.5	1.303		0.2620		0.0719	-336.8	-6.1
总计							-563.1	19.0

由于具有对称性,只需计算 C 点左半部荷载的影响,然后将计算结果乘以 2,即

$$M_C = 2 \times (-563.1) = -11262(\text{kN})$$

$$\omega_C = 2 \times 19.0 = 38.0(\text{mm})$$

$$p_C = k\omega_C = 3800 \times 0.038 = 1444(\text{kPa})$$

依照上述方法对其他各点计算后,便可绘制基础中点 C 处的剪力图和弯矩图(略)。

3.4 柱下条形基础

柱下条形基础是指布置成单向或双向的钢筋混凝土条形基础,也称为梁式基础或基础梁。它由一根肋梁及横向向外伸出的翼板组成。由于肋梁的截面相对较大且配置一定数量的纵向受力钢筋和横向抗剪箍筋,因而具有较大的抗剪、抗弯及抗冲切的能力,所以常应用于荷载较大而地基承载力较小的情况,如软弱地基上的框架或排架结构。柱下条形基础具有刚度大、调整不均匀沉降能力强等优点,但造价相对于其他浅基础而言较高。因此,只有当遇到下列情况时才考虑采用柱下条形基础。

(1)当地基较软弱,承载力较低,而上部传给地基的荷载较大,采用柱下独立基础不能满足设计要求时。

(2)当柱下采用独立基础时,柱网较小,独立基础之间的净距离小于基础的宽度,或所设计的独立基础的底面积由于邻近建筑物或构筑物基础的限制而无法扩展时。

(3)地基土质变化较大或局部有不均匀的软弱地基时(局部软弱夹层、土洞等)。

(4)当荷载分布不均匀,地基刚度较小,有可能导致较大的不均匀沉降,而上部结构对基础沉降比较敏感,有可能产生较大的次应力或影响使用功能时。

(5)当各柱荷载差异过大,采用柱下独立基础会引起基础之间较大的相对沉降差时。

3.4.1 构造要求

柱下条形基础的截面一般采用倒 T 形截面,由基础梁和翼板组成(图 3.12)。柱下条形基础的构造,除应满足扩展基础的构造要求外,还应符合下列规定。

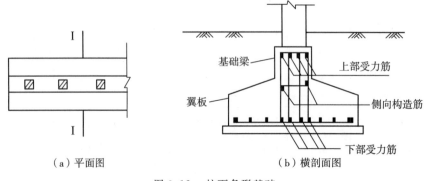

(a)平面图 (b)横剖面图

图 3.12 柱下条形基础

（1）柱下条形基础梁的高度宜为柱距的 $1/4 \sim 1/8$。翼板厚度不应小于 200 mm。当翼板厚度大于 250 mm 时,宜采用变厚度翼板,其顶面坡度宜不大于 1:3。

（2）条形基础的端部宜向外伸出,其长度宜为第一跨距的 0.25 倍。

（3）现浇柱与条形基础梁的交接处,基础梁的平面尺寸应大于柱的平面尺寸,且柱的边缘至基础梁边缘的距离不得小于 50 mm。

（4）条形基础梁顶部和底部的纵向受力钢筋除应满足计算要求外,顶部钢筋应按计算配筋全部贯通,底部通长钢筋截面积不应少于底部受力钢筋截面总面积的 1/3。

（5）柱下条形基础的混凝土强度等级不应低于 C20。

3.4.2　内力计算

柱下条形基础设计计算的主要内容是求基础梁中的内力。根据柱荷载的不同,并考虑上部结构与地基基础相互作用,内力计算方法主要有简化计算法和弹性地基梁法两种。

1. 简化计算法

根据上部结构刚度的大小,简化计算方法可分为静定分析法（静定梁法）和倒梁法两种。简化计算方法假设基底反力为直线分布,为满足这一假定,要求柱下条形基础具有足够的相对刚度。当柱距相差不大时,通常要求基础上的平均柱距 l_m 应满足式（3.34）的条件,即

$$l_m \leqslant 1.75 \times \frac{1}{\lambda} \tag{3.34}$$

式中:$1/\lambda$ 为文克勒地基上梁的特征长度,$\lambda = \sqrt[4]{kb/4EI}$。

对一般柱距及中等压缩性的地基,按上述条件分析,柱下条形基础的高度应不小于平均柱距的 $1/6$。

（1）静定分析法

若上部结构的刚度很小（如单层排架结构）时,宜采用静定分析法。计算时,先按直线分布假定求出基底净反力,然后将柱荷载直接作用在基础梁上。这样基础梁上所有的作用力都已确定,故可按静力平衡条件计算出任一截面 i 上的弯矩 M_i 和剪力 V_i（图 3.13）。由于静定分析法假定上部结构为柔性结构,即不考虑上部结构刚度的有利影响,所以在荷载作用下基础梁将产生整体弯曲。与其他方法比较,这样计算所得的基础不利截面上的弯矩绝对值可能偏大很多。

（2）倒梁法

倒梁法假定上部结构是绝对刚性的,各柱之间没有沉降差异,因而可以把柱脚视为条形基础的铰支座,将基础梁看作一根倒置的普通连续梁,而将柱子看作倒置的支座（图 3.14）。倒梁法假定反力为直线分布的基底净反力,若结构和荷载是对称的,则反力分布是均匀的,这种计算方法只考虑出现于柱间的局部弯曲,而略去沿基础全长发生的整体弯曲,因而所得的弯矩图的正负弯矩最大值较为均衡,基础不利截面的弯矩最小。

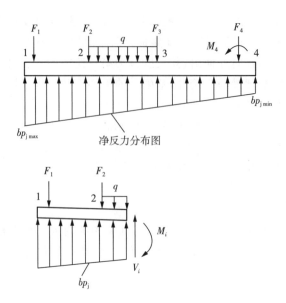

图 3.13　按静力平衡条件计算条形基础内力

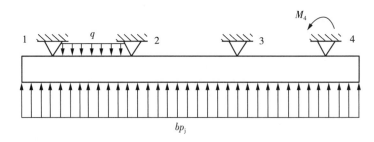

图 3.14　倒梁法计算简图

柱下条形基础的计算步骤如下：

① 确定基础底面尺寸。

将条形基础视为一狭长的矩形基础，其长度 l 主要按构造要求确定（只要确定伸出边柱的长度），并尽量使荷载的合力作用点与基础底面形心相重合。

当轴心荷载作用时，基底宽度 b 为

$$b \geqslant \frac{\sum F_k + G_{wk}}{(f_a - 20d + 10h_w)l} \tag{3.35}$$

当偏心荷载作用时，先按上式初步确定基础宽度并适当增大，然后按式（3.36）验算基础边缘压力，即

$$p_{k\,max} = \frac{\sum F_k + G_k + G_{wk}}{bl} + \frac{6\sum M_k}{bl^2} \leqslant 1.2f_a \tag{3.36}$$

式中：$\sum F_k$ 为相应于荷载效应标准组合时各柱传来的竖向力之和；G_k 为基础自重和基

础上的土重;G_{wk} 为作用在基础梁上墙的自重;$\sum M_k$ 为各荷载对基础梁中点的力矩代数和;d 为基础平均埋深;h_w 为当基础埋深范围内有地下水时,基础底面至地下水位的距离(无地下水时,$h_w = 0$);f_a 为修正后的地基承载力特征值。

② 基础底板计算。

柱下条形基础底板的计算方法与墙下钢筋混凝土条形基础相同。在计算基底净反力设计值时,荷载沿纵向和横向的偏心都要予以考虑。当各跨的净反力相差较大时,可依次对各跨底板进行计算,净反力可取本跨内的最大值。

③ 基础梁内力计算。

a. 计算基底净反力设计值。沿基础纵向分布的基底边缘最大和最小线性净反力设计值可按式(3.37)计算,即

$$
\begin{cases}
b p_{j\,max} = \dfrac{\sum F}{l} + \dfrac{6 \sum M}{l^2} \\[3mm]
b p_{j\,min} = \dfrac{\sum F}{l} - \dfrac{6 \sum M}{l^2}
\end{cases}
\tag{3.37}
$$

式中:$\sum F$,$\sum M$ 分别为各柱传来的竖向力设计值之和、各荷载对基础梁中点的力矩设计值代数和。

b. 内力计算。当上部结构刚度很小时,可按静定分析法计算;当上部结构刚度较大时,则按倒梁法计算。

倒梁法由于计算简便,在设计中被广泛应用。在应用倒梁法进行计算时,常常要进行一系列的假定。首先,倒梁法将地基反力作为地基梁的荷载,柱子看成是铰支座,基础梁看成为倒置的连续梁,将作用在地基梁上的荷载视为直线分布;其次,假定竖向荷载合力的作用点必须与基础梁形心相重合,若不能满足要求,两者偏心距以不超过基础梁长的 3% 为宜,若结构和荷载对称分布或合力作用点与基础形心相重合时,地基反力为均匀分布。此外,基础梁底板悬挑部分,按悬臂板计算,如横向有弯矩(对肋梁是扭矩),取最大净反力侧的悬臂外伸部分进行计算,并配置横向钢筋。总之,在比较均匀的地基上,上部结构刚度较好,荷载分布和柱距较均匀(如相差不超过 20%),且条形基础梁的高度不小于 1/6 柱距时,基底反力可按直线分布计算,基础梁的内力可按倒梁法计算。

当条形基础的相对刚度较大时,由于基础的架越作用,其两端边跨的基底反力会有所增大,故两边跨的跨中弯矩及第一内支座的弯矩值宜乘以 1.2 的增大系数。需要指出的是,当荷载较大、土的压缩性较高或基础埋深较浅时,随着端部基底下塑性区的开展,架越作用将减弱、消失,甚至出现基底反力从端部向内转移的现象。

另外,采用倒梁法计算时,计算所得的支座反力一般不等于原有的柱子传来的轴力。这是因为反力呈直线分布及视柱脚为不动铰支座都可能与事实不符,并且上部结构的整体刚度对基础整体弯矩有抑制作用,使柱荷载的分布均匀化。若支座反力与相应的柱轴力相差较大(如相差 20% 以上),可采用实践中提出的"基底反力局部调整法"加以调整。此法是将支座反力与柱子的轴力之差(正或负的)均匀分布在相应支座两侧各 1/3

跨度范围内(对边支座的悬臂跨则取全部),作为基底压力的调整值,然后再按反力调整值作用下的连续梁计算内力,最后与原算得的内力叠加。经调整后不平衡力将明显减小,一般调整 $1 \sim 2$ 次即可。

肋梁的配筋计算与一般的钢筋混凝土 T 形截面梁相仿,即对跨中按 T 形、对支座按矩形截面计算。当柱荷载对单向条形基础有扭力作用时,应作抗扭计算。

需要特别指出的是,静定分析法和倒梁法实际上代表了两种极端情况,且有很多前提条件。因此,在对条形基础进行截面设计时,不能完全基于计算结果,而应结合实际情况和设计经验,在配筋时做某些必要的调整。

【例 3.2】 某钢筋混凝土柱下条形基础如图 3.15 所示,已知基础埋深为 1.4 m,经埋深修正后的地基承载力特征 $f_a = 140$ kPa,各柱荷载设计值如图 3.15 所示,柱荷载标准值 $F_{1k} = 650$ kPa, $F_{2k} = 1350$ kPa, $F_{3k} = 1350$ kPa, $F_{4k} = 650$ kPa。试确定基础的底面尺寸,并用倒梁法计算基础梁的内力。

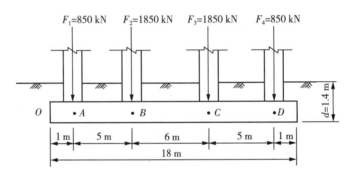

图 3.15　钢筋混凝土柱下条形基础

解　(1)确定基础底面尺寸。

条形基础底面宽度为

$$b = \frac{\sum F_k}{l(f_a - 20d)} = \frac{2 \times (650 + 1350)}{18 \times (130 - 20 \times 1.4)} = 2.2 (\text{m})$$

(2)用弯矩分配法计算肋梁弯矩。

沿基础纵向的地基净反力为

$$bp_j = \frac{\sum F}{l} = \frac{2 \times (850 + 1850)}{18} = 300 (\text{kN/m})$$

肋梁可以看成是在均布荷载 p_j 作用下,以柱作为支座的三跨不等连续梁。

A 截面(左边)的弯矩为

$$M_{A左} = \frac{1}{2} bp_j l_0^2 = \frac{1}{2} \times 300 \times 1^2 = 150 (\text{kN} \cdot \text{m})$$

边跨固端弯矩为

$$M_{BA} = \frac{1}{12} bp_j l_1^2 = \frac{1}{12} \times 300 \times 5^2 = 625 (\text{kN} \cdot \text{m})$$

中跨固端弯矩为

$$M_{BC} = \frac{1}{12}bp_j l_2^0 = \frac{1}{12} \times 300 \times 6^2 = 900(\text{kN} \cdot \text{m})$$

力矩分配过程如图 3.16 所示。

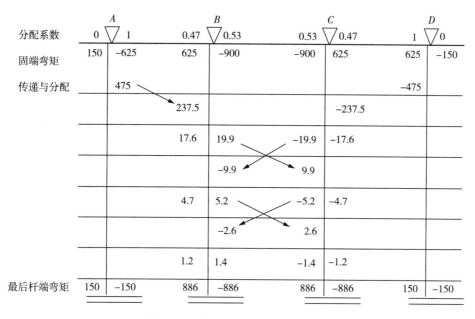

	A		B		C		D	
分配系数	0 ▽ 1		0.47 ▽ 0.53		0.53 ▽ 0.47		1 ▽ 0	
固端弯矩	150	−625	625	−900	−900	625	625	−150
传递与分配		475					−475	
			237.5		−237.5			
			17.6	19.9	−19.9	−17.6		
				−9.9	9.9			
			4.7	5.2	−5.2	−4.7		
				−2.6	2.6			
			1.2	1.4	−1.4	−1.2		
最后杆端弯矩	150	−150	886	−886	886	−886	150	−150

图 3.16　力矩分配法计算肋梁弯矩

（3）跨中最大负弯矩计算。

AB 段：取 OB 段作为脱离体，如图 3.17 所示，计算 A 截面的支座反力为

$$R_A = \frac{1}{l_1}\left[\frac{1}{2}bp_j(l_0 + l_1)^2 - M_B\right] = \frac{1}{5} \times \left(\frac{1}{2} \times 300 \times 6^2 - 886\right) = 902.8(\text{kN})$$

按跨中剪力为零的条件求跨中最大负弯矩，即
$bp_j x - R_A = 300x - 902.8 = 0$，则 $x = 3.0$ m。

$$M_1 = \frac{1}{2}bp_j x^2 - R_A(3.0 - 1.0)$$

$$= \frac{1}{2} \times 300 \times 3^2 - 902.8 \times 2 = -455.6(\text{kN} \cdot \text{m})$$

BC 段对称，最大负弯矩在中间截面，即

$$M_2 = -\frac{1}{8}bp_j l_2^2 + M_B$$

$$= -\frac{1}{8} \times 300 \times 6^2 + 886 = -464(\text{kN} \cdot \text{m})$$

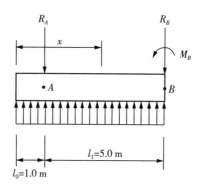

图 3.17　OB 脱离体计算简图

（4）肋梁剪力计算。

A 截面左右两边的剪力为

$$V_{A左} = bp_j l_0 = 300 \times 1.0 = 300 (\text{kN})$$

$$V_{A右} = -\frac{1}{2} bp_j l_1 + \frac{M_B - M_A}{l_1} = -\frac{300 \times 5}{2} + \frac{886 - 150}{5} = 602.8 (\text{kN})$$

B 点左右两边的剪力为

$$V_{B左} = \frac{1}{2} bp_j l_1 + \frac{M_B - M_A}{l_1} = \frac{300 \times 5}{2} + \frac{886 - 150}{5} = 897.2 (\text{kN})$$

$$V_{B右} = \frac{1}{2} bp_j l_2 + \frac{M_B - M_C}{l_2} = \frac{300 \times 6}{2} + \frac{886 - 886}{6} = 900 (\text{kN})$$

由以上的计算结果可绘制条形基础的弯矩图和剪力图，见图 3.18。

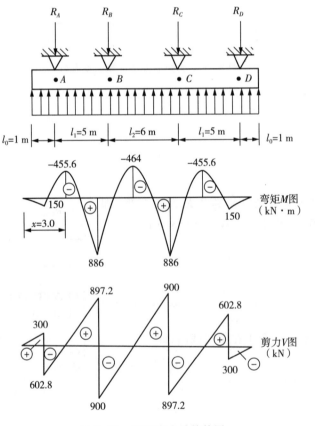

图 3.18　基础内力计算简图

【例 3.3】　按静定分析法计算图 3.19 所示的柱下条形基础的内力。

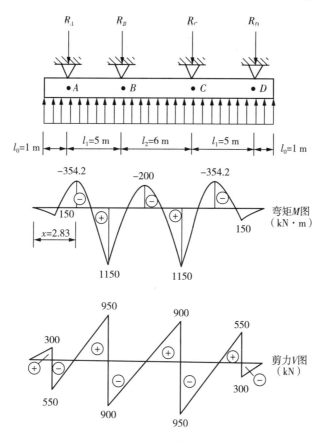

图 3.19　基础内力计算简图（倒梁法）

解　（1）支座处剪力。

$$V_{A左} = bp_jl_0 = 300 \times 1.0 = 300(kN)$$

$$V_{A右} = V_{A左} - F_1 = 300 - 850 = -550(kN)$$

$$V_{B右} = bp_j(l_0 + l_1) - F_1 = 300 \times (1 + 5) - 850 = 950(kN)$$

$$V_{B右} = V_{B左} - F_2 = 950 - 1850 = -900(kN)$$

（2）截面弯矩。

$$M_A = \frac{1}{2}bp_jl_0^2 = \frac{1}{2} \times 300 \times 1^2 = 150(kN \cdot m)$$

$$M_B = \frac{1}{2}bp_j(l_0 + l_1)^2 - F_1l_1 = \frac{1}{2} \times 300 \times (1 + 5)^2 - 850 \times 5 = 1150(kN \cdot m)$$

（3）跨中弯矩。

按剪力 $V=0$ 的条件,确定边跨 AB 跨内最大负弯矩的截面位置(至条形基础左端点的距离为 x):

$$x = \frac{F_1}{bp_j} = \frac{850}{300} = 2.83(\text{m})$$

$$M_1 = \frac{1}{2}bp_j x^2 - F_1(x - l_0)$$

$$= \frac{1}{2} \times 300 \times 2.83^2 - 850 \times (2.83 - 1.0)$$

$$= -354.2(\text{kN} \cdot \text{m})$$

BC 跨内最大负弯矩的截面位置在跨中,有

$$M_1 = \frac{1}{2}bp_j \left(l_0 + l_1 + \frac{l_2}{2}\right)^2 - F_1\left(l_0 + \frac{l_1}{2}\right) - F_2\left(\frac{l_2}{2}\right)$$

$$= \frac{1}{2} \times 300 \times 9^2 - 850 \times 8 - 1850 \times 3$$

$$= -200(\text{kN} \cdot \text{m})$$

将计算结果绘制成弯矩图和剪力图,如图 3.19 所示。

由例 3.2 和例 3.3 的计算结果可见,两种计算方法得到的结果是不同的。这是由于倒梁法和静定分析方法均为简化计算方法,两种方法计算时的假设条件不同。

2. 弹性地基梁法

当不满足按简化计算法计算的条件时,如梁高不大于 1/6 柱距,以及设计比较重要的工程时,宜按弹性地基梁法计算基础内力。

一般可以根据地基条件的复杂程度,分下列三种情况选择计算方法。

（1）对基础宽度不小于可压缩土层厚度 2 倍的薄压缩层地基,如地基的压缩性均匀,则可按文克勒地基上梁的解析解计算,基床系数 k 可按式(3.27)式(3.28)确定。

（2）当基础宽度满足情况(1)的要求,但地基沿基础纵向的压缩性不均匀时,可沿纵向将地基划分成若干段(每段内的地基较为均匀),每段分别按式(3.28)计算基床系数,然后按文克勒地基上梁的数值分析法计算。

（3）当基础宽度不满足情况(1)的要求,或应考虑邻近基础或地面堆载对所计算基础的沉降和内力的影响时,宜采用非文克勒地基上梁的数值分析法进行计算。

3.5 柱下十字交叉条形基础

柱下十字交叉条形基础是由纵、横两个方向的柱下条形基础所组成的一种空间结构,各柱位于两个方向基础梁的交叉节点处。其作用除可以进一步扩大基础底面积外,

主要是利用其巨大的空间刚度以调整不均匀沉降。通常在地基土软弱、土的性质或柱荷载的分布在两个方向很不均匀，要求增强基础的空间刚度以调整地基的不均匀沉降时，采用十字交叉条形基础。

在初步选择十字交叉条形基础的底面积时，可假设地基反力为直线分布。如果所有荷载的合力对基底形心的偏心很小，则可认为基底反力是均布的。由此可求出基础底面的总面积，然后具体选择纵、横向各条形基础的长度和底面宽度。要对交叉条形基础的内力进行比较仔细的分析是相当复杂的，目前常用的方法是简化计算法。

当上部结构具有很大的整体刚度时，可以像分析条形基础时那样，将交叉条形基础作为倒置的两组连续梁来对待，并以地基的净反力作为连续梁上的荷载。如果地基较软弱而均匀且基础刚度又较大，那么可以认为地基反力是直线分布的。

如果上部结构的刚度较小，则常采用比较简单的方法，把交叉节点处的柱荷载分配到纵、横两个方向的基础梁上，待柱荷载分配后，把交叉条形基础分离为若干单独的柱下条形基础，并按照上述方法进行分析和设计。

3.5.1　十字交叉条形基础节点力的分配

确定交叉节点处柱荷载的分配值时，无论采用什么方法，都必须满足以下两个条件。

（1）静力平衡条件。各节点分配在纵、横基础梁上的荷载之和，应等于作用在该节点上的总荷载。

（2）变形协调条件。纵、横基础梁在交叉节点处的位移应相等。

为了简化计算，设交叉节点处纵、横梁之间为铰接。当一个方向的基础梁有转角时，另一个方向的基础梁内不产生扭矩；节点上两个方向的弯矩分别由同向的基础梁承担，一个方向的弯矩不致引起另一个方向基础梁的变形。这就忽略了纵、横基础梁的扭转。为了防止这种简化计算使工程出现问题，在构造上，在柱位的前后左右，基础梁都必须配置封闭型的抗扭箍筋（直径为 $10 \sim 12$ mm），并适当增加基础梁的纵向配筋量。

图 3.20 所示为十字交叉条形基础示意图。任一节点 i 上作用有竖向荷载 F_i，把 F_i 分解为作用于 x,y 方向基础梁上的 F_{ix},F_{iy}。根据静力平衡条件，有

$$F_i = F_{ix} + F_{iy} \tag{3.38}$$

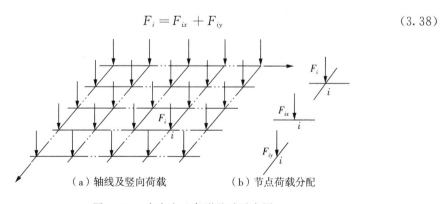

（a）轴线及竖向荷载　　　　（b）节点荷载分配

图 3.20　十字交叉条形基础示意图

对于变形协调条件,简化后只要求 x,y 方向的基础梁在交叉节点处的竖向位移 ω_x, ω_y 相等,即

$$\omega_{ix} = \omega_{iy} \qquad (3.39)$$

如采用文克勒地基上梁的分析方法来计算 ω_{ix} 和 ω_{iy},并忽略相邻荷载的影响,则节点荷载的分配计算就可大为简化。交叉条形基础的交叉节点类型可分为角柱、边柱和内柱三类。下面给出节点荷载的分配计算公式。

1. 角柱节点

图 3.21(a) 所示为最常见的角柱节点,即 x,y 方向基础梁均为外伸半无限长梁,外伸长度分别为 x,y,故节点 i 的竖向位移按照文克勒地基上梁的计算方法中无限长梁的挠度公式进行推导(此处略),最终可得

$$\omega_{ix} = \frac{F_{ix}}{2kb_x S_x} Z_x \qquad (3.40a)$$

$$\omega_{iy} = \frac{F_{iy}}{2kb_y S_y} Z_y \qquad (3.40b)$$

$$S_x = \frac{1}{\lambda_x} = \sqrt[4]{\frac{4EI_x}{kb_x}} \qquad (3.41a)$$

$$S_y = \frac{1}{\lambda_y} = \sqrt[4]{\frac{4EI_y}{kb_y}} \qquad (3.41b)$$

式中:b_x,b_y 分别为 x,y 方向基础的底面宽度;S_x,S_y 分别为 x,y 方向基础梁的特征长度;λ_x,λ_y 分别为 x,y 方向基础梁的柔度特征值;k 为地基的基床系数;E 为基础材料的弹性模量;I_x,I_y 分别为 x,y 方向基础梁的截面惯性矩;Z_x,Z_y 分别为 $\lambda_x x,\lambda_y y$ 的函数,可按表 3.5 查得或按式(3.42) 计算,即

$$Z_x = 1 + e^{-2\lambda_x x}(1 + 2\cos^2\lambda_x x - 2\cos\lambda_x x \sin\lambda_x x) \qquad (3.42)$$

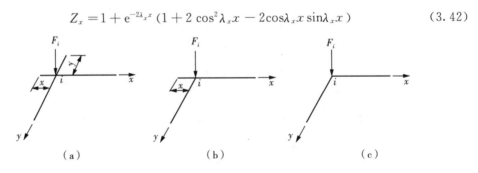

| (a) | (b) | (c) |

图 3.21 角柱节点

表 3.5 Z_x，Z_y 函数表

$\lambda_x x$，$\lambda_y y$	Z_x，Z_y	$\lambda_x x$，$\lambda_y y$	Z_x，Z_y	$\lambda_x x$，$\lambda_y y$	Z_x，Z_y
0	4.000	0.24	2.501	0.70	1.292
0.01	3.921	0.26	2.410	0.75	1.239
0.02	3.843	0.28	2.323	0.80	1.196
0.03	3.767	0.30	2.241	0.85	1.161
0.04	3.693	0.32	2.163	0.90	1.132
0.05	3.620	0.34	2.089	0.95	1.109
0.06	3.548	0.36	2.018	1.00	1.091
0.07	3.478	0.38	1.952	1.10	1.067
0.08	3.410	0.40	1.889	1.20	1.053
0.09	3.343	0.42	1.830	1.40	1.044
0.10	3.277	0.44	1.774	1.60	1.043
0.12	3.150	0.46	1.721	1.80	1.042
0.14	3.029	0.48	1.672	2.00	1.039
0.16	2.913	0.50	1.625	2.50	1.022
0.18	2.803	0.55	1.520	3.00	1.008
0.20	2.697	0.60	1.431	3.50	1.002
0.22	2.596	0.65	1.355	$\geqslant 4.00$	1.000

根据变形协调条件 $\omega_{ix} = \omega_{iy}$，有

$$\frac{Z_x F_{ix}}{b_x S_x} = \frac{Z_y F_{iy}}{b_y S_y} \tag{3.43}$$

将静力平衡条件 $F_i = F_{ix} + F_{iy}$ 代入式(3.43)，可解得

$$F_{ix} = \frac{Z_y b_x S_x}{Z_y b_x S_x + Z_x b_y S_y} F_i \tag{3.44a}$$

$$F_{iy} = \frac{Z_x b_y S_y}{Z_y b_x S_x + Z_x b_y S_y} F_i \tag{3.44b}$$

式(3.44)即为所求的交叉节点柱荷载分配公式。

图 3.21(b) 中，$y = 0$，$Z_y = 4$，分配公式可写为

$$F_{ix} = \frac{4 b_x S_x}{4 b_x S_x + Z_x b_y S_y} F_i \tag{3.44c}$$

$$F_{iy} = \frac{Z_x b_y S_y}{4 b_x S_x + Z_x b_y S_y} F_i \tag{3.44d}$$

对图 3.21(c) 所示无外伸的角柱节点，$Z_x = Z_y = 4$，分配公式为

$$F_{ix} = \frac{b_x S_x}{b_x S_x + b_y S_y} F_i \tag{3.44e}$$

$$F_{iy} = \frac{b_y S_y}{b_x S_x + b_y S_y} F_i \tag{3.44f}$$

2. 边柱节点

对图 3.22(a) 所示的边柱节点，y 方向梁为无限长梁，即 $y = \infty$，$Z_y = 1$，故得

$$F_{ix} = \frac{b_x S_x}{b_x S_x + Z_x b_y S_y} F_i \tag{3.45a}$$

$$F_{iy} = \frac{Z_x b_y S_y}{b_x S_x + b_y S_y} F_i \tag{3.45b}$$

对图 3.22(b) 所示的边框节点，$Z_y = 1$，$Z_x = 4$，从而

$$F_{ix} = \frac{b_x S_x}{b_x S_x + 4 b_y S_y} F_i \tag{3.45c}$$

$$F_{iy} = \frac{4 b_y S_y}{b_x S_x + 4 b_y S_y} F_i \tag{3.45d}$$

3. 内柱节点

对图 3.22(c) 所示的内柱节点，$Z_x = Z_y = 1$，故得

$$F_{ix} = \frac{b_x S_x}{b_x S_x + b_y S_y} F_i \tag{3.46a}$$

$$F_{iy} = \frac{b_y S_y}{b_x S_x + b_y S_y} F_i \tag{3.46b}$$

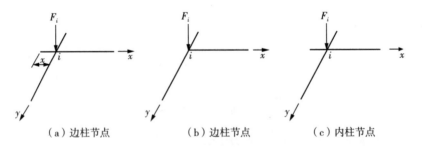

（a）边柱节点　　　　　（b）边柱节点　　　　　（c）内柱节点

图 3.22　边柱及内柱节点

3.5.2　十字交叉条形基础节点力分配的调整

当十字交叉条形基础按纵、横向条形基础分别计算时，节点下的底板面积（重叠部分）被使用了两次。若各节点下重叠面积之和占基础总面积的比例较大，则设计可能偏于不安全。对此，可通过加大节点荷载的方法加以平衡。调整后的节点竖向荷载为

$$F'_{ix} = F_{ix} + \Delta F_{ix} = F_{ix} + \frac{F_{ix}}{F_i} \Delta A_i p_j \qquad (3.47a)$$

$$F'_{iy} = F_{iy} + \Delta F_{iy} = F_{iy} + \frac{F_{iy}}{F_i} \Delta A_i p_j \qquad (3.47b)$$

式中：p_j 为按十字交叉条形基础计算的基底净反力；ΔF_{ix}，ΔF_{iy} 为 i 节点在 x，y 方向的荷载增量；ΔA_i 为 i 节点下的重叠面积，按下述节点类型计算。

第 Ⅰ 类型[图 3.21(a) 和图 3.22(a)、(c)]：$\Delta A_i = b_x b_y$。

第 Ⅱ 类型[图 3.21(b) 和图 3.22(b)]：$\Delta A_i = \frac{1}{2} b_x b_y$。

第 Ⅲ 类型[图 3.21(c)]：$\Delta A_i = 0$。

对于第 Ⅱ 类型的节点，可认为横向梁只伸到纵向梁宽度的一半处，故重叠面积只取交叉面积的一半。

【例 3.4】 某十字交叉条形基础，所受荷载情况如图 3.23 所示，其中竖向集中荷载的大小为 $F_1 = 1200$ kN，$F_2 = 1800$ kN，$F_3 = 2000$ kN，$F_4 = 1600$ kN。基础混凝土的强度等级为 C20，弹性模量 $E_c = 2.6 \times 10^7$ kN/m²，基础梁 JL-1 和 JL-2 的截面惯性矩分别为 0.029 m⁴ 和 0.012 m⁴，地基基床系数 $k = 4500$ kN/m³。试对各节点荷载进行分配。

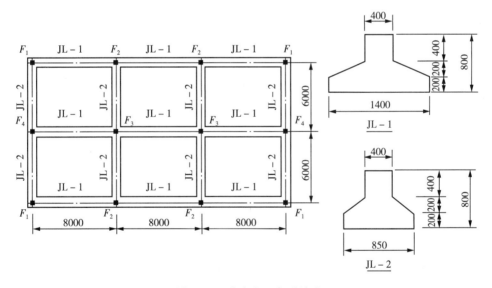

图 3.23 十字交叉条形基础

解 （1）刚度计算。

JL-1：$\qquad EI_1 = 2.6 \times 10^7 \times 2.9 \times 10^{-2} = 7.54 \times 10^5 (\text{kN} \cdot \text{m}^2)$

$$\lambda_1 = \sqrt[4]{\frac{kb_1}{4EI_1}} = \sqrt[4]{\frac{4.5 \times 10^3 \times 1.4}{4 \times 7.54 \times 10^5}} = 0.214 (\text{m}^{-1})$$

$$S_1 = \frac{1}{\lambda_1} = \frac{1}{0.214} = 4.68 (\text{m})$$

JL－2： $EI_2 = 2.6 \times 10^7 \times 1.2 \times 10^{-2} = 2.96 \times 10^5 (\text{kN} \cdot \text{m}^2)$

$$\lambda_2 = \sqrt[4]{\frac{kb_2}{4EI_2}} = \sqrt[4]{\frac{4.5 \times 10^3 \times 0.85}{4 \times 2.96 \times 10^5}} = 0.238 (\text{m}^{-1})$$

$$S_2 = \frac{1}{\lambda_2} = \frac{1}{0.238} = 4.19 (\text{m})$$

（2）荷载分配。

① 角柱节点。按式(3.44e)和式(3.44f)得

$$F_{1x} = \frac{b_1 S_1}{b_1 S_1 + b_2 S_2} F_2 = \frac{1.4 \times 4.68}{1.4 \times 4.68 + 0.85 \times 4.19} \times 1200 = 777 (\text{kN})$$

$$F_{1y} = \frac{b_2 S_2}{b_1 S_1 + b_2 S_2} F_1 = \frac{0.85 \times 4.19}{1.4 \times 4.68 + 0.85 \times 4.19} \times 1200 = 423 (\text{kN})$$

② 边柱节点。按式(3.45c)和式(3.45d)得

$$F_{2x} = \frac{b_2 S_2}{b_2 S_2 + 4b_1 S_1} F_2 = \frac{0.85 \times 4.19}{0.85 \times 4.19 + 4 \times 1.4 \times 4.68} \times 1800 = 215 (\text{kN})$$

$$F_{2y} = F_2 - F_{2x} = 1800 - 215 = 1585 (\text{kN})$$

$$F_{4x} = \frac{b_1 S_1}{b_1 S_1 + 4b_2 S_2} F_4 = \frac{1.4 \times 4.68}{1.4 \times 4.68 + 4 \times 0.85 \times 4.19} \times 1600 = 504 (\text{kN})$$

$$F_{4y} = F_4 - F_{4x} = 1600 - 504 = 1096 (\text{kN})$$

③ 内柱节点。按式(3.46a)和式(3.46b)得

$$F_{3x} = \frac{b_1 S_1}{b_1 S_1 + b_2 S_2} F_3 = \frac{1.4 \times 4.68}{1.4 \times 4.68 + 4 \times 0.85 \times 4.19} \times 2000 = 1296 (\text{kN})$$

$$F_{3y} = F_3 - F_{3x} = 2000 - 1296 = 704 (\text{kN})$$

3.6 筏 形 基 础

高层房屋建筑荷载往往很大,当立柱或承重墙传来的荷载较大,地基土质软弱又不均匀时,基础底面积需要很大,这样采用单独或十字交叉条形基础均不能满足地基承载力或沉降的要求,这时可采用筏板式钢筋混凝土基础。这样既扩大了基底面积又增加了基础的整体性,并可避免建筑物局部产生不均匀沉降。筏形基础可以有效提高基础承载力,增强基础刚性,调整地基不均匀沉降,因而是多层或高层房屋建筑常用的基础形式。一般在下列情况下可考虑采用筏形基础。

（1）在软弱地基上,采用柱下条形基础或柱下十字交叉条形基础都不能满足上部结

构对变形的要求和地基承载力要求时,可采用筏形基础。

(2)当建筑物的柱距较小而柱荷载又很大时,或柱子的荷载相差较大将会产生较大的沉降差,需要增加基础的整体刚度以调整不均匀沉降时,可考虑采用筏形基础。

(3)当建筑物有地下室或大型储液结构(如油库、水池等)时,筏形基础可以良好地结合使用要求,是一种理想的基础形式。

(4)对于有较大风荷载及地震作用的建筑物,要求基础有足够的刚度和稳定性以抵抗横向作用,可考虑采用筏形基础。

筏形基础分为梁板式和平板式两种类型,其选型应根据地基土质、上部结构体系、柱距、荷载大小、使用要求以及施工条件等因素确定。

梁板式筏形基础又分为单向肋和双向肋两种形式。单向肋是将两根或两根以上的柱下条形基础中间用底板将其连接成一个整体,以扩大基础的底面积并增强基础的整体刚度。双向肋筏形基础是指在纵、横两个方向上的柱下都布置肋梁,或在柱网之间再布置次肋梁以减小底板的厚度。

平板式筏板基础底板是一块厚度相等的钢筋混凝土平板,厚度一般可以初步确定一个值,然后再校核抗冲切强度。平板式筏板基础若作为地下室或储液池,要注意采取一定的防渗及防漏措施。一般而言,平板式筏板基础底板是双向板。平板式筏板基础施工方便,对地下室空间高度有利,但梁板式基础柱下所耗费的混凝土和钢筋都比较少,因而比较经济。

在工程设计中,对于柱荷载较小而且柱子排列较均匀和间距也较小的结构(一般当柱距变化、柱间的荷载变化均不超过 20% 时),通常采用平板式筏形基础,如框架-核心筒结构、筒中筒结构;当纵、横柱网间的尺寸相差较大,上部结构的荷载也比较大时,宜采用梁板式筏形基础。

3.6.1 筏形基础构造要求

(1)筏形基础的平面尺寸应根据工程地质条件、上部结构的布置、地下结构底层平面以及荷载分布等因素确定。对单幢建筑物,在地基土比较均匀的条件下,基底平面形心宜与结构竖向永久荷载重心重合。当不能重合时,在荷载效应准永久组合下,偏心距 e 宜符合式(3.48)的规定,即

$$e \leqslant 0.1 \frac{W}{A} \tag{3.48}$$

式中:W 为与偏心距方向一致的基础底面边缘抵抗矩,m^3;A 为基础底面积,m^2。

(2)对四周与土层紧密接触带地下室外墙的整体式筏形基础,当地基持力层为非密实的土和岩石,场地类别为 Ⅲ 类和 Ⅳ 类,抗震设防烈度为 8 度和 9 度,结构基本自振周期处于特征周期的 $1.2 \sim 5$ 倍范围时,按刚性地基假定计算的基底水平地震剪力、倾覆力矩可按设防烈度分别乘以 0.9 和 0.85 的折减系数。

(3)筏形基础的混凝土强度等级不应低于 C30,当有地下室时应采用防水混凝土。防水混凝土的抗渗等级应按表 3.6 选用。对重要建筑,宜采用自防水并设置架空排水层。

表 3.6　防水混凝土抗渗等级

埋置深度 d/m	设计抗渗等级	埋置深度 d/m	设计抗渗等级
$d < 10$	P6	$20 \leqslant d < 30$	P10
$10 \leqslant d < 20$	P8	$30 \leqslant d$	P12

（4）采用筏形基础的地下室，钢筋混凝土外墙厚度不应小于 250 mm，内墙厚度不宜小于 200 mm。墙的截面设计除满足承载力要求外，还应考虑变形、抗裂及外墙防渗等要求。墙体内应设置双面钢筋，钢筋不宜采用光面圆钢筋，水平钢筋的直径不应小于 12 mm，竖向钢筋的直径不应小于 10 mm，间距不应大于 200 mm。

3.6.2　筏形基础内力计算

1. 简化计算法

由于影响筏形基础内力的因素很多，如荷载大小及分布状况、板的刚度、地基土的压缩性以及相应的地基反力等，所以筏形基础在受荷载作用后其内力计算非常繁琐。在工程设计中，常常采用简化计算方法，即假定基底反力呈直线分布，因此要求筏形基础相对地基具有足够的刚度。目前常用的简化计算方法有倒楼盖法和静定分析法。

（1）倒楼盖法。当地基比较均匀，地基压缩层范围内无软弱土层或可液化土层，上部结构刚度较好，梁板式筏形基础梁的高跨比或平板式筏形基础的厚跨比不小于 1/6，且相邻柱荷载及柱间距的变化不超过 20% 时，筏形基础可仅考虑局部弯曲作用，此时可将筏形基础近似地视为一倒置的楼盖进行计算，即"倒楼盖"法。"倒楼盖"法是将地基上的筏板简化为倒楼盖，以柱脚为支座，地基净反力为荷载，按普通的平面楼盖计算。对于平板式筏形基础，可按无梁楼盖考虑，对柱下板带和跨中板带分别进行内力分析。对于梁板式筏形基础，筏板可将基础梁分割为不同支撑条件的单向板或双向板。如果板块两个方向的尺寸比值大于 2，底板按单向连续板考虑；反之，则将筏板视为双向多跨连续板。基础梁的内力可按连续梁进行计算，此时边路跨中弯矩以及第一内支座的弯矩值宜乘以系数 1.2。

（2）静定分析法。当上部结构刚度较差，为柔性结构时，常采用静定分析法。用静定分析法进行内力计算时，首先按直线分布假定求出基底净反力，然后将上部荷载直接作用在基础板上，之后分别沿纵、横柱列方向截取宽度为相邻柱列间中线到中线的条形计算板带。按照静力平衡条件对每一板带进行内力计算。为考虑相邻板带之间剪力的影响，当所计算的板带上的荷载 F_i 与两侧相邻条带的同列柱荷载 F_i' 及 F_i'' 有明显差别时，宜取三者的加权平均值 F_{im} 来代替 F_i，即

$$F_{im} = \frac{F_i' + 2F_i + F_i''}{4} \tag{3.49}$$

由于板带下的净反力是按整个筏形基础计算得到的，所以其与板带上的柱荷载并不是平衡的，计算板带内力前需要进行调整。

2. 弹性地基板法

当地基比较复杂、上部结构刚度较差，或柱荷载及柱距变化较大时，筏形基础的内力宜

按弹性地基板法进行计算。对于平板式筏形基础,可采用有限差分法或有限单元法计算;对于梁板式筏形基础,则宜将其划分为肋梁单元和薄板单元,以有限单元法进行计算。

3.6.3 筏形基础的截面设计与强度验算

筏形基础的板厚应根据上部结构的荷载大小,按受冲切和受剪承载力计算确定。

(1)平板式筏基的板厚确定。平板式筏基的板厚应满足柱下受冲切承载力的要求。平板式筏基抗冲切验算应符合下列规定。

① 平板式筏基进行抗冲切验算时应考虑作用在冲切临界面重心上的不平衡弯矩产生的附加剪力。对基础的边柱和角柱进行冲切验算时,其冲切力应分别乘以 1.1 和 1.2 的增大系数。距柱边 $h_0/2$ 处冲切临界截面的最大剪应力 τ_{max} 应按式(3.50)、式(3.51)进行计算(图 3.24)。板的最小厚度不应小于 500 mm。

$$\tau_{max} = \frac{F_1}{u_m h_0} + a_s \frac{M_{unb} c_{AB}}{I_s} \tag{3.50}$$

$$\tau_{max} \leqslant 0.7\left(\frac{0.4 + 1.2}{\beta_s}\right)\beta_{hp} f_t \tag{3.51}$$

$$a_s = 1 - \frac{1}{1 + \frac{2}{3}\sqrt{\frac{c_1}{c_2}}} \tag{3.52}$$

式中:F_1 为相应于作用的基本组合时的冲切力,kN(对内柱取轴力设计值减去筏板冲切破坏锥体内的基底净反力设计值;对边柱和角柱,取轴力设计值减去筏板冲切临界截面范围内的基底净反力设计值);u_m 为距柱边缘不小于 $h_0/2$ 处冲切临界截面的最小周长,m;h_0 为筏板的有效高度,m;M_{unb} 为作用在冲切临界截面重心上的不平衡弯矩设计值,kN·m;c_{AB} 为沿弯矩作用方向,冲切临界截面重

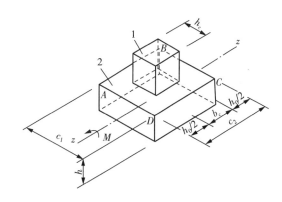

图 3.24　内柱冲切临界截面示意图

心至冲切临界截面最大剪应力点的距离,m;I_s 为冲切临界截面对其重心的极惯性矩,m^4;β_s 为柱截面长边与短边的比值(当 $\beta_s < 2$ 时,β_s 取 2;当 $\beta_s > 4$ 时,β_s 取 4);β_{hp} 为受冲切承载力截面高度影响系数(当 $h \leqslant 800$ mm 时,取 $\beta_{hp} = 1.0$;当 $h \geqslant 2000$ mm 时,取 $\beta_{hp} = 0.9$;其间按线性内插法取值);f_t 为混凝土轴心抗拉强度设计值,kPa;c_1 为与弯矩作用方向一致的冲切临界截面的边长,m;c_2 为垂直于 c_1 的冲切临界截面的边长,m;a_s 为不平衡弯矩通过冲切临界截面上的偏心剪力来传递的分配系数。其中 u_m,c_{AB},I_s,c_1,c_2 按《建筑地基基础设计规范》附录 P 计算。

② 当柱荷载较大,等厚度筏板的受冲切承载能力不满足要求时,可采取在筏板上增设

柱墩、在筏板下局部增加板厚及采用抗冲切钢筋等措施,以满足受冲切承载能力要求。

(2)平板式筏基内筒下的板厚应满足受冲切承载力的要求,并应符合下列规定。

① 受冲切承载力应按式(3.53)进行计算,即

$$\frac{F_l}{u_m h_0} \leqslant \frac{0.7 \beta_{hp} f_t}{\eta} \tag{3.53}$$

式中:F_l 为相应于作用的基本组合时,内筒所承受的轴力设计值减去内筒下筏板冲切破坏锥体内的基底净反力设计值,kN;u_m 为距内筒外表面 $h_0/2$ 处冲切临界截面的周长(图 3.25),m;h_0 为距内筒外表面 $h_0/2$ 处筏板的截面有效高度,m;η 为内筒冲切临界截面周长影响系数,取 1.25。

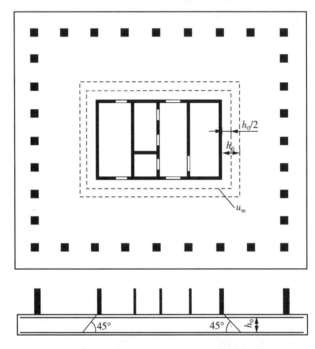

图 3.25 筏板受内筒冲切的临界截面位置

② 当需要考虑内筒根部弯矩的影响时,距内筒外表面 $h_0/2$ 处冲切临界截面的最大剪力可按式(3.54)计算,此时 $\tau_{max} \leqslant 0.7 \beta_{hp} f_t / \eta$。

$$V_s \leqslant 0.7 \beta_{hs} f_t b_w h_0 \tag{3.54}$$

式中:V_s 为相应于作用的基本组合时,基底净反力平均值产生的距内筒或柱边缘 h_0 处筏板单位宽度的剪力设计值,kN;b_w 为筏板计算截面单位宽度,m;h_0 为距内筒或柱边缘 h_0 处筏板的截面有效高度,m。

(3)平板式筏基除满足受冲切承载力外,还应验算距内筒和柱边缘 h_0 处截面的受剪承载力。当筏板变厚度时,还应验算变厚度处筏板的受剪承载力。

平板式筏基受剪承载力应按式(3.54)验算,当筏板的厚度大于 2000 mm 时,宜在板厚中间部位设置直径不小于 12 mm、间距不大于 300 mm 的双向钢筋网。

（4）梁板式筏基底板除计算正截面受弯承载力外,其厚度还应满足受冲切承载力、受剪切承载力的要求。

梁板式筏基底板受冲切、受剪切承载力计算应符合下列规定。

① 梁板式筏基底板受冲切承载力应按式(3.55)进行计算,即

$$F_l \leqslant 0.7\beta_{hp} f_t u_m h_0 \qquad (3.55)$$

式中:F_l 为作用的基本组合时,图 3.26 中阴影部分面积上的基底平均净反力设计值,kN;u_m 为距基础梁边 $h_0/2$ 处冲切临界截面的周长,m。

② 当底板板格为矩形双向板时,底板受冲切所需的厚度 h_0 应按式(3.56)进行计算,其底板厚度与最大双向板格的短边净跨之比不应小于 1/14,且板厚不应小于 400 mm。

$$h_0 = \frac{(l_{n1} + l_{n2}) - \sqrt{(l_{n1} + l_{n2})^2 - \dfrac{4 p_n l_{n1} l_{n2}}{p_n + 0.7\beta_{hp} f_t}}}{4} \qquad (3.56)$$

式中:l_{n1},l_{n2} 为计算板格的短边和长边的净长度,m;p_n 为扣除底板及其上填土自重后,相应于作用的基本组合时的基底平均净反力设计值,kPa。

③ 梁板式筏基双向底板斜截面受剪承载力应按式(3.57)进行计算,即

$$V_s \leqslant 0.7\beta_{hs} f_t (l_{n2} - 2h_0) h_0 \qquad (3.57)$$

式中:V_s 为距梁边缘 h_0 处,作用在图 3.27 中阴影部分面积上的基底平均净反力产生的剪力设计值,kN。

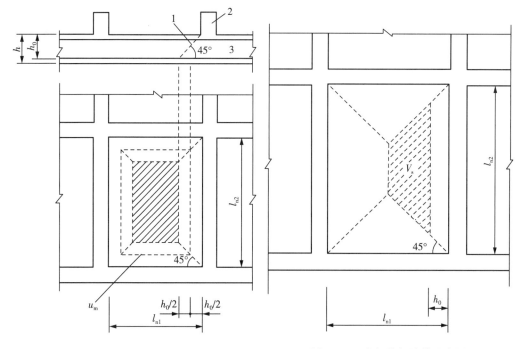

图 3.26　底板冲切计算示意图　　　　　图 3.27　底板剪切计算示意图

1—冲切破坏锥体的斜截面;2—梁;3—底板

② 当底板板格为单向板时,其斜截面受剪承载力应按墙下条形基础底板的受剪承载力验算,其底板厚度不应小于 400 mm。

梁板式筏基的肋梁除应满足正截面受弯及斜截面受剪承载力外,还须验算柱下肋梁顶面的局部受压承载力。

3.7 箱 形 基 础

箱形基础是由底板、顶板、外隔墙和一定数量纵向、横向较均匀布置的内隔墙构成的整体刚度很好的钢筋混凝土基础。箱形基础的特点是刚度大,整体性好,能抵抗并协调由于荷载大、地基软弱而产生的不均匀沉降,而且基础顶板和底板间的空间常可做地下室使用。建筑物下部设置箱形基础,一般需要加深基础的埋置深度,这样建筑物的重心会下移,四周有土体的协同作用,这样建筑物的整体稳定性会有所增强,所以兴建在软弱或不均匀地基上的高耸、重型或对不均匀沉降较敏感的建筑,尤其处于抗震区时,箱形基础应是优先考虑的结构形式。

由于箱形基础上部结构一般为自重较大、高度较高的建筑物,所以在设计时除了需要考虑承载力、变形和稳定性的要求外,还需要考虑地下水对箱形基础的影响(如水的浮力、侧壁水压力、水的侵蚀性和施工排水等问题)。这需要在拟建的建筑场地内进行详细的地质勘探工作,查明建筑场地内的工程地质及水文地质资料。

3.7.1 构造要求

(1) 箱形基础的平面尺寸应根据地基土承载力和上部结构布置以及荷载大小等因素确定。外墙宜沿建筑物周边布置,内墙沿上部结构的柱网或剪力墙位置纵横均匀布置。对基础平面长宽比大于 4 的箱形基础,其纵横水平截面面积不应小于箱形基础外墙外包尺寸水平投影面积的 1/18。

(2) 箱形基础的高度应满足结构的承载力和整体刚度要求,并根据建筑使用要求确定,一般不宜小于箱形基础长度(不包括底板悬挑部分)的 1/20,并不宜小于 3 m。

(3) 箱形基础的埋置深度应根据建筑物对地基承载力、基础倾覆及滑移稳定性、地基变形以及抗震设防烈度等方面的要求确定,一般在抗震设防区,基础埋深不宜小于建筑物高度的 1/15,高层建筑同一结构单元内的箱形基础埋深宜一致,且不得局部采用箱形基础。

(4) 箱形基础的顶、底板及墙体的厚度应根据受力情况、整体刚度及防水要求确定。无人防设计要求的箱形基础,基础底板厚度不应小于 400 mm,外墙厚度不应小于 250 mm,内墙厚度不应小于 200 mm,顶板厚度不应小于 200 mm。顶、底板厚度除应满足受剪承载力验算的要求外,底板还应满足受冲切承载力的要求。

(5) 墙体内应设置双向钢筋。竖向和水平钢筋的直径不应小于 10 mm,间距不应大于 200 mm。除上部为剪力墙外,内、外墙的墙顶处宜配置两根直径不小于 20 mm 的通长构造钢筋。

（6）墙体的门洞宜设在柱间居中部位，洞边至上层柱中心的水平距离不宜小于 1.2 m。洞口上过梁的高度不宜小于层高的 1/5，洞口面积不宜大于柱距与箱形基础全高乘积的 1/6。墙体洞口四周应设置加强钢筋。

（7）箱形基础的混凝土强度等级不应低于 C25，抗渗等级不应低于 P6。

3.7.2　简化计算

影响箱形基础基底反力的因素很多，主要有土的性质、上部结构和基础的刚度、荷载的分布和大小、基础的埋深、基底的尺寸和形状，以及相邻基础的影响等。箱形基础的内力分析实质上是一个求解地基、基础与上部结构相互作用问题，要精确求解存在一定困难。目前箱形基础内力计算主要采用的是简化计算方法。

（1）当地基压缩层深度范围内的土层在竖向和水平方向较均匀，且上部结构为平立面的布置比较规则的剪力墙、框架、框架-剪力墙体系时，箱形基础的顶、底板可仅按局部弯曲计算，即顶板以实际荷载（包括板自重）按普通楼盖计算，底板以直线分布的基底净反力（计入箱基自重后扣除底板自重所余的反力）按倒楼盖计算，整体弯曲的影响可在构造上加以考虑。箱形基础的顶板和底板钢筋配置除符合计算要求外，纵横向支座钢筋还应有 1/4 的钢筋贯通，且贯通钢筋的配筋率均不应小于 15%，跨中的钢筋应按实际需要的配筋全部连通。钢筋接头宜采用机械连接；采用搭接接头时，搭接长度应按受拉钢筋考虑。

（2）对于不符合（1）中所述条件的箱形基础，应同时考虑局部弯曲及整体弯曲的作用，基底反力可按《高层建筑筏形与箱形基础技术规范》（JGJ 6—2011）推荐的地基反力系数表确定，该表是根据实测反力资料经研究整理编制而成的。对黏性土和砂土地基，基底反力分布呈现边缘大、中部小的规律；但对软土地基，沿箱基纵向的反力分布呈马鞍形，而沿横向则为抛物线形。软土地基的这种反力分布特点与其抗剪强度较低、塑性区开展范围较大、箱基的宽度比长度小得多等因素有关。

在计算底板局部弯曲弯矩时，顶部按实际承受的荷载，底板按扣除底板自重后的基底反力作为局部弯曲计算的荷载，并将顶、底板视为周边的双向连续板计算局部弯曲弯矩。考虑到底板周边与墙体连接产生的推力作用，以及实测结果表明基底反力存在由纵、横墙所分出的板格中部向四周墙下转移的现象，局部弯曲弯矩应乘以 0.8 的折减系数后与整体弯曲弯矩叠加。

在计算整体弯曲产生的弯矩时，先不考虑上部结构刚度的影响，计算箱形基础整体弯曲产生的弯矩，然后将上部结构的刚度折算成等效抗弯刚度，再将整体弯曲产生的弯矩按基础刚度的比例分配到基础。具体方法如下。

将箱形基础视为一块空心的厚板，沿纵、横两个方向分别进行单向受弯计算，荷载及地基反力均重复使用一次。先将箱形基础沿纵向（长度方向）作为梁，用静定分析法可计算出任一横截面上的总弯矩 M_x 和总剪力 V_x，并假定它们沿截面均匀分布。同样的，再沿横向将箱形基础作为梁计算出总弯矩 M_y 和总剪力 V_y。弯矩 M_x 和 M_y 使顶、底板在两个方向均处于轴向受压或轴向受拉状态，压力或拉力值分别为 $C_x = T_x = M_x/z$，$C_y = T_y = M_y/z$，见图 3.28；剪力 V_x 和 V_y 则分别由箱基的纵墙和横墙承受。

显然,按上述方法算得的整体弯曲应力是偏大的,因为把箱基当作梁沿两个方向分别计算时荷载并未折减,同时在按静定分析法计算内力时也未考虑上部结构刚度的影响。对后一因素,可采用梅耶霍夫(G. G. Meyerhof,1953)提出的"等代刚度梁法"将 M_x 和 M_y 分别予以折减,具体计算公式为

$$M_F = M \frac{E_F I_F}{E_F I_F + E_B I_B} \tag{3.58}$$

式中:M_F 为折减后箱形基础承担的整体弯曲弯矩;M 为不考虑上部结构刚度时,箱形基础由整体弯曲产生的弯矩,即上述的 M_x 和 M_y;E_F 为箱形基础的混凝土弹性模量;I_F 为箱形基础横截面惯性矩,按"工"字形截面计算,上、下翼缘宽度分别为箱形基础顶、底板全宽,腹

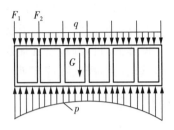

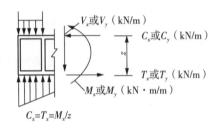

图 3.28　箱基整体弯曲时在顶板和底板内引起的轴向力

板厚度为箱形基础在弯曲方向的墙体厚度总和;$E_B I_B$ 为上部结构的总折算刚度,依据《高层建筑筏形与箱形基础技术规范》,上部结构的总折算刚度计算公式如下,公式中的符号示意如图 3.29 所示。

$$E_B I_B = \sum_{i=1}^{n} \left[E_b I_{bi} \left(1 + \frac{K_{ui} + K_{li}}{2K_{bi} + K_{ui} + K_{li}} m^2 \right) \right] + E_w I_w \tag{3.59}$$

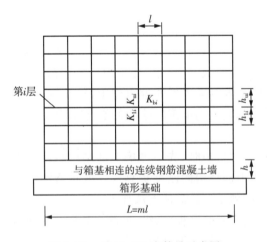

图 3.29　式(3.59)中符号示意图

式中:E_b 为梁、柱的混凝土弹性模量;I_{bi} 为第 i 层梁的截面惯性矩;n 为建筑物层数,不大于 8 层时,n 取实际楼层数,大于 8 层时,n 取 8;m 为建筑物在弯曲方向的节间数;E_w,I_w 分别为在弯曲方向与箱形基础相连的连续钢筋混凝土墙的弹性模量和截面惯性矩,$I_w =$

$th^3/12$,其中 t,h 为墙体的总厚度和高度;K_{ui},K_{li},K_{bi} 分别为第 i 层上柱、下柱和梁的线刚度,按下列公式进行计算。

$$K_{ui}=\frac{I_{ui}}{h_{ui}} \tag{3.60}$$

$$K_{li}=\frac{I_{li}}{h_{li}} \tag{3.61}$$

$$K_{bi}=\frac{I_{bi}}{l} \tag{3.62}$$

式中:I_{ui},I_{li},I_{bi} 分别为第 i 层上柱、下柱和梁的截面惯性矩;h_{ui},h_{li} 分别为第 i 层上、下柱的高度;l 为上部结构弯曲方向的柱矩。式(3.62)适用于等柱距的框架结构,对柱距相差不超过 20% 的框架结构也适用,此时 l 取柱距的平均值。

箱形基础承受的总弯矩为将整体弯矩与局部弯矩两种计算结果的叠加,使得顶、底板成为压弯或拉弯构件,最后据此进行配筋计算。

箱形基础内、外墙和墙体洞口过梁的计算和配筋详见上述有关规范。其中外墙除承受上部结构的荷载外,还承受周围土体的静止土压力和静水压力等水平荷载作用。在箱形基础顶、底配筋时,应综合考虑承受整体弯曲的钢筋与局部弯曲的钢筋配置部位,以充分发挥各截面钢筋的作用。

思考题与习题

3.1　什么叫作文克勒(Winkler)地基模型?

3.2　倒梁法的基本假定是什么? 如何用倒梁法进行基础梁的内力计算?

3.3　柱下十字交叉基础依据什么原则分配柱荷载?

3.4　如果筏型基础和箱形基础的刚度很大,如何用简化方法计算基底反力和基础内力?

3.5　如图 3.30 所示,承受集中荷载的钢筋混凝土条形基础的抗弯刚度 $EI=2\times10^6$ kN·m²,梁长 $l=10$ m,底面宽度 $b=2$ m。基床系数 $k=4199$ kN/m³。试计算基础中点 C 的挠度、弯矩和基底净反力。

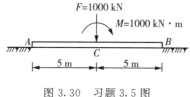

图 3.30　习题 3.5 图

3.6　一柱下十字交叉基础轴线图,如图 3.31 所示。x,y 轴纵、横梁的宽度和截面抗弯刚度分别为 $b_x=1.4$ m,$b_y=0.8$ m,$E_cI_x=600$ MN·m²,$E_cI_y=500$ MN·m²,基床系

数 $k=4.0\times10^3$ kN/m³。已知柱的竖向荷载 $P_1=1.2\times10^3$ kN, $P_2=2.0\times10^3$ kN, $P_3=1.6\times10^3$ kN。试将各柱荷载分配到纵、横梁上。

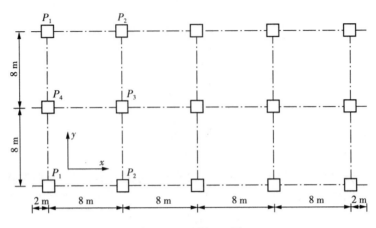

图 3.31　习题 3.6 图

第4章 桩 基 础

4.1 桩基础概述

当建筑场地浅层地基土质不能满足建筑物对地基承载力和变形的要求,也不宜采用地基处理等措施时,往往需要以地基深层坚实土层或岩层作为地基持力层,采用深基础方案。深基础主要有桩基础、沉井基础、墩基础和地下连续墙等几种类型,其中以桩基础的历史最为悠久,应用最为广泛。如我国秦代的渭桥、隋朝的郑州超化寺、五代的杭州湾大海堤以及南京的石头城和上海的龙华塔等,都是我国古代桩基应用的典范。近年来,随着生产力水平的提高和科学技术的发展,桩的种类和形式、施工机具、施工工艺以及桩基设计理论和设计方法等,都在高速发展。

桩基础由基桩和连接于桩顶的承台共同组成。若桩身全部埋于土中,承台底面与土体接触,则称为低承台桩基础;若桩身上部露出地面而承台底位于地面以上,则称为高承台桩基础。建筑桩基通常为低承台桩基础。高层建筑中,桩基础的应用较为广泛,通常具有以下特点:

(1)桩支承于坚硬的(基岩、密实的卵砾石层)或较硬的(硬塑黏性土、中密砂等)持力层,具有很高的竖向单桩承载力或群桩承载力,足以承担高层建筑的全部竖向荷载(包括偏心荷载)。

(2)桩基础具有很大的竖向单桩刚度(端承桩)或群桩刚度(摩擦桩),在自重或相邻荷载影响下,不产生过大的不均匀沉降,并确保建筑物的倾斜不超过允许范围。

(3)凭借巨大的单桩侧向刚度(大直径桩)或群桩基础的侧向刚度及其整体抗倾覆能力,可抵御由风和地震引起的水平荷载,保证高层建筑的抗倾覆稳定性。

(4)桩身穿过可液化土层而支承于稳定的坚实土层或嵌固于基岩,在地震造成浅部土层液化与震陷的情况下,桩基础凭借深部稳固土层仍具有足够的抗压与抗拔承载力,从而确保高层建筑的稳定,且不产生过大的沉陷与倾斜。常用的桩型主要有预制钢筋混凝土桩、预应力钢筋混凝土桩、钻(冲)孔灌注桩、人工挖孔灌注桩、钢管桩等,其适用条件和要求在《建筑桩基技术规范》(JGJ 94—2008)中均有规定。

桩基础具有承载力高、稳定性好、沉降量小而均匀、便于机械化施工、适应性强等突出特点。与其他深基础比较,桩基础的适用范围最广,一般在下述情况下可考虑选用桩基础方案:

(1)地基的上层土质太差而下层土质较好;或地基软硬不均或荷载不均,不能满足上部结构对不均匀变形的要求。

（2）地基软弱，采用地基加固措施不合适；或存在特殊性地基土，如存在可液化土层、自重湿陷性黄土、膨胀土及季节性冻土等。

（3）除承受较大垂直荷载外，尚有较大偏心荷载、水平荷载、动力或周期性荷载作用。

（4）上部结构对基础的不均匀沉降相当敏感；或建筑物受到大面积地面超载的影响。

（5）地下水位很高，采用其他基础形式施工困难；或位于水中的构筑物，如桥梁、码头、钻采平台等的基础。

（6）需要长期保存、具有重要历史意义的建筑物的基础。

通常当软弱土层很厚、桩端达不到良好土层时，桩基础设计应考虑沉降等问题。如果桩穿过较好土层而桩端位于软弱下卧层，则不宜采用桩基础。因此，在工程实践中，必须认真做好地基勘察、详细分析地质资料、综合考虑、精心设计施工，才能使所选基础类型发挥出最佳效益。

4.2 桩的类型与选用

4.2.1 桩的分类

根据桩的承台位置、传力方式、施工方法、桩身材料，可把桩基划分为不同的类别。

1. 按承台位置分类

桩基础（简称桩基）由桩和承台所组成，如图 4.1 所示。根据承台与地面的相对位置，桩基可分为低承台桩基和高承台桩基。低承台桩基的承台底面位于地面以下，其受力性能好，具有较强的抵抗水平荷载的能力，在工业与民用建筑中，几乎都使用低承台桩基；高承台桩基的承台底面位于地面以上，且桩常深入水下，水平受力性能差，但可避免水下施工且可节省基础材料，多用于桥梁及港口工程。

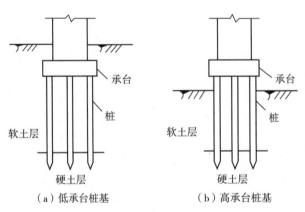

（a）低承台桩基　　　（b）高承台桩基

图 4.1 桩基

2. 按荷载传递方式分类

根据竖向荷载下桩、土相互作用，达到承载力极限状态时，桩侧与桩端阻力的发挥程度和分担荷载比例的特点，可将桩分为摩擦型桩和端承型桩两大类和四个亚类（图4.2）。

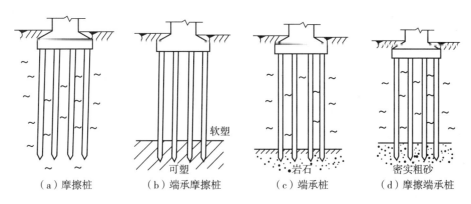

（a）摩擦桩　　　（b）端承摩擦桩　　　（c）端承桩　　　（d）摩擦端承桩

图 4.2　桩型

（1）摩擦型桩

在竖向极限荷载作用下，桩顶荷载全部或主要由桩侧阻力承受的桩称为摩擦型桩。根据桩侧阻力分担荷载的比例，摩擦型桩又分为摩擦桩和端承摩擦桩两类。

① 摩擦桩：桩顶极限荷载绝大部分由桩侧阻力承担，桩端阻力可忽略不计。如：桩的长径比很大，桩顶荷载只通过桩身压缩产生的桩侧阻力传递给桩周土，桩端土层分担荷载很小；桩端无较坚实的持力层；桩端残留虚土或沉渣的灌注桩；桩端出现脱空的打入桩等。

② 端承摩擦桩：指桩顶极限荷载由桩侧阻力和桩端阻力共同承担，但桩侧阻力分担荷载较大。当桩的长径比较小，桩端持力层为较坚实的黏性土、粉土和砂类土时，除桩侧阻力外，还有一定的桩端阻力。这类桩在桩基中占比很大。

（2）端承型桩

端承型桩是指在竖向极限荷载作用下，桩顶荷载全部或主要由桩端阻力承受，桩侧阻力相对于桩端阻力可忽略不计的桩。根据桩端阻力分担荷载的比例，又可分为端承桩和摩擦端承桩两类。

① 端承桩：桩顶极限荷载绝大部分由桩端阻力承担，桩侧阻力可忽略。桩的长径比较小（一般小于 10），桩端设置在密实砂类、碎石类土层中或位于中、微风化及新鲜基岩中。

② 摩擦端承桩：桩顶极限荷载由桩侧阻力和桩端阻力共同承担，但桩端阻力分担荷载较大。通常桩端进入中密以上的砂类、碎石类土层中或位于中、微风化及新鲜基岩顶面。这类桩的侧阻力虽属次要，但不可忽略。

此外，当桩端嵌入岩层一定深度（要求桩的周边嵌入微风化或中等风化岩体的最小深度不小于 0.5 m）时，称为嵌岩桩。对于嵌岩桩，桩侧与桩端荷载分担比例与孔底沉渣及进入基岩深度有关，桩的长径比不是制约荷载分担的唯一因素。

3. 按施工方法分类

（1）预制桩

每段长不超过 12 m。常用接桩方法有钢板焊接接头法和浆锚法。预制桩适用于环境不需考虑噪声和振动影响，持力层以上的覆盖层中有坚硬夹层，持力层顶面起伏变化不大的情形，如水下桩基工程、大面积桩基工程等。沉桩深度需从最后贯入度和桩尖设计标高两方面控制。锤击法可用 10 次锤击为一阵,最后贯入度可根据计算或地区经验确定;振动沉桩以每分钟为一阵,要求最后两阵平均贯入度为 10～50 mm。

（2）灌注桩

① 沉管灌注桩。桩径一般为 300～600 mm,入土深度一般不超过 25 m。

② 钻（冲）孔灌注桩。桩径较为灵活,小的有 0.6 m,大的可达 2 m。常用相对密度为 1.1～1.3 的泥浆护壁。桩孔底部的排渣方式有三种:泥浆静止排渣、正循环排渣、反循环排渣（可彻底排渣）。

③ 挖孔灌注桩。桩径不小于 0.8 m。工序是:挖孔→支护孔壁→清底→安装或绑扎钢筋笼→灌混凝土。每挖约 1 m 深,制作一节混凝土护壁,护壁一般高出地表 100～200 mm,呈阶梯形。

4.按成桩方法分类

（1）非挤土桩。非挤土桩包括干作业法钻（挖）孔灌注桩、泥浆护壁法钻（挖）孔灌注桩、套管护壁法钻（挖）孔灌注桩。

（2）部分挤土桩。部分挤土桩包括长螺旋压灌灌注桩、冲孔灌注桩、钻孔挤扩灌注桩、搅拌劲芯桩、预钻孔打入（静压）预制桩、打入（静压）式敞口钢管桩、敞口预应力混凝土空心桩和 H 型钢桩。

（3）挤土桩。挤土桩包括沉管灌注桩、沉管夯（挤）扩灌注桩、打入（静压）预制桩、闭口预应力混凝土空心桩和闭口钢管桩。

5.按桩径（设计直径 d）大小分类

（1）小直径桩:$d \leqslant 250$ mm。

（2）中等直径桩:250 mm$< d < 800$ mm。

（3）大直径桩:$d \geqslant 800$ mm。

6.按桩材分类

（1）木桩。单根木桩的长度一般为十余米,不利于接长。

（2）混凝土桩。①预制混凝土桩,多为钢筋混凝土桩。工厂或工地现场预制,断面一般为 400 mm×400 mm 或 500 mm×500 mm,单节长十余米。②预制钢筋混凝土桩,多为圆形管桩,外径为 400～500 mm,标准节长为 8 m 或 10 m,法兰盘接头。③就地灌注混凝土桩,可根据受力需要,放置不同深度的钢筋笼,其直径根据设计需要确定。

（3）钢桩。钢桩有型钢和钢管两大类。型钢有各种形式的板桩,主要用于临时支挡结构或码头工程。H 型及 I 型钢桩则用于支撑桩。钢管桩由各种直径和壁厚的无缝钢管制成。

（4）组合桩。组合桩是指一种桩由两种材料组成。如较早用的水下桩基,泥面以下用木桩而水中部分用混凝土桩,现在较少采用。

4.2.2 桩型选用

桩型选择一般由岩土工程师来建议和确定,并在岩土工程勘察报告里说明。桩型与成桩工艺应根据建筑结构类型、荷载性质、桩的使用功能、穿越土层、桩端持力层、地下水位、施工设备、施工环境、施工经验、制桩材料供应条件等,按安全适用、经济合理的原则选择。对于框架-核心筒等荷载分布很不均匀的桩筏基础,宜选择基桩尺寸和承载力可调性较大的桩型和工艺。

(1)预制桩。预制桩(包括混凝土方形桩及预应力混凝土管桩)适宜用于持力层层面起伏不大的强风化层、风化残积土层、砂层和碎石土层,且桩身穿过的土层主要为高、中压缩性黏性土。穿越层中存在孤石等障碍物的石灰岩地区、从软塑层突变到特别坚硬层的岩层地区不适用预制桩。其施工方法有锤击法和静压法两种,一般预制桩能达到的极限是强风化岩,如果需要穿越较坚硬土层,则应采用灌注桩。

(2)沉管灌注桩。沉管灌注桩(包括小直径 $D<500$ mm,中直径 D 为 $500\sim600$ mm)适用于持力层层面起伏较大且桩身穿越的土层主要为高、中压缩性黏性土的情况。桩群密集且桩身穿越的土层为高灵敏度软土时则不适用沉管灌注桩。由于该桩型的施工质量很不稳定,故宜限制使用。挤土沉管灌注桩用于淤泥和淤泥质土层时,应局限于多层住宅桩基。

(3)机械成孔灌注桩。在饱和黏性土中采用上述两类挤土桩尚应考虑挤土效应对于环境和质量的影响,必要时采取预钻孔,设置消散超孔隙水压力的砂井、塑料插板、隔离沟等措施。

(4)钻孔灌注桩。钻孔灌注桩适用范围最广,通常适用于持力层层面起伏较大,桩身穿越各类土层以及夹层多、风化不均、软硬变化大的岩层的情况;如持力层为硬质岩层或地层中夹有大块石等,则需采用冲孔灌注桩。以上两种桩型都能采用水下作业,适用于地下水位较高的地区。无地下水的一般土层,则可采用长短螺旋钻机干作业成孔成桩。因为钻(冲)孔时需泥浆护壁,施工现场受限制或对环境有影响,所以干孔不宜采用钻(冲)孔。

(5)人工挖孔桩。人工挖孔桩适用于地下水水位较深或能采用井点降水的地下水水位较浅而持力层较浅且持力层以上无流动性淤泥质土的情况。成孔过程可能出现流砂、涌水、涌泥的地层不宜采用。

(6)钢桩。钢桩(包括 H 型钢桩和钢管桩)工程费用昂贵,一般不宜采用。当场地的硬持力层极深,只能采用超长摩擦桩时,若采用混凝土预制桩或灌注桩又因施工工艺难以保证质量,或为了赶工期,可考虑采用钢桩。钢桩的持力层应为较硬的土层或风化岩层。

(7)夯扩桩。当桩端持力层为硬黏土层或密实砂层,而桩身穿越的土层为软土、黏性土、粉土时,为了提高桩端承载力可采用夯扩桩。由于夯扩桩为挤土桩,为消除挤土效应的负面影响,应采取与上述预制桩和沉管灌注桩类似的措施。

基桩选型常见误区:

一是凡嵌岩桩必为端承桩。将嵌岩桩一律视为端承桩会导致将桩端嵌岩深度不必要地加大,施工周期延长,造价增加。

二是将挤土灌注桩应用于高层建筑。沉管挤土灌注桩无需排土排浆,造价低。但由于设计施工对于这类桩的挤土效应认识不足,造成的事故极多,近年来趋于淘汰。

三是预制桩的质量稳定性高于灌注桩。近年来,由于沉管灌注桩事故频发,预应力高强度混凝土管桩(PHC 管桩)和预应力混凝土管桩(PC 管桩)迅猛发展,取代沉管灌注桩。毋庸置疑,预应力管桩不存在缩颈、夹泥等质量问题,其质量稳定性优于沉管灌注桩,但是与钻、挖、冲孔灌注桩比较则较差。首先,沉桩过程的挤土效应常常导致断桩(接头处)、桩端上浮、增大沉降,以及对周边建筑物和市政设施造成破坏等;其次,预制桩不能穿透硬夹层,往往使得桩长过短,持力层不理想,导致沉降过大;其三,预制桩的桩径、桩长、单桩承载力可调范围小,不能或难于按变刚度调平原则优化设计。因此,预制桩的使用要因地、因工程对象制宜。

四是人工挖孔桩质量稳定可靠。人工挖孔桩在低水位非饱和土中成孔,可进行彻底清孔,直观检查持力层,因此质量稳定性较高。但是设计者对于高水位条件下采用人工挖孔桩的潜在隐患认识不足。有的边挖孔边抽水,以致将桩侧细颗粒淘走,引起地面下沉,甚至导致护壁整体滑脱,造成事故;还有的将相邻桩新灌注混凝土的水泥颗粒带走,造成离析;在流动性淤泥中实施强制性挖孔,引起大量淤泥发生侧向流动,导致土体滑移将桩体推歪、推断。

五是灌注桩不适当扩底。扩底桩用于持力层较好、桩较短的端承型灌注桩,可取得较好的技术经济效益。但是若将扩底不适当应用,则可能走进误区。例如,在饱和单轴抗压强度高于桩身混凝土强度的基岩中扩底,是不必要的;在桩侧土层较好、桩长较大的情况下扩底,一则损失扩底端以上部分侧阻力,二则增加扩底费用,可能使得失相当或失大于得;将扩底端放置于有软弱下卧层的薄硬土层上,既无增强效应,还可能留下安全隐患。

4.2.3 基桩的布置

基桩的最小中心距应符合表 4.1 的规定,当施工中采取减小挤土效应的可靠措施时,可根据当地经验适当减小。

表 4.1 桩的最小中心距

成桩工艺	桩的最小中心距	
	排数不少于 3 排且桩数不少于 9 根的摩擦型桩桩基	其他情况
非挤土灌注桩	3.0d	3.0d
部分挤土桩	3.5d	3.0d
挤土桩(非饱和土)	4.0d	3.5d
挤土桩(饱和黏性土)	4.5d	4.0d
钻、挖孔扩底桩	2D 或 $D+2.0$ m(当 $D>2$ m)	1.5D 或 $D+1.5$ m(当 $D>2$ m)
沉管夯扩、钻孔挤扩桩(非饱和土)	2.2D 且 4.0d	2.0D 且 3.5d
沉管夯扩、钻孔挤扩桩(饱和黏性土)	2.5D 且 4.5d	2.2D 且 4.0d

注:1. d 为圆桩直径或方桩边长,D 为扩大端设计直径。

2. 当纵横向桩距不相等时,其最小中心距应满足"其他情况"一栏的规定。

3. 当为端承型桩时,非挤土灌注桩的"其他情况"一栏可减小至 2.5d。

排列基桩时,宜使桩群承载力合力点与竖向永久荷载合力作用点重合,并使基桩受水平力和力矩较大方向有较大抗弯截面模量。应选择较硬土层作为桩端持力层。桩端全断面进入持力层的深度,对于黏性土、粉土不宜小于 2d,砂土不宜小于 1.5d,碎石类土,不宜小于 1d。当存在软弱下卧层时,桩端以下硬持力层厚度不宜小于 3d。

对于嵌岩桩,嵌岩深度应综合荷载、上覆土层、基岩、桩径、桩长等因素确定;对于嵌入倾斜的完整和较完整岩的全断面深度不宜小于 $0.4d$ 且不小于 $0.5\ \mathrm{m}$,倾斜度大于 30% 的中风化岩,宜根据倾斜度及岩石完整性适当加大嵌岩深度;对于嵌入平整、完整的坚硬岩和较硬岩的深度不宜小于 $0.2d$,且不应小于 $0.2\ \mathrm{m}$。

4.3 桩竖向荷载的传递

桩基础的主要作用是将竖向荷载通过桩与桩周土传递到下部承卧土层,因此有必要了解施加于桩顶的竖向荷载是如何通过桩土相互作用传递给地基以及单桩怎样达到承载力极限状态的。通过分析桩土的相互作用,了解桩土间的力传递路径和单桩承载力的构成及其发展过程以及单桩的破坏机理等,对正确评价单桩承载力设计值具有一定的指导意义。

4.3.1 单桩竖向承载力组成与荷载传递

作用于桩顶的竖向压力 Q 由桩侧的总摩阻力 Q_s 和桩端的总端阻力 Q_p 共同承担,可表示为

$$Q = Q_s + Q_p \tag{4.1}$$

当竖向压力作用于桩顶时,桩身材料会发生弹性压缩变形,桩身压缩使得桩和桩侧土之间产生相对位移,桩侧土开始对桩身表面产生向上的桩侧摩阻力。竖向压力通过桩侧摩阻力传递到桩周土中,随深度的增加桩身轴力与桩身压缩变形量递减。随着桩顶竖向压力增加,桩身压缩量和位移量也随之增加,下部桩侧阻力也开始发挥作用,当压力增加到桩侧阻力不足以抵抗竖向荷载时,一部分竖向压力会传递到桩底,桩端开始发生竖向位移,桩底持力层也开始产生压缩变形,桩底土对桩端产生阻力,桩端阻力开始发挥作用。一般来说,靠近桩身上部土层的侧阻力先于下部土层发挥作用,侧阻力先于端阻力发挥作用。摩擦型桩,侧阻力发挥作用的比例明显高于端阻力发挥作用的比例。

对于硬质岩、土层,只需很小的桩端位移就可使端阻力充分发挥作用;而对一般土层,则需要很大位移量才可完全发挥端阻力作用。对于一般荷载作用下的桩基础,侧阻力可能已发挥大部分作用,而端阻力才只发挥了一部分作用。对于支承于坚硬岩基上的刚性短桩,由于其桩端很难下沉,而桩身压缩量很小,摩擦阻力无法发挥作用,端阻力才先于侧阻力发挥作用。

4.3.2 桩侧阻力和桩端阻力

1. 桩侧阻力

(1)桩侧阻力 τ 发挥作用的程度与桩和桩土间的相对位移 δ 有关。桩侧阻力与桩土相对位移的函数关系,可用图 4.3 中曲线 OCD 表示,为计算方便,实际应用中常简化为折线 OAB。OA 段表示桩

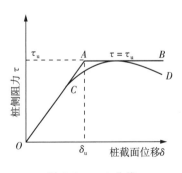

图 4.3 $\tau\text{-}\delta$ 曲线

土界面相对位移 δ 小于某一限值 δ_u 时,桩侧阻力 τ 随 δ_u 线性增大;AB 段表示当桩土界面相对滑移超过某一限值,桩侧阻力 τ 将保持极限值 τ_u 不变。

桩侧阻力极限值 τ_u 可由类似于土的抗剪强度的库仑公式表达:

$$\tau_u = c_a + \sigma_x \tan \varphi_a \tag{4.2}$$

$$\sigma_x = K_s \sigma'_v \tag{4.3}$$

式中:c_a,φ_a 为桩侧表面与土之间的附着力和摩擦角;σ_x 为深度 z 处作用于桩侧表面的法向压力,它与桩侧土的竖向有效应力 σ'_v 成正比。K_s 为桩侧土的侧压力系数(对挤土桩,$K_0 < K_s < K_p$;对于非挤土桩,因桩孔中土被清除,而使 $K_a < K_s < K_0$。K_a,K_0,K_p 分别为主动、静止和被动土压力系数)。

(2)桩侧极限阻力的深度效应。若取 $\sigma'_v = \gamma' z$,则桩侧阻力随深度线性增大。但砂土模型桩试验表明,当桩入土深度达某一临界值后,桩侧阻力就不再随深度增加,该现象称为侧阻的深度效应。维西克(Vesic,1967)认为,临近桩周竖向有效应力不一定等于覆盖应力,其线性增加到临界深度(z_c)时达到某一限值,原因是土的"拱作用"。

(3)阻力充分发挥的极限位移值 δ_u。桩侧极限阻力与深度、土的类别和性质、成桩方法等多种因素有关。桩侧阻力达到极限值 τ_u 所需的桩土相对滑移极限值 δ_u 基本上只与土的类别有关而与桩径大小无关,对于黏性土为 4~6 mm,对于砂类土为 6~10 mm。

随着桩顶荷载的增加,开始竖向压力较小,桩的位移主要发生在桩身上段;当竖向压力继续增大到一定数值时桩端产生位移,桩端阻力开始发挥作用,直至桩底持力层破坏,即桩处于承载能力极限状态。

实验表明,入土深度小于某一临界深度时,极限桩端阻力随深度呈线性增加,而大于临界深度后则保持不变;桩长对荷载的传递也有着重要影响。当桩长较长(如 $l/d > 25$)时,因桩身压缩变形大,桩端反力还没有发挥,桩顶位移就已超过要求的限值,传递到桩端的荷载很小。因此,对长桩采用扩大桩端直径来提高承载力是无用的。

(4)桩侧阻力沿桩身分布。当桩顶作用竖向压力($N_0 = Q$)时,桩顶位移为 δ_0($\delta_0 = s$)。δ_0 由两部分组成:一部分为桩端的下沉量 δ_p,包括桩端土体的压缩量和桩尖刺入桩端土层而引起整个桩身的位移;另一部分为桩身在轴向力作用下产生的压缩变形 δ_s,如图 4.4(e)所示。

设桩长为 l,横截面面积为 A_p,周长为 u_p,桩身材料的弹性模量为 E,则各截面轴力 N_z 沿桩的入土深度 z 的分布曲线如图 4.4(c)所示,由于桩侧阻力向上,所以轴力随深度 z 增加而减少,减少速率反映了单位侧阻力 q_s 的大小。在图 4.4(a)中,取作用于深度 z 处周长为 u_p,厚度为 dz 的微小桩段,根据微分段的竖向力的平衡条件(忽略桩的自重)

$$q_s u_p dz + n_z + dN_z - N_z = 0 \tag{4.4}$$

可得单位侧阻力 q_s 与桩身轴力 N_z 的关系为

$$q_s(z) = -\frac{1}{u_p} \cdot \frac{dN_z}{dz} \tag{4.5}$$

式(4.5)表示,任意深度 z 处,桩侧单位面积上的荷载传递量 q_s 的大小与该处的轴力 N_z 的变化率成正比,此式即为桩荷载传递的基本微分方程。负号表示桩侧阻力向上时,

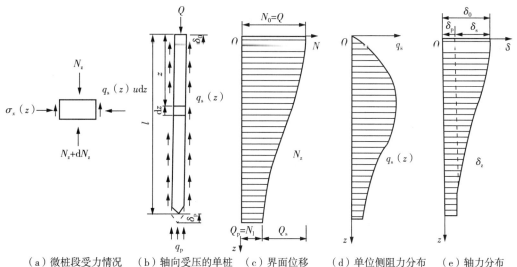

（a）微桩段受力情况 （b）轴向受压的单桩 （c）界面位移 （d）单位侧阻力分布 （e）轴力分布

图 4.4 单桩轴向荷载传递

由于桩顶轴力 Q 沿桩身向下通过桩侧阻力逐步传给桩周土，桩身轴力 N_z 随深度的增加而减小。桩底轴力 N_1 即为桩端总端阻力 $Q_p = N_1$，则桩侧总阻力 $Q_s = Q - Q_p$。只需测得桩身轴力 N_z 的分布曲线，即可求得桩侧阻力的大小与分布。

测出桩顶竖向位移 δ_0 以后，还可利用上述已测的轴力分布曲线 N_z 计算出桩端位移

$$\delta_p = \delta_0 - \frac{1}{A_p E} \int_0^l N_z \mathrm{d}z \tag{4.6}$$

和任意深度处桩截面的位移 δ_z

$$\delta_z = s_0 - \frac{1}{A_p E} \int_0^z N_z \mathrm{d}z \tag{4.7}$$

从图 4.4 可以看出，荷载传递曲线（$N - z$ 曲线）、单位侧阻分布曲线（$q_s - z$ 曲线）、桩的各断面竖向位移曲线（$\delta_z - z$ 曲线）都是随着桩顶荷载的增加而不断变化。

（5）影响 q_s 的因素。影响单位侧阻力 q_s 的因素很多，主要是土的类型和状态。砂土的 q_s 比黏土的大；密实土的 q_s 比松散土的大。桩的长径比 l/d（桩长与桩径之比）对荷载传递也有较大的影响，根据 l/d 不同，桩可分为短桩（$l/d < 10$）、中长桩（$l/d > 10$）、长桩（$l/d > 40$）和超长桩（$l/d > 100$）。桩的极限侧阻力标准值 q_{sk} 应根据现场静力载荷试验资料统计分析得到，当缺乏现场统计资料时，可按表 4.2 选取。

表 4.2 桩的极限侧阻力标准值 q_{sk}　　　　　　单位：kPa

土的名称	土的状态	桩的极限侧阻力标准值 q_{sk}		
		混凝土预制桩	泥浆护壁、钻（冲）孔桩	干作业钻孔桩
填土	—	22～30	20～28	20～28
淤泥	—	14～20	12～18	12～18
淤泥质土	—	22～30	20～28	20～28

(续表)

土的名称	土的状态	桩的极限侧阻力标准值 q_{sk}		
		混凝土预制桩	泥浆护壁、钻(冲)孔桩	干作业钻孔桩
黏性土	流塑 $I_1>1$	24～40	21～38	21～38
	软塑 $0.75<I_1\leqslant1$	40～55	38～53	38～53
	可塑 $0.50<I_1\leqslant0.75$	55～70	53～68	53～66
	硬可塑 $0.25<I_1\leqslant0.50$	70～86	68～84	66～82
	硬塑 $0<I_1\leqslant0.25$	86～98	84～96	82～94
	坚硬 $I_1\leqslant0$	98～105	96～102	94～104
红黏土	$0.7<a_w\leqslant1$	13～32	12～30	12～30
	$0.5<a_w\leqslant0.7$	32～74	30～70	30～70
粉士	稍密 $e>0.9$	26～46	24～42	24～42
	中密 $0.75\leqslant e\leqslant0.9$	46～66	42～62	42～62
	密实 $e<0.75$	66～88	62～82	62～82
粉细砂	稍密 $10<N\leqslant15$	24～48	22～46	22～46
	中密 $15<N\leqslant30$	48～66	46～64	46～64
	密实 $N>30$	66～88	64～86	64～86
中砂	中密 $15<N\leqslant30$	54～74	53～72	53～72
	密实 $N>30$	74～95	72～94	72～94
粗砂	中密 $15<N\leqslant30$	74～95	74～95	76～98
	密实 $N>30$	95～116	95～116	98～120
砾砂	稍密 $5<N_{63.5}\leqslant15$	70～110	50～90	60～100
	中密、密实 $N_{63.5}>15$	116～138	116～130	112～130
圆砾、角砾	中密、密实 $N_{63.5}>10$	160～200	135～150	135～150
碎石、卵石	中密、密实 $N_{63.5}>10$	200～300	140～170	150～170
全风化软质岩	$30<N\leqslant50$	100～120	80～100	80～100
全风化硬质岩	$30<N\leqslant50$	140～160	120～140	120～150
强风化软质岩	$N_{63.5}>10$	160～240	140～200	140～220
强风化硬质岩	$N_{63.5}>10$	220～300	160～240	160～260

注:1. 对于尚未完成自重固结的填土和以生活垃圾为主的杂填土,不计算其侧阻力。

2. a_w 为含水比,$a_w=\omega/\omega_1$,ω 为土的天然含水量,ω_1 为土的液限。

3. N 为标准贯入击数;$N_{63.5}$ 为重型圆锥动力触探击数。

4. 全风化、强风化软质岩和全风化、强风化硬质岩分别指其母岩抗压强度 $f_{rk}\leqslant15$ MPa,$f_{rk}>30$ MPa 的岩石。

2. 桩端阻力

桩端阻力是桩承载力的重要组成部分,其大小受很多因素影响。

（1）经典理论计算方法

20 世纪 60 年代以前，多采用基于土为刚塑性假设的经典承载力理论分析桩端阻力。将桩视为一宽度为 b，埋深为 l 的基础进行计算。在桩加载时，桩端土发生剪切破坏，根据不同的滑动面形状假设，应用地基极限承载力理论可求出桩端的极限承载力，确定极限单位端阻力 q_{pu}。由于桩的入土深度相对于桩的断面尺寸大很多，所以桩端土体大多数属于冲剪破坏或局部剪切破坏，只有桩长相对很短，桩穿过软弱土层支承于坚实土层时，才可能发生类似浅基础下地基的整体剪切破坏。图 4.5 为较常用的太沙基型与梅耶霍夫型滑动面形状。q_{pu} 的一般表达式为

$$q_{pu} = \frac{1}{2} b \gamma N_\gamma + c N_c + q N_q \tag{4.8}$$

式中：N_γ, N_c, N_q 为基底承载力系数，与土的内摩擦角 φ 有关，可参考有关文献取值；$b(d)$ 为桩的宽度或直径，mm；c 为土的黏聚力，kPa；q 为桩底标高处土中的竖向自重应力，kPa（$q = \gamma l$）。

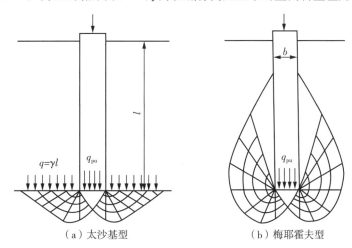

（a）太沙基型　　　　　　　　　　（b）梅耶霍夫型

图 4.5　桩端地基破坏的两种模式

（2）桩的端阻力的影响因素

成桩工艺对桩端阻力的影响很大。对于挤土桩，如果桩周土为可挤密土，则桩端土受到挤密作用而使端阻力提高，并且使端阻力在较小桩端位移下即可发挥作用。对于密实土或饱和黏性土，挤压可能会扰动原状土的结构，也可能产生超静孔隙水压力，端阻力反而会受不利影响。对于非挤土桩，成桩时原状土可能会受到扰动，桩底有沉渣，则端阻力会明显降低。其中大直径的挖（钻）孔桩，由于开挖造成的应力松弛，使端阻力随着桩径增大而降低。

同浅基础的承载力一样，桩的端阻力同样主要取决于桩端土的类型和性质。一般来说，粗粒土高于细粒土，密实土高于松散土。桩的极限端阻力标准值 q_{pk} 可参考表 4.3 选取。

（3）端阻力的深度效应

按照经典的极限承载力理论，随着桩的入土深度 l 的增加，桩的单位极限端阻力 q_p 线性增加。但许多模拟试验和现场原型观测中发现，桩端阻力有明显的深度效应，即存在着一个临界深度 h_c，当桩端进入持力层的深度小于临界深度时，其极限端阻力随深度呈线性增加；当进入深度大于临界深度时，极限端阻力基本不再增加，趋于一个常数。

表 4.3　桩的极限端阻力标准值 q_{pk}

单位：kPa

土的名称	土的状态	相应桩长下桩的极限端阻力标准值 q_{pk}										
		混凝土预制桩桩长 l/m				泥浆护壁钻(冲)孔桩桩长 l/m				干作业钻孔桩桩长 l/m		
		$l \leqslant 9$	$9 < l \leqslant 16$	$16 < l \leqslant 30$	$l > 30$	$5 \leqslant l < 10$	$10 \leqslant l < 15$	$15 \leqslant l < 30$	$30 \leqslant l$	$5 \leqslant l < 10$	$10 \leqslant l < 15$	$5 \leqslant l$
黏性土	软塑 $0.75 < I_L \leqslant 1$	210~850	650~1400	1200~1800	1300~1900	150~250	250~300	300~450	300~450	200~400	400~700	700~950
	可塑 $0.50 < I_L \leqslant 0.75$	850~1700	1400~2200	1900~2800	2300~3600	350~450	450~600	600~750	750~800	500~700	800~1100	1000~1600
	硬可塑 $0.25 < I_L \leqslant 0.50$	1500~2300	2300~3300	2700~3600	3600~4400	800~900	900~1000	1000~1200	1200~1400	850~1100	1500~1700	1700~1900
	硬塑 $0 < I_L \leqslant 0.25$	2500~3800	3800~5500	5500~6000	6000~6800	1100~1200	1200~1400	1400~1600	1600~1800	1600~1800	2200~2400	2600~2800
粉土	中密 $0.75 < e \leqslant 0.9$	950~1700	1400~2100	1900~2700	2500~3400	300~500	500~650	650~750	750~850	800~1200	1200~1400	1400~1600
	密实 $e < 0.75$	1500~2600	2100~3000	2700~3600	3600~4400	650~900	750~950	900~1100	1100~1200	1200~1700	1400~1900	1600~2100
粉砂	稍密 $10 < N \leqslant 15$	1000~1600	1500~2300	1900~2700	2100~3000	350~500	450~600	600~700	650~750	500~950	1300~1600	1500~1700
	中密、密实 $N > 15$	1400~2200	2100~3000	3000~4500	3800~5500	600~750	750~900	900~1100	1100~1200	900~1000	1700~1900	1700~1900
细砂	中密、密实	2500~4000	3600~5000	4400~6000	5300~7000	650~850	900~1200	1200~1500	1500~1800	1200~1600	2000~2400	2400~2700
中砂	中密、密实	4000~6000	5500~7000	6500~8000	7500~9000	850~1050	1100~1500	1500~1900	1900~2100	1800~2400	2800~3600	3600~4400
粗砂	中密、密实	5700~7500	7500~8500	8500~10000	9500~11000	1500~1800	2100~2400	2400~2600	2600~2800	2900~3600	4000~4600	4600~5200

（续表）

土的名称	土的状态	相应桩长下桩的极限端阻力标准值 q_{pk}										
		混凝土预制桩桩长 l/m				泥浆护壁钻（冲）孔桩桩长 l/m				干作业钻孔桩桩长 l/m		
		l≤9	9<l≤16	16<l≤30	l>30	5≤l≤10	10<l≤15	15≤l≤30	30≤l	5≤l<10	10≤l<15	15≤l
砾砂	中密、密实 N>15	6000~9500		9000~10500		1400~2000		2000~3200		3500~5000		
角砾、圆砾	中密、密实 $N_{63.5}$>10	7000~10000		9500~11500		1800~2200		2200~3600		4000~5500		
碎石、卵石	中密、密实 $N_{63.5}$>10	8000~11000		10500~13000		2000~3000		3000~4000		4500~6500		
全风化软质岩	30<N≤50					4000~6000				1000~1600		1200~2000
全风化硬质岩	30<N≤50					5000~8000				1200~2000		1400~2400
强风化软质岩	$N_{63.5}$>10					6000~9000				1400~2200		1600~2600
强风化硬质岩	$N_{63.5}$>10					7000~11000				1800~2800		2000~3000

注:1. 砂土和碎石类土中桩的极限端阻力取值,宜综合考虑土的密实度,桩端进入持力层的深径比 h_b/d,土越密实,h_b/d 越大,取值越高。

2. 预制桩的极限端阻力指桩端支承于中、微风化基岩表面或进入强风化岩、软质岩一定深度条件下的极限端阻力。

3. 全风化、强风化软质岩和全风化、强风化硬质岩分别指其母岩抗压强度为 $f_{rk}≤15$ MPa、$f_{rk}>30$ MPa 的岩石。

4.3.3 单桩的破坏模式

在轴向荷载作用下,单桩破坏模式主要取决于桩端支承情况、桩周土的抗剪强度、桩尺寸及类型等因素。轴向荷载作用下单桩可能发生的破坏形式有屈曲破坏、整体剪切破坏、刺入破坏等,破坏模式如图 4.6 所示。

(1)屈曲破坏。当桩底支承在很坚硬的地层,而桩侧土为抗剪强度很低的软土层,桩在轴向受压荷载作用下,如同一根压杆似的出现纵向挠曲破坏(屈曲破坏)。如图 4.6(a)所示,在荷载-沉降(Q-s)曲线上呈现出明显的破坏荷载。承载力取决于桩自身的材料强度。

(2)整体剪切破坏。足够强度的桩穿过抗剪强度较低的土层而达到强度较高的土层时,桩底土形成滑动面出现整体剪切破坏,桩在轴向受压荷载作用下,由于桩底持力层以上为软弱土层,各方面性能指标低,不能阻止滑动土楔的形成,桩底土体将形成滑动面而出现整体剪切破坏,如图 4.6(b)所示。在 Q-s 曲线上可求得明确的破坏荷载。桩的承载力主要取决于柱底土的支承力,桩侧摩阻力也起一部分作用。

(3)刺入破坏。当具有足够强度的桩入土深度较大或桩周土层抗剪强度较均匀时,桩在轴向受压荷载作用下,将出现刺入式破坏,如图 4.6(c)所示。根据荷载大小和土质不同,其 Q-s 曲线上可能没有明显的转折点,也可能有明显的转折点(表示破坏荷载)。桩所承载的荷载由桩侧摩阻力和桩底反力共同承担,即一般所称摩擦桩或几乎全由桩侧摩阻力支承,即纯摩擦桩。

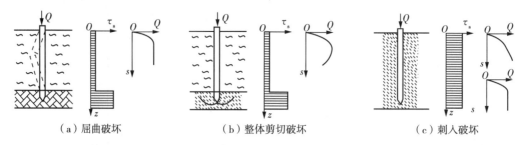

(a)屈曲破坏　　　　　(b)整体剪切破坏　　　　　(c)刺入破坏

图 4.6　轴向荷载下单桩的破坏模式

4.4　桩的竖向承载力

单桩承载力是指单桩在荷载作用下不丧失稳定性、不产生过大变形的承载能力。一般桩的承载力由地基土的支撑能力控制,桩身材料的作用往往不能充分发挥。在端承桩、超长桩或桩身质量有缺陷的桩,桩身材料才可能起控制作用。除此之外,桩的入土深度较大、桩周土体为均匀软弱土层或建筑物对沉降有特殊要求时,应控制桩的竖向沉降。由此可见,桩的承载力主要取决于地基土对桩的支撑能力和桩身材料强度。

4.4.1 现场试验法

现场试验法可以在现场直接通过静载试验判断地基土的支承能力。《建筑桩基技术规范》规定,单桩竖向承载力特征值应通过单桩竖向静载试验确定,同一条件下试桩总数不宜小于总数的 1%,且不应少于 3 根。

预制桩采取静载试验确定地基土的承载力时,由于打桩时土体中产生的孔隙水压力有待消散,土体因打桩扰动降低的强度有待随时间而恢复,为得到更符合实际情况的桩的承载力,在桩身强度满足设计要求的情况下,桩设置后开始进行荷载试验的间歇时间为:砂类土不少于 10 天,粉土、黏性土不少于 15 天,饱和黏性土不少于 25 天。

1. 静载荷试验装置及方法

试验装置主要由加载系统和量测系统组成。加载方法有锚桩法、堆载法(图 4.7)。桩顶的油压千斤顶对桩顶施加压力,千斤顶的反力由压重平台的重力或锚桩的抗拔力平衡。安装在基准梁的位移计测量桩顶的位移沉降。试验桩与锚桩之间、试验桩与支撑基准梁的基准桩之间以及锚桩与基准桩之间的距离按照表 4.4 确定。

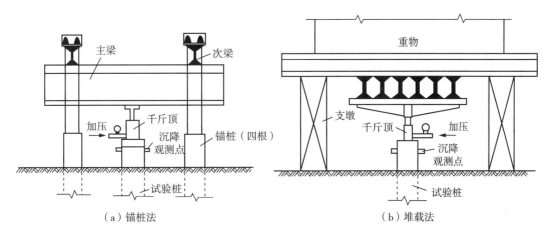

（a）锚桩法　　　　　　　　　　（b）堆载法

图 4.7　单桩静载荷试验加载装置

表 4.4　试验桩、锚桩、基准桩之间的中心距离

反力装置	中心距离		
	试验桩与锚桩 (或压重平台支墩边)	试验桩与基准桩	基准桩与锚桩 (或压重平台支墩边)
锚桩横梁反力装置	≥4d 且>2.0 m	≥4d 且>2.0 m	≥4d 且>2.0 m
压重平台反力装置			

注:d 为试验桩或锚桩的直径,取其中较大值;当为扩底桩时,试验桩与锚桩的中心距离不应小于扩大端直径的 2 倍。

试验加载的方法有慢速维持荷载法、快速维持荷载法、等贯入速率法、等时间间隔加载法及循环加载法等。工程中常用的是慢速维持荷载法,即进行逐级加载,每级荷载值为预估极限荷载的 1/15～1/10。第一级荷载可加倍施加。每级加荷后间隔 5 min、15 min、30 min、45 min、65 min 时各测读一次,以后每隔 40 min 测读一次,直到沉降稳定为止。当每小时的沉降不超过 0.1 mm 时并连续出现两次,可认为已达到稳定,继续施加下一级荷载。当出现下列情况之一时即可终止施加荷载:

（1）某级荷载下，桩顶沉降量为前一级荷载下沉量的 5 倍；

（2）某级荷载下，桩顶沉降量大于前一级荷载下沉量的 2 倍，且经过 24 h 沉降尚未到相对稳定状态；

（3）已达到锚桩最大抗拔力或压重平台的最大压重时。

终止加载后进行卸载，每级卸载值为每级加载值的 2 倍；每级卸载后 15 min、30 min、60 min 各测读一次即可卸载下一级荷载，全部卸载后间隔 3～4 h 再测读一次。

2. 静载荷试验单桩承载力确定

根据静载荷试验结果，可绘制桩顶荷载-沉降曲线（$Q\text{-}s$ 曲线）和各级荷载作用下的沉降-时间关系曲线（$s\text{-}\lg t$ 曲线）。单桩静载荷实验的荷载-沉降曲线大致可分为陡降型和缓变型。单桩竖向极限承载力 Q_u 可按照下述方法确定。

（1）陡降型 $Q\text{-}s$ 曲线可根据沉降随荷载的变化特征确定 Q_u。如图 4.8 中曲线①所示，取曲线发生明显沉降的起始点所对应的荷载为 Q_u。

（2）缓变型 $Q\text{-}s$ 曲线（图 4.8 中曲线②）根据沉降量确定 Q_u，一般取 s 为 40～60 mm 所对应的荷载值为 Q_u。对于大直径桩可取 s 为 $0.03\,d$～$0.06\,d$（d 为桩端直径）所对应的荷载值（大直径取小值，小直径取大值）；对于细长桩（$l/d>80$），取 s 为 60～80 mm 所对应的荷载。

（3）沉降-时间关系曲线根据沉降随时间的变化特征确定 Q_u。取 $s\text{-}\lg t$ 曲线（见图 4.9）末端出现明显拐点的前一级荷载作为 Q_u。

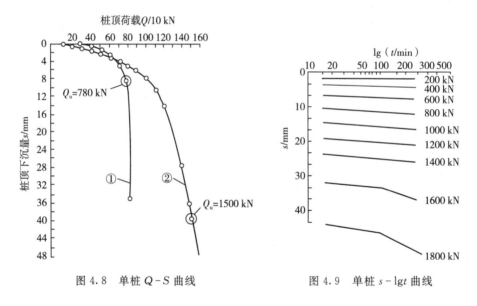

图 4.8　单桩 $Q\text{-}S$ 曲线　　　　　　图 4.9　单桩 $s\text{-}\lg t$ 曲线

测出各桩的极限承载力值 Q_u 后，可根据统计确定单桩的竖向承载力的标准值 Q_{uk}。首先，计算 n 根桩的极限承载力平均值 $\overline{Q_u}$：

$$\overline{Q_u}=\frac{1}{n}\sum_{i=1}^{n}Q_{ui} \qquad\qquad (4.9)$$

其次，计算每根桩的极限承载力实测值与平均值的比值：

$$\alpha_i = \frac{Q_{ui}}{\overline{Q_u}} \qquad (4.10)$$

最后,计算出 α_i 的标准差 σ_n:

$$\sigma_n = \sqrt{\frac{\sum_{i=1}^{n}(\alpha_i-1)^2}{n-1}} \qquad (4.11)$$

当 $\sigma_n \leqslant 0.15$ 时,取 $Q_{uk} = \overline{Q_u}$;当 $\sigma_n > 0.15$ 时,取 $Q_{uk} = \lambda \overline{Q_u}$,其中 λ 为折减系数,根据变量 α_i 的分布按《建筑桩基技术规范》确定。

4.4.2 静力触探法

地基基础设计等级为丙级的建筑物,可采用静力触探及标准贯入试验参数确定承载力特征值。静力触探试验与桩的静载荷试验有所区别但其与桩打入土中的过程基本相似,所以可以把静力触探试验近似看成是小尺寸打入桩的现场模拟试验。其方法是将圆锥形的金属探头以静力方式按一定速率均匀压入土中,借助探头的传感器测出探头的侧阻力和端阻力即可计算出桩的承载力。静力触探试验设备简单、自动化程度高,被认为是很有前景的一种确定单桩承载力的方法。

静力触探法是将测得的比贯入阻力 p_s 与桩侧阻力和端阻力之间建立经验关系,从而按照下式确定单桩竖向承载力的值。

$$R_a = \frac{Q_{uk}}{2} \qquad (4.12)$$

4.4.3 经验公式法

在初步设计时,单桩竖向承载力特征值可按公式估算。静力学公式根据桩侧阻力、桩端阻力与土层的物理力学状态指标的经验关系来确定单桩竖向承载力特征值。这种方法在工程中广泛应用于初步估计单桩承载力和桩的数目。

当根据土的物理指标与承载力参数之间的关系确定单桩竖向极限承载力标准值时,对一般灌注桩和预制桩按下式计算。

$$Q_{uk} = u_p \sum q_{sik} l_i + q_{pk} A_p \qquad (4.13)$$

式中:u_p,l_i 分别为桩周长、桩穿越第 i 层土的厚度;q_{sik} 为桩侧第 i 层土的极限侧阻力标准值,无当地经验时,按表 4.2 取值;q_{pk} 为桩的极限端阻力标准值,无当地经验时,按表 4.3、表 4.5 取值;A_p 为桩底横截面面积。

根据经验可直接建立土层的物理力学状态指标与单桩承载力特征值的关系,初步设计时单桩竖向承载力的值按下式估算。

$$R_a = q_{pk} A_p + \mu_p \sum_{i=1}^{n} q_{sia} h_i \qquad (4.14)$$

式中:R_a 为单桩竖向承载力特征值;q_{pk},q_{sia} 分别为桩端阻力、桩侧阻力特征值,由当地静载荷试验结果统计分析得出;A_p 为桩底横截面面积;μ_p 为桩身周长;h_i 为桩身穿越的第 i 层土层厚度。

表 4.5　干作业挖孔桩(清底干净,$D = 800$ mm)极限端阻力标准值 q_{pk}

土的名称		土的状态	极限端阻力标准值 q_{pk}/kPa
黏性土		$0.5 < I_l \leqslant 0.75$	800～1800
		$0 < I_l \leqslant 0.25$	1800～2400
		$I_l \leqslant 0$	2400～3000
粉土		$0.75 < e \leqslant 0.9$	1000～1500
		$e \leqslant 0.75$	1500～2000
砂土、碎石类土	粉砂	稍密	500～700
		中密	800～1100
		密实	1200～2000
	细砂	稍密	700～1100
		中密	1200～1800
		密实	2000～2500
	中砂	稍密	1000～2000
		中密	2200～3200
		密实	3500～5000
	粗砂	稍密	1200～2200
		中密	2500～3500
		密实	4000～5500
	砾石	稍密	1400～2400
		中密	2600～4000
		密实	5000～7000
	圆砾、角砾	稍密	1600～3000
		中密	3200～5000
		密实	6000～9000
	卵石、碎石	稍密	2000～3000
		中密	3300～5000
		密实	7000～11000

注:1. 当进入持力层深度 h_b 分别为 $h_b < D$,$D < h_b \leqslant 4D$,$h_b > 4D$ 时,q_{pk} 可相应取低、中、高值;

　　2. 砂土密实度可根据标准贯入击数 N 确定,$N \leqslant 10$ 为松散、$10 < N \leqslant 15$ 为稍密、$15 < N \leqslant 30$ 为中密、$N > 30$ 为密实;

　　3. 当桩的长径比 $l/d \leqslant 8$ 时,q_{pk} 宜取较低值;

　　4. 沉降要求不严格时,可适当提高 q_{pk} 值。

4.5 群桩基础计算

4.5.1 群桩的工作特点

对于群桩基础,作用于承台上的荷载实际上是由桩和地基土共同承担。对于不同类型的群桩基础,由于承台、桩、地基土的相互作用情况不同,基桩工作特点不同,桩端阻力、桩侧阻力与承台底面地基土的阻力也不同。

1. 端承型群桩基础

端承型桩基持力层坚硬,桩顶沉降较小,桩侧摩阻力不易发挥,桩顶荷载基本上通过桩身直接传到桩端处土层上。而桩端处承压面积很小,各桩端的压力彼此互不影响(图 4.10),因此可近似认为端承型群桩基础中各基桩的工作性状与单桩基本一致。同时,由于桩的变形很小,桩间土基本不承受荷载,群桩基础的承载力就等于各单桩的承载力之和,群桩的沉降量也与单桩基本相同,故可不考虑群桩效应。

2. 摩擦型群桩基础

摩擦型群桩主要通过桩侧摩阻力将上部荷载传递到桩周及桩端土层中。一般认为,桩侧摩阻力在土中引起的附加应力,以某一扩散角沿桩长向下扩散分布。桩端

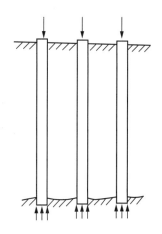

图 4.10 端承型群桩基础

平面处附加应力分布如图 4.11 中阴影部分所示。当桩数较少、桩中心距较大时,桩端平面处各桩传来的附加应力互不重叠或重叠不多,如图 4.11(a)所示,此时群桩中各桩的工作情况与单桩的一致,故群桩的承载力等于各单桩承载力之和。但当桩数较多、桩距较小时,桩端平面处各桩传来的附加应力将相互重叠而加大,如图 4.11(b)所示,附加应力影响范围也比单桩要深,此时群桩中各单桩的工作状态与孤立单桩的迥然不同,群桩承载力小于各单桩承载力之和,群桩沉降量则大于单桩的沉降量,这种现象称为群桩效应。

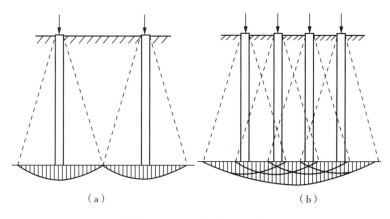

(a)   (b)

图 4.11 摩擦型群桩基础桩端平面附加应力分布

影响桩基的竖向承载力的因素包含三个方面:一是基桩的承载力;二是桩土相互作用对于桩侧阻力和端阻力的影响,即侧阻和端阻的群桩效应;三是承台底土抗力分担荷载效应。《建筑桩基技术规范》不考虑摩擦型桩基础的侧阻和端阻的群桩效应,仅考虑承台底土抗力分担荷载效应。这样处理,方便设计,多数情况下可留给工程更多安全储备。

4.5.2 桩顶作用效应简化计算

对于一般建筑物和受水平力(包括力矩与水平剪力)较小的高层建筑群桩基础,假设各桩顶作用力线性分布,在轴心竖向力作用下各桩承担荷载的平均值;在偏心竖向力作用下,各桩顶作用的竖向力按与桩群的形心的距离呈线性变化,如图 4.12 所示。

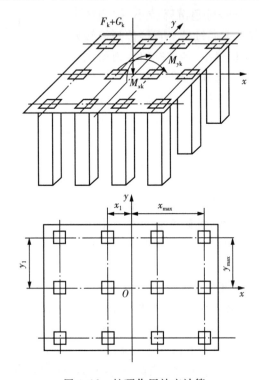

图 4.12 桩顶作用效应计算

(1)轴心竖向力作用下:

$$N_k = \frac{F_k + G_k}{n} \tag{4.15}$$

(2)偏心竖向力作用下:

$$N_{ik} = \frac{F_k + G_k}{n} \pm \frac{M_{xk} y_i}{\sum y_j^2} \pm \frac{M_{yk} x_i}{\sum x_j^2} \tag{4.16}$$

(3)水平力作用下:

$$H_{ik} = \frac{H_k}{n} \tag{4.17}$$

式中：F_k 为荷载效应标准组合下，作用于承台顶面的竖向力；G_k 为桩基承台和承台上土自重标准值，对稳定的地下水位以下部分，应扣除水的浮力；N_k 为荷载效应标准组合轴心竖向力作用下，基桩或复合基桩的平均竖向力；N_{ik} 为荷载效应标准组合偏心竖向力作用下，第 i 基桩或复合基桩的竖向力；M_{xk}，M_{yk} 为荷载效应标准组合下，作用于承台底面，绕通过桩群形心的 x，y 主轴的力矩；x_i，x_j，y_i，y_j 为第 i，j 基桩或复合基桩至 y，x 轴的距离；H_k 为荷载效应标准组合下，作用于桩基承台底面的水平力；H_{ik} 为荷载效应标准组合下，作用于第 i 基桩或复合基桩的水平力；n 为桩基中的桩数。

对于主要承受竖向荷载的抗震设防区低承台桩基，如果属于按《建筑抗震技术规范》规定可不进行桩基抗震承载力验算的建筑物，并且建筑场地位于建筑抗震的有利地段，桩顶作用效应计算可不考虑地震作用。

对于 8 度及 8 度以上抗震设防区内和其他受较大水平力的高层建筑，当其桩基承台刚度较大或由于上部结构与承台协同作用能增强承台的刚度时，或者受较大水平力和 8 度及 8 度以上地震作用的高承台桩基，计算各基桩的作用效应、桩身内力和位移时，宜考虑承台（包括地下墙体）与基桩协同工作和土的弹性抗力作用，按弹性地基梁法进行计算。

4.6 桩基础设计

4.6.1 桩类型、桩长和截面尺寸选择

桩基设计时，首先应根据建筑物的结构类型、荷载情况、地层条件、施工能力及环境限制等因素选择桩的类型、桩长和截面尺寸等。

一般当土中存在大孤石、花岗岩残积层中未风化的石英岩脉时，预制桩将难以穿越；当土层分布很不均匀时，混凝土预制桩的预制长度较难掌握；在场地土层分布比较均匀的条件下，采用质量易于保证的预应力高强混凝土管桩比较合理。

桩的长度主要取决于桩端持力层的选择。桩端最好进入坚硬土层或岩层，采用嵌岩桩或端承桩；当坚硬土层埋藏很深时，则宜采用摩擦型桩基，桩端应尽量到达低压缩性、中等强度的土层。桩端进入持力层的深度，对于黏性土、粉土不宜小于 $2d$，砂土不宜小于 $1.5d$，碎石类土不宜小于 $1d$。当存在软弱下卧层时，桩端以下硬持力层厚度不宜小于 $3d$。对于嵌岩桩，嵌岩深度应综合荷载、上覆土层、基岩、桩径、桩长等因素确定。嵌岩灌注桩嵌入倾斜的完整和较完整岩的全断面深度不宜小于 $0.4d$ 且不小于 0.5 m；倾斜度大于 30% 的中风化岩，宜根据倾斜度及岩石完整性适当加大嵌岩深度；嵌入平整、完整的坚硬和较硬岩的深度不宜小于 $0.2d$ 且不应小于 0.2 m。此外，在桩端以下 $3d$ 范围内（在桩端应力扩散范围内）应无软弱夹层、断裂带、洞穴、空隙及岩体临空面分布，确保基桩承载力的发挥及基桩滑动稳定性。

对于持力层承载力较高、上覆土层较差的抗压桩和桩端以上有一定厚度较好土层的抗拔桩，可采用扩底；挖孔桩和钻孔桩的扩底端直径与桩身直径之比 D/d 应分别不大于 3 及 2.5。扩底端侧面的斜率应根据实际成孔及土体自身条件确定。

桩型及桩端位置初步确定后，可根据土质条件、结构要求和施工要求来选择承台底

面位置,确定桩长,然后可初步选择桩的截面尺寸。对于灌注桩,可按表 4.6 选择桩的截面尺寸。一般地,若上部结构荷载大,宜采用大桩径。

表 4.6　常用灌注桩的桩径、桩长及适用范围

成孔方法		桩径/mm	桩长/m	适用范围
泥浆护壁成孔	冲抓		≤30	碎石土、砂类土、粉土、黏性土及风化岩。当进入中等风化和微风化岩层时,宜采用冲击成孔
	冲击	≥800	≤50	
	回转钻		≤80	
	潜水钻	500～800	≤50	黏性土、淤泥、淤泥质土及砂类土
干作业成孔	螺旋钻	300～800	≤30	地下水位以上的黏性土、粉土、砂类土及人工填土
	钻孔扩底	300～600	≤30	地下水位以上坚硬、硬塑的黏性土及中密以上砂类土
	机动洛阳铲	300～500	≤20	地下水位以上的黏性土、粉土、黄土及人工填土
沉管成孔	锤击	340～800	≤30	硬塑黏性土、粉土及砂类土,直径大于或等于 600 mm 的可达强风化岩
	振动	400～500	≤24	可塑黏性土、中细砂
爆扩成孔		≤350	≤12	地下水位以上黏性土、黄土、碎石土及风化岩
人工挖孔		≥100	≤40	黏性土、粉土、黄土及人工填土

4.6.2　单桩承载力的确定

根据 4.4 节确定单桩承载力。

4.6.3　桩数及桩位布置

1. 桩数

初步估定桩数时,先不考虑群桩效应,根据单桩竖向承载力特征值 R_a,桩数 n 可按下式估算。

$$n = \mu \frac{F_k + G_k}{R_a} \tag{4.18}$$

式中:F_k 为作用在承台上的轴向压力设计值;G_k 为桩基承台和承台上土的自重(地下水位以下扣除水的浮力);μ 为偏心荷载作用时增加桩数的经验系数,可取 1.0～1.2。

对桩数超过 3 根的非端承群桩基础,应按群桩基础求得基桩承载力特征值后重新估算桩数,如有必要,还要通过桩基软弱下卧层承载力和桩基沉降验算才能最终确定。

承受水平荷载的桩基,在确定桩数时还应满足桩水平承载力的要求。此时,可以各单桩水平承载力之和作为桩基的水平承载力,结果更为安全。

此外,在层厚较大的高灵敏度流塑黏土中,不宜采用桩距小、桩数多的打入式桩基,而应采用承载力高、桩数少的桩基,以防止软黏土结构破坏,土体强度降低,相邻各桩之

间影响严重,造成桩基的沉降和不均匀沉降显著增加。

2. 桩 的 中 心 距

桩的间距过大,承台体积增加,造价提高;间距过小,桩的承载能力不能充分发挥,且给施工造成困难。一般桩的最小中心距应符合表 4.7 的规定。对于大面积桩群,尤其是挤土桩,桩的最小中心距还应按表中数值适当加大。当施工中采取减小挤土效应的可靠措施时,桩的中心距可根据当地经验适当减小。

表 4.7　桩的最小中心距

土的类别与成桩工艺	桩的最小中心距	
	排数不少于 3 排且桩数 不少于 9 根的摩擦型桩基	其他情况
非挤土灌注桩	$3.0d$	$3.0d$
部分挤土桩	$3.5d$	$3.0d$
挤土桩(非饱和土)	$4.0d$	$3.5d$
挤土桩(饱和黏性土)	$4.5d$	$4.0d$
钻、挖孔扩底桩	$2D$ 或 $D+2.0$ m(当 $D>2$ m)	$1.5D$ 或 $D+1.5$ m(当 $D>2$ m)
沉管夯扩、钻孔挤扩桩(非饱和土)	$2.2D$ 且 $4.0d$	$2.0D$ 且 $3.5d$
沉管夯扩、钻孔挤扩桩(饱和黏性土)	$2.5D$ 且 $4.5d$	$2.2D$ 且 $4.0d$

注:1. d 为圆桩直径或方桩边长;D 为扩大端设计直径。

2. 当纵横向桩距不相等时,其最小中心距应满足"其他情况"一栏的规定。

3. 当为端承型桩时,非挤土灌注桩的"其他情况"一栏可减小至 $2.5d$。

3. 布 桩

桩在平面内可布置成方形(或矩形)、三角形和梅花形,如图 4.13(a)所示,条形基础下的桩可采用单排或双排布置,如图 4.13(b)所示,也可采用不等距布置。

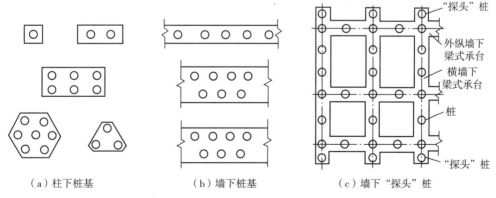

（a）柱下桩基　　　　　　（b）墙下桩基　　　　　　（c）墙下"探头"桩

图 4.13　桩的平面布置示意图

为了使桩基中各桩受力比较均匀,布桩时应尽可能使上部荷载的中心与桩群的横截面形心重合,并使基桩受水平力和力矩较大方向有较大抗弯截面模量。对于柱下单独桩基和整片式桩基,宜采用外密内疏的布置方式;对于桩箱基础、剪力墙结构桩筏(含平板和梁板式承台)基础,宜将桩布置于柱、墙下;对于横墙下桩基,可在外纵墙之外布设一至二根"探头"桩,如图 4.13(c)所示。此外,在有门洞的墙下布桩应将桩设置在门洞的两侧,对于框架-核心筒结构桩筏基础应按荷载分布考虑相互影响,将桩相对集中布置于核心筒和柱下,外围框架柱宜采用复合桩基,桩长宜小于核心筒下基桩(有合适桩端持力层时)的长度。

4.6.4 群桩中单桩(基桩)承载力的验算

1. 荷载效应标准组合

轴心竖向力作用下

$$N_k \leqslant R \tag{4.19}$$

偏心竖向力作用下除满足上式外,尚应满足下式的要求。

$$N_{k\,max} \leqslant 1.2R \tag{4.20}$$

2. 地震作用效应和荷载效应标准组合

轴心竖向力作用下

$$N_{ek} \leqslant 1.25R \tag{4.21}$$

偏心竖向力作用下,除满足上式外,尚应满足下式的要求。

$$N_{ek\,max} \leqslant 1.5R \tag{4.22}$$

式中:N_k 为荷载效应标准组合轴心竖向力作用下基桩或复合基桩的平均竖向力;$N_{k\,max}$ 为荷载效应标准组合偏心竖向力作用下桩顶最大竖向力;N_{ek} 为地震作用效应和荷载效应标准组合下基桩或复合基桩的平均竖向力;$N_{ek\,max}$ 为地震作用效应和荷载效应标准组合下基桩或复合基桩的最大竖向力;R 为基桩或复合基桩竖向承载力特征值。

3. 竖向抗拔承载力、负摩阻力、液化效应

在桩基承受上拔力时,要验算桩基竖向抗拔承载力。

当群桩中存在负摩阻力时,要计算下拉荷载,验算桩基承载力时要将下拉荷载计入。

当桩身周围有液化土层时,在计算单桩承载力特征值时,须将桩侧摩阻力乘以折减系数,再计算单桩极限承载力标准值,然后再验算桩基承载力。

4.6.5 软弱下卧层承载力的验算

对桩距不超过 $6d$ 的群桩基础,当桩端持力层以下受力层范围内存在承载力低于桩端持力层 1/3 的软弱下卧层时,应按下式进行下卧层的承载力验算,如图 4.14 所示。

$$\sigma_z + \gamma_m z \leqslant f_{az} \tag{4.23}$$

$$\sigma_z = \frac{F_k + G_k - 3(A_0 + B_0) \cdot \sum q_{sik} l_i / 2}{(A_0 + 2t \cdot \tan\theta)(B_0 + 2t \cdot \tan\theta)} \tag{4.24}$$

式中:σ_z 为作用于软弱下卧层顶面的附加应力;γ_m 为软弱层顶面以上各土层重度加权平均值(地下水位以下取浮重度);z 为地面至软弱层顶面的深度;f_{az} 为软弱下卧层经深度 z 修正的地基承载力特征值;A_0,B_0 分别为桩群外围桩边包络线内矩形面积的长、短边长;θ

为桩端硬持力层压力扩散角,按表 4.8 取值;t 为桩端至软弱下卧层顶面的距离;q_{sik} 为桩侧第 i 层土极限侧阻力标准值;G_k 为承台及其上土重;l_i 为第 i 层土厚度。

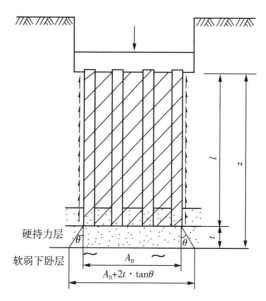

图 4.14　软弱下卧层承载力验算

表 4.8　桩端持力层压力扩散角 θ

E_{s1}/E_{s2}	压力扩散角 θ	
	$t=0.25B_0$	$t \geqslant 0.50B_0$
1	4°	22°
3	6°	23°
5	10°	25°

注:1. E_{s1},E_{s2} 分别为硬持力层、软弱下卧层的压缩模量。

2. 当 $t<0.25B_0$ 时,取 $\theta=0°$,必要时宜通过试验确定;当 $0.25B_0<t<0.50B_0$ 时,θ 值不变。

4.6.6　桩基沉降验算

1. 沉降验算原则

桩基设计时,应按桩基设计原则的要求,对需要沉降验算的桩基进行沉降验算。桩基沉降变形计算值不应大于允许值。

建筑桩基沉降变形指标及控制指标与浅基础的相同,桩基沉降变形允许值也与浅基础的基本相同,差别仅在于三点:①对桩基础,地基土不包括高压缩性土;②对于高耸结构基础的沉降量,桩基础的允许值对不同建筑物高度都减小 50 mm;③体型简单的剪力墙结构高层建筑桩基最大沉降量允许值为 200 mm。

《建筑地基基础设计规范》规定,计算桩基础沉降时,最终沉降量宜按单向压缩分层总和法计算。地基内的应力分布宜采用各向同性均质线性变形体理论,计算方法有实体深基础(桩距不大于 6d)方法或其他方法,包括明德林(Mindlin)应力公式方法。

《建筑桩基技术规范》规定,对于桩中心距不大于 6 倍桩径的桩基,其最终沉降量计算可采用等效作用分层总和法。等效作用面位于桩端平面,等效作用面积为桩承台投影面积,等效作用附加压力近似取承台底平均附加压力。等效作用面以下的应力分布采用各向同性均质直线变形体理论。对于单桩、单排桩、桩中心距大于 6 倍桩径的疏桩基础的沉降计算分为承台底地基土不分担荷载的桩基和承台底地基土分担荷载的复合桩基两种情况。对于承台底地基土不分担荷载的桩基,桩端平面以下地基中由基桩引起的附加应力,按考虑桩径影响的明德林解计算确定。将沉降计算点水平面影响范围内各基桩对应力计算点产生的附加应力叠加,采用单向压缩分层总和法计算土层的沉降,并计入桩身压缩 S_e。对于承台底地基土分担荷载的复合桩基,将承台底土压力对地基中某点产生的附加应力按布辛奈斯克(Boussinesq)解计算,与基桩产生的附加应力叠加,采用单向压缩分层总和法计算沉降。

2. 实体深基础法

实体深基础法的实质是将桩端平面作为弹性体表面,用布辛奈斯克解计算桩端平面以下各点的附加应力,再采用与浅基础沉降计算相同的单向压缩分层总和法计算沉降。所谓假想实体基础,就是将桩端以上一定范围的承台、桩及桩周土当成实体基础,不计桩身的弹性变形。这类方法适于桩距 $s \leqslant 6d$ 的情况。

桩端附加应力的计算方法有两种:其一是荷载沿桩群外侧扩散;其二是荷载不扩散,但扣除桩群四周的摩阻力(桩基规范中不扣除摩阻力);如图 4.15 所示。

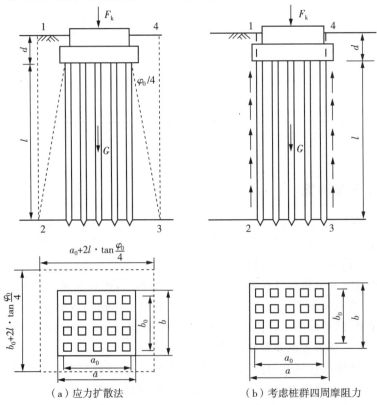

（a）应力扩散法   （b）考虑桩群四周摩阻力

图 4.15　实体深基础

对于第一种情况[图 4.15(a)]，假定荷载从最外一圈桩顶以 $\theta = \varphi_0/4$ 的扩散角向下扩散，φ_0 取厚度加权平均值。实体基础 1234 埋深为 $D = d + l$，实体基础底面积为

$$A = \left(a_0 + 2l \cdot \tan \frac{\varphi_0}{4}\right)\left(b_0 + 2l \cdot \tan \frac{\varphi_0}{4}\right) \tag{4.25}$$

桩端平面附加应力 p_0（忽略桩长范围内桩土混合体总重与同体积原地基土总重间之差）为

$$p_0 = \frac{F_k + G_k - p_{c0} \cdot a \cdot b}{A} \tag{4.26}$$

式中：a_0，b_0 分别为群桩外缘矩形面积的长、短边的长度；l 为桩的入土深度；F_k 为相应于荷载效应准永久组合作用于承台顶面的竖向力；G_k 为承台及其上土的自重，可按 $20~\mathrm{kN/m^3}$ 计算，水下部分扣除浮力；p_{c0} 为承台底面处地基土的自重应力，地下水位以下扣除浮力；a，b 分别为承台底面的长度和宽度。

对于第二种情况[图 4.15(b)]，实体基础 1234 底面面积为 $A = a_0 \cdot b_0$，桩端平面附加应力 p_0（忽略桩长范围内桩土混合体总重与同体积原地基土总重间之差）为

$$p_0 = \frac{F_k + G_k - 2(a_0 + b_0) \cdot \sum q_{sik} l_i}{a_0 \cdot b_0} \tag{4.27}$$

计算出桩端平面处附加应力 p_0 后，即可按单向压缩分层总和法或等效作用分层总和法计算沉降，再乘以由观测资料及经验统计确定（也可查表）的计算经验系数（两种算法的经验系数不同），获得桩基最终计算沉降量。

根据《建筑桩基技术规范》，在用实体深基础法计算桩基沉降时，不考虑桩群侧面摩阻力，但根据群桩距径比、长径比、桩数及基础长宽比，采用桩基等效沉降系数对计算结果进一步修正。

关于不能采用实体深基础法计算桩基沉降的情况，可采用明德林-盖德斯（Mindlin-Geddes）法或类似方法。

4.6.7　承台设计

1. 承台构造基本要求

桩基承台可分为柱下独立承台、柱下或墙下条形承台梁以及筏板承台和箱形承台等。承台的作用是将桩连接成一个整体，并把上部结构的荷载传到桩上，因而承台应有足够的强度和刚度。

（1）尺寸要求

承台的平面尺寸一般由上部结构、桩数及布桩形式决定。通常墙下桩基做成条形承台梁，柱下桩基宜采用板式承台（矩形或三角形），如图 4.16 所示。其剖面形状可做成锥形、台阶形或平板形。

柱下独立桩基承台的最小宽度不应小于 500 mm，边桩中心至承台边缘的距离不应小于桩的直径或边长，且桩的外边缘至承台边缘的距离不应小于 150 mm。对于墙下条

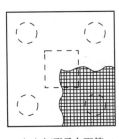
（a）矩形承台配筋

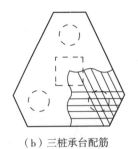
（b）三桩承台配筋

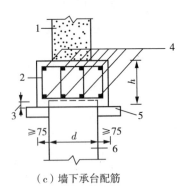
（c）墙下承台配筋

图 4.16　承台配筋

1—墙；2—箍筋；3—桩嵌入承台不小于 50 mm；4—承台梁内主筋；5—垫层 100 mm 厚 C15 混凝土；6—桩

形承台梁，桩的外边缘至承台梁边缘的距离不应小于 75 mm。柱下独立桩基承台及墙下条形承台的最小厚度不应小于 300 mm。

高层建筑平板式和梁板式筏形承台的最小厚度不应小于 400 mm，多层建筑墙下布桩的剪力墙结构筏形承台的最小厚度不应小于 200 mm。

（2）材料要求

承台混凝土材料及其强度等级应符合结构混凝土耐久性的要求和抗渗要求。

（3）钢筋配置要求

① 柱下独立桩基承台纵向受力钢筋应通长配置[图 4.16（a）]，对四桩以上（含四桩）承台宜按双向均匀布置，对三桩的三角形承台应按三向板带均匀布置，且最里面的三根钢筋围成的三角形应在柱截面范围内[图 4.16（b）]。纵向钢筋锚固长度自边桩内侧（当为圆桩时，应将其直径乘以 0.8 等效为方桩）算起，不应小于 $35d_g$（d_g 为钢筋直径）；当不满足时应将纵向钢筋向上弯折，此时水平段的长度不应小于 $25d_g$，弯折段长度不应小于 $10d_g$。承台纵向受力钢筋的直径不应小于 12 mm，间距不应大于 200 mm。柱下独立桩基承台的最小配筋率不应小于 0.15%。

② 柱下独立两桩承台，应按现行国家标准《混凝土结构设计规范》（GB 50010）中的深受弯构件配置纵向受拉钢筋、水平及竖向分布钢筋。承台纵向受力钢筋端部的锚固长度及构造应与柱下多桩承台的规定相同。

③ 条形承台梁的纵向主筋直径不应小于 12 mm，架立筋直径不应小于 10 mm，箍筋直径不宜小于 6 mm。承台梁端部纵向受力钢筋的锚固长度及构造应与柱下多桩承台的规定相同[图 4.16（c）]。

④ 筏形承台板或箱形承台板在计算中当仅考虑局部弯矩作用时，考虑到整体弯曲的影响，在纵横两个方向的下层钢筋配筋率不宜小于 0.15%；上层钢筋应按计算配筋率全部连通。当筏板的厚度大于 2000 mm 时，宜在板厚中间部位设置直径不小于 12 mm、间距不大于 300 mm 的双向钢筋网。

⑤ 承台底面钢筋的混凝土保护层厚度，当有混凝土垫层时不应小于 50 mm，无垫层时不应小于 70 mm；此外还不应小于桩头嵌入承台内的长度。

(4)桩与承台的连接构造要求

① 桩嵌入承台内的长度,对于中等直径桩不宜小于 50 mm,对于大直径桩不宜小于 100 mm。

② 混凝土桩的桩顶纵向主筋应锚入承台内,其锚入桩身长度不宜小于 35 倍纵向主筋直径。对于抗拔桩,桩顶纵向主筋的锚固长度应按现行国家标准《混凝土结构设计规范》确定。

③ 对于大直径灌注桩,当采用一柱一桩时可设置承台或将桩与柱直接连接。

(5)柱与承台的连接构造要求

① 对于一柱一桩基础,柱与桩直接连接时,柱纵向主筋锚入桩身内长度不应小于 35 倍纵向主筋直径。

② 对于多桩承台,柱纵向主筋应锚入承台不小于 35 倍纵向主筋直径;当承台高度不满足锚固要求时,竖向锚固长度不应小于 20 倍纵向主筋直径,并向柱轴线方向成 90° 弯折。

③ 当有抗震设防要求时,对于一、二级抗震等级的柱,纵向主筋锚固长度应乘以 1.15 的系数;对于三级抗震等级的柱,纵向主筋锚固长度应乘以 1.05 的系数。

(6)承台与承台之间的连接构造要求

① 一柱一桩时,应在桩顶两个主轴方向上设置连系梁。当桩与柱的截面直径之比大于 2 时可不设连系梁。

② 两桩桩基的承台,应在其短向设置连系梁。

③ 有抗震设防要求的柱下桩基承台,宜沿两个主轴方向设置连系梁。

④ 连系梁顶面宜与承台顶面位于同一标高。连系梁宽度不宜小于 250 mm,其高度可取承台中心距的 $1/10 \sim 1/5$,且不宜小于 400 mm。

⑤ 连系梁配筋应按计算确定,梁上下部配筋不宜小于 2 根直径 12 mm 钢筋;位于同一轴线上的相邻跨连系梁纵筋宜连通。

(7)充填要求

承台和地下室外墙与基坑侧壁间隙应浇注素混凝土或搅拌流动性水泥土,或采用灰土、级配砂石、压实性较好的素土分层夯实,其压实系数不宜小于 0.94。

2. 受弯计算

桩基承台应进行正截面受弯承载力计算。柱下独立桩基承台的正截面弯矩设计值可按以下规定计算。

(1)两桩条形承台和多桩矩形承台

弯矩计算截面取在柱边和承台变阶处[图 4.17(a)],可按下式计算。

$$M_x = \sum N_i y_i \tag{4.28}$$

$$M_y = \sum N_i x_i \tag{4.29}$$

式中:M_x,M_y 分别为绕 x 轴和绕 y 轴方向计算截面处的弯矩设计值;x_i,y_i 为垂直 y 轴和 x 轴方向自桩轴线到相应计算截面的距离;N_i 为不计承台及其上土重,在荷载效应基本

组合下的第 i 基桩或复合基桩竖向反力设计值。

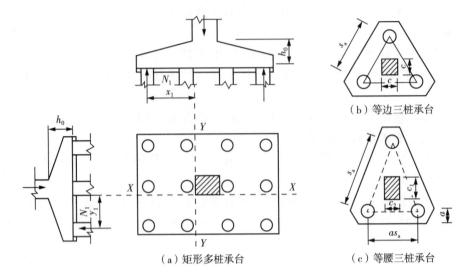

（a）矩形多桩承台　　（b）等边三桩承台　　（c）等腰三桩承台

图 4.17　承台弯矩计算示意图

（2）三桩承台的正截面弯矩计算

① 对等边三桩承台［图 4.17(b)］,其正截面弯矩可按下式计算。

$$M = \frac{N_{\max}}{3}\left(s_{a} - \frac{\sqrt{3}}{4}c\right) \tag{4.30}$$

式中:M 为通过承台形心至各边边缘正交截面范围内板带的弯矩设计值;$N_{\max}$ 为不计承台及其上土重,在荷载效应基本组合下三桩中最大基桩或复合基桩竖向反力设计值;s_{a} 为桩中心距;c 为方柱边长,圆柱时 $c = 0.8d$(d 为圆柱直径)。

② 对于等腰三桩承台［图 4.17(c)］,其正截面弯矩可按下式计算。

$$M_{1} = \frac{N_{\max}}{3}\left(s_{a} - \frac{0.75}{\sqrt{4 - a^{2}}}c_{1}\right) \tag{4.31}$$

$$M_{2} = \frac{N_{\max}}{3}\left(as_{a} - \frac{0.75}{\sqrt{4 - a^{2}}}c_{2}\right) \tag{4.32}$$

式中:M_{1},M_{2} 分别为通过承台形心至两腰边缘和底边边缘正交截面范围内板带的弯矩设计值;s_{a} 为长向桩中心距;a 为短向桩中心距与长向桩中心距之比,当 a 小于 0.5 时,应按变截面的二桩承台设计;c_{1},c_{2} 分别为垂直于、平行于承台底边的柱截面边长。

（3）箱形承台和筏形承台的弯矩计算

① 箱形承台和筏形承台的弯矩宜考虑地基土层性质、基桩分布、承台和上部结构类型和刚度,按地基—桩—承台—上部结构共同作用原理分析计算。

② 对于箱形承台,当桩端持力层为基岩、密实的碎石类土、砂土且较均匀时,或当上部结构为剪力墙时,或当上部结构为框架-核心筒结构且按变刚度调平原则布桩时,箱形承台底板可仅按局部弯矩作用进行计算。

③ 对于筏形承台,当桩端持力层深厚坚硬、上部结构刚度较好,且柱荷载及柱间距的变化不超过 20％时,或当上部结构为框架-核心筒结构且按变刚度调平原则布桩时,可仅按局部弯矩作用进行计算。

(4)柱下条形承台梁的弯矩计算

① 可按弹性地基梁(地基计算模型应根据地基土层特性选取)进行分析计算。

② 当桩端持力层深厚坚硬且桩柱轴线不重合时,可视桩为不动铰支座,按连续梁计算。

(5)砌体墙下条形承台梁的弯矩计算

可按倒置弹性地基梁计算弯矩和剪力。对于承台上的砌体墙,还应验算桩顶部位砌体的局部承压强度。

3. 受冲切计算

桩基承台厚度应满足柱(墙)对承台的冲切和基桩对承台的冲切的承载力要求。

(1)轴心竖向力作用下桩基承台受柱(墙)的冲切计算

① 冲切破坏锥体应采用自柱(墙)边或承台变阶处至相应桩顶边缘连线所构成的锥体,锥体斜面与承台底面的夹角不应小于45°(图 4.18)。

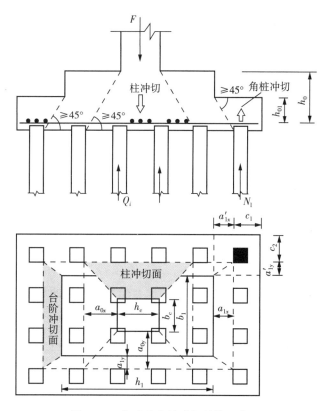

图 4.18　柱对承台的冲切计算示意图

② 受柱(墙)冲切承载力可按下式计算。

$$F_l \leqslant \beta_{hp}\beta_0 u_m f_t h_0 \qquad (4.33)$$

$$F_1 = F - \sum Q_i \qquad (4.34)$$

$$\beta_0 = \frac{0.84}{\lambda + 0.2} \qquad (4.35)$$

式中：F_1 为不计承台及其上土重，在荷载效应基本组合下作用于冲切破坏锥体上的冲切力设计值；f_t 为承台混凝土抗拉强度设计值；β_{hp} 为承台受冲切承载力截面高度影响系数（当 $h \leqslant 800$ mm 时，β_{hp} 取 1.0，$h \geqslant 2000$ mm 时，β_{hp} 取 0.9；其间按线性内插法取值）；u_m 为承台冲切破坏锥体一半有效高度处的周长；h_0 为承台冲切破坏锥体的有效高度；β_0 为柱（墙）冲切系数；λ 为冲跨比，$\lambda = a_0 / h_0$，其中 a_0 为柱（墙）边或承台变阶处到桩边水平距离，当 $\lambda < 0.25$ 时，取 $\lambda = 0.25$，当 $\lambda > 1.0$ 时，取 $\lambda = 1.0$；F 为不计承台及其上土重，在荷载效应基本组合作用下柱（墙）底的竖向荷载设计值；$\sum Q_i$ 为不计承台及其上土重，在荷载效应基本组合作用下冲切破坏锥体内各基桩或复合基桩的反力设计值之和。

③ 柱下矩形独立承台受柱冲切的承载力可按下式计算（图 4.18）。

$$F_1 \leqslant 2[\beta_{0x}(b_c + a_{0y}) + \beta_{0y}(h_c + a_{0x})]\beta_{hp}f_t h_0 \qquad (4.36)$$

式中：β_{0x}，β_{0y} 由式（4.35）求得，$\lambda_{0x} = a_{0x}/h_0$，$\lambda_{0y} = a_{0y}/h_0$，且 λ_{0x}，λ_{0y} 的取值应满足 $0.25 \sim 1.0$ 的要求；h_c，b_c 分别为 x，y 方向的柱截面的边长；a_{0x}，a_{0y} 分别为 x，y 方向柱边离最近桩边的水平距离。

④ 柱下矩形独立阶形承台受上阶冲切的承载力可按式（4.37）计算（图 4.18）。

$$F_1 \leqslant 2[\beta_{1x}(b_1 + a_{1y}) + \beta_{1y}(h_1 + a_{1x})]\beta_{hp}f_t h_{10} \qquad (4.37)$$

式中：β_{1x}，β_{1y} 由式（4.35）求得，$\lambda_{1x} = a_{1x}/h_{10}$，$\lambda_{1y} = a_{1y}/h_{10}$，且 λ_{1x}，λ_{1y} 的取值应满足 $0.25 \sim 1.0$ 的要求；h_1，b_1 分别为 x，y 方向承台上阶的边长；a_{1x}，a_{1y} 分别为 x，y 方向承台上阶边离最近桩边的水平距离。

计算圆柱及圆桩时，应将其截面换算成方柱及方桩，即取换算柱截面边长 $b_c = 0.8 d_c$（d_c 为圆柱直径），换算桩截面边长 $b_p = 0.8d$（d 为圆桩直径）。

柱下两桩承台宜按深受弯构件（$l_0/h < 5.0$，$l_0 = 1.15l_n$，l_n 为两桩净距）计算受弯、受剪承载力，不需要进行受冲切承载力计算。

(2) 位于柱（墙）冲切破坏锥体以外的基桩承台受基桩冲切的承载力

① 四桩以上（含四桩）承台受角桩冲切的承载力可按下式计算（图 4.19）。

$$N_1 \leqslant [\beta_{1x}(c_2 + a_{1y}/2) + \beta_{1y}(c_1 + a_{1x}/2)]\beta_{hp}f_t h_0 \qquad (4.38)$$

$$\beta_{1x} = \frac{0.56}{\lambda_{1x} + 0.2} \qquad (4.39)$$

$$\beta_{1y} = \frac{0.56}{\lambda_{1y} + 0.2} \qquad (4.40)$$

式中：N_1 为不计承台及其上土重，在荷载效应基本组合作用下角桩（含复合基桩）反力设计值；β_{1x}，β_{1y} 为角桩冲切系数；a_{1x}，a_{1y} 为从承台底角桩顶内边缘引 45° 冲切线与承台顶面相交点至角桩内边缘的水平距离,当柱(墙)边或承台变阶处位于该 45°线以内时,则取由柱(墙)边或承台变阶处与桩内边缘连线为冲切锥体的锥线(图 4.19);h_0 为承台外边缘的有效高度;λ_{1x},λ_{1y} 为角桩冲跨比,$\lambda_{1x}=a_{1x}/h_0$,$\lambda_{1y}=a_{1y}/h_0$,其值均应满足 0.25~1.0 的要求。

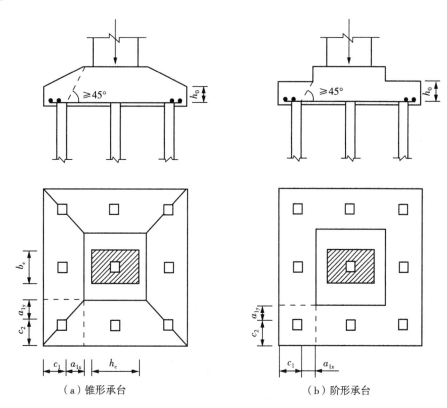

（a）锥形承台　　　　　　　（b）阶形承台

图 4.19　四桩以上(含四桩)承台角桩冲切计算示意图

② 三桩三角形承台可按下式计算受角桩冲切的承载力(图 4.20)。

底部角桩

$$N_1 \leqslant \beta_{11}(2c_1+a_{11})\beta_{hp}\tan\frac{\theta_1}{2}f_t h_0 \quad (4.41)$$

$$\beta_{11}=\frac{0.56}{\lambda_{11}+0.2} \quad (4.42)$$

顶部角桩

$$N_1 \leqslant \beta_{12}(2c_2+a_{12})\beta_{hp}\tan\frac{\theta_2}{2}f_t h_0 \quad (4.43)$$

$$\beta_{12}=\frac{0.56}{\lambda_{12}+0.2} \quad (4.44)$$

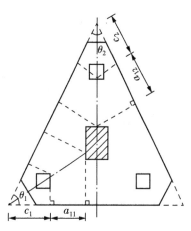

图 4.20　三桩三角形承台角桩
冲切计算示意图

式中：λ_{11}，λ_{12} 为角桩冲跨比，$\lambda_{11}=a_{11}/h_0$，$\lambda_{12}=a_{12}/h_0$，其值均应满足 $0.25\sim1.0$ 的要求；a_{11}，a_{12} 为从承台底角桩顶内边缘引 $45°$ 冲切线与承台顶面相交点至角桩内边缘的水平距离，当柱（墙）边或承台变阶处位于该 $45°$ 线以内时，则取由柱（墙）边或承台变阶处与桩内边缘连线为冲切锥体的锥线。

4. 受剪计算

柱（墙）下桩基承台，应分别对柱（墙）边、变阶处和桩边连线形成的贯通承台的斜截面的受剪承载力进行验算。当承台悬挑边有多排基桩形成多个斜截面时，应对每个斜截面的受剪承载力进行验算。

（1）柱下独立桩基承台斜截面受剪承载力计算

① 承台斜截面受剪承载力可按下式计算（图 4.21）。

$$V \leqslant \beta_{hs} \alpha f_t b_0 h_0 \tag{4.45}$$

$$\alpha = \frac{1.75}{\lambda+1} \tag{4.46}$$

$$\beta_{hs} = \left(\frac{800}{h_0}\right)^{1/4} \tag{4.47}$$

式中：V 为不计承台及其上土自重，在荷载效应基本组合下，斜截面的最大剪力设计值；f_t 为混凝土轴心抗拉强度设计值；b_0 为承台计算截面处的有效宽度；h_0 为承台计算截面处的有效高度；α 为承台剪切系数；λ 为计算截面的剪跨比，$\lambda_x = a_x/h_0$，$\lambda_y = a_y/h_0$，其中，a_x，a_y 为柱边（墙边）或承台变阶处至 y，x 方向计算一排桩的桩边的水平距离，当 $\lambda < 0.25$ 时，取 $\lambda = 0.25$，当 $\lambda > 3$ 时，取 $\lambda = 3$；β_{hs} 为受剪切承载力截面高度影响系数，当 $h_0 < 800$ mm 时取 $h_0 = 800$ mm，当 $h_0 > 2000$ mm 时取 $h_0 = 2000$ mm，其间按线性内插法取值。

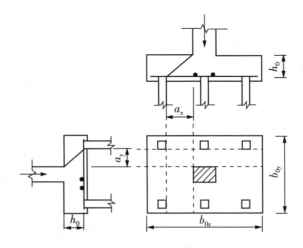

图 4.21　承台斜截面受剪计算示意图

② 对于阶梯形承台应分别在变阶处（$A_1—A_1$，$B_1—B_1$）及柱边处（$A_2—A_2$，$B_2—B_2$）进行斜截面受剪承载力计算（图 4.22）。计算变阶处截面（$A_1—A_1$，$B_1—B_1$）的斜截面受

剪承载力时,其截面有效高度均为 h_0,截面计算宽度分别为 b_{y1} 和 b_{x1}。计算柱边截面 $(A_2—A_2,B_2—B_2)$ 的斜截面受剪承载力时,其截面有效高度均为 $h_{01}+h_{02}$,截面计算宽度分别为

对 $A_2—A_2$
$$b_{y0}=\frac{b_{y1}h_{01}+b_{y2}h_{02}}{h_{01}+h_{02}}$$
(4.48)

对 $B_2—B_2$
$$b_{x0}=\frac{b_{x1}h_{01}+b_{x2}h_{02}}{h_{01}+h_{02}}$$
(4.49)

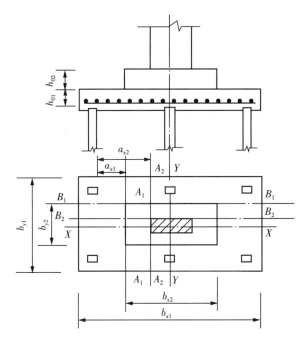

图 4.22　阶梯形承台斜截面受剪计算示意图

③ 对于锥形承台应对变阶处及柱边处 $(A—A$ 及 $B—B)$ 两个截面进行受剪承载力计算 (图 4.23),截面有效高度均为 h_0,截面的计算宽度分别为

对 $A—A$
$$b_{y0}=\left[1-0.5\frac{h_{20}}{h_0}\left(1-\frac{b_{y2}}{b_{y1}}\right)\right]b_{y1}$$
(4.50)

对 $B—B$
$$b_{x0}=\left[1-0.5\frac{h_{20}}{h_0}\left(1-\frac{b_{x2}}{b_{x1}}\right)\right]b_{x1}$$
(4.51)

(2)砌体墙下条形承台梁

① 砌体墙下条形承台梁配有箍筋,但未配弯起钢筋时,斜截面的受剪承载力可按下式计算。

$$V\leqslant 0.7f_{t}bh_0+1.25f_{yv}\frac{A_{sv}}{s}h_0$$
(4.52)

式中:V 为不计承台及其上土自重,在荷载效应基本组合下,计算截面处的剪力设计值;

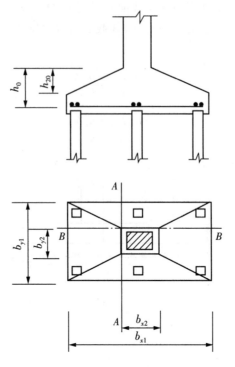

图 4.23 锥形承台斜截面受剪计算示意图

A_{sv}为配置在同一截面内箍筋各肢的全部截面面积;s为沿计算斜截面方向箍筋的间距;f_{yv}为箍筋抗拉强度设计值;b为承台梁计算截面处的计算宽度;h_0为承台梁计算截面处的有效高度。

② 砌体墙下承台梁配有箍筋和弯起钢筋时,斜截面的受剪承载力可按下式计算。

$$V \leqslant 0.7 f_t bh_0 + 1.25 f_y \frac{A_{sv}}{s} h_0 + 0.8 f_y A_{sb} \sin\alpha_s \tag{4.53}$$

式中:A_{sb}为同一截面弯起钢筋的截面面积;f_y为弯起钢筋的抗拉强度设计值;α_s为斜截面上弯起钢筋与承台底面的夹角。

③ 柱下条形承台梁,当配有箍筋但未配弯起钢筋时,其斜截面的受剪承载力可按下式计算。

$$V \leqslant \frac{1.75}{\lambda+1} f_t bh_0 + f_y \frac{A_{sv}}{s} h_0 \tag{4.54}$$

式中:λ为计算截面的剪跨比,$\lambda = a/h_0$,其中 a 为柱边至桩边的水平距离,当 $\lambda < 1.5$ 时取 $\lambda = 1.5$,当 $\lambda > 3$ 时取 $\lambda = 3$。

对于柱下桩基,当承台混凝土强度等级低于柱或桩的混凝土强度等级时,应验算柱下或桩上承台的局部受压承载力。

【例 4.1】 某 6 桩群桩基础,预制方桩截面尺寸为 0.35 m×0.35 m,桩距 1.2 m,桩中心离承台边缘 0.4 m,柱截面尺寸为 0.6 m×0.6 m,承台截面尺寸为 3.2 m×2.0 m,

高 0.9 m，承台有效高度 $h_0=0.815$ m，承台埋深 1.4 m，桩伸入承台 0.050 m，承台顶作用竖向荷载设计值 $F=3200$ kN，$M=170$ kN·m，水平力 $H=150$ kN。承台采用 C20 混凝土，HRB335 级钢筋。试验算承台冲切承载力、角桩冲切承载力、承台受剪承载力、受弯承载力，并配筋。

解 （1）受柱冲切承载力计算。

$$F_1 \leqslant 2[\beta_{0x}(b_c+a_{0y})+\beta_{0y}(h_0+a_{0x})]\beta_{hp}f_t h_0$$

$$h_0=(0.9-0.05-0.035)\ \text{m}=0.815\ \text{m}$$

$$\beta_{hp}=1.0-\frac{0.9-0.8}{2.0-0.8}\times(1.0-0.9)=0.992$$

C20 混凝土，$f_t=1.1$ MPa。

$$a_{0x}=\left(\frac{3.2-0.6}{2}-0.4-\frac{0.35}{2}\right)\ \text{m}=0.725\ \text{m}$$

$$a_{0y}=\left(\frac{2.0-0.6}{2}-0.4-\frac{0.35}{2}\right)\ \text{m}=0.125\ \text{m}$$

$$\lambda_{0x}=a_{0x}/h_0=0.725/0.815=0.89$$

满足 0.25～1.0 的要求。

$$\lambda_{0y}=a_{0y}/h_0=0.125/0.815=0.153<0.25$$

取 $\lambda_{0y}=0.25$，此时

$$a_{0y}=0.25\times0.815\ \text{m}=0.204\ \text{m}$$

$$\beta_{0x}=\frac{0.84}{\lambda_{0x}+0.2}=\frac{0.84}{0.89+0.2}=0.77$$

$$\beta_{0y}=\frac{0.84}{\lambda_{0y}+0.2}=\frac{0.84}{0.25+0.2}=1.87$$

$$2[\beta_{0x}(b_c+a_{0y})+\beta_{0y}(h_c+a_{0x})]\beta_{hp}f_t h_0$$

$$=2\times[0.77\times(0.6+0.204)+1.87\times(0.6+0.725)]\times0.992\times1100\times0.815\ \text{kN}$$

$$=2\times(0.62+2.48)\times889.3\ \text{kN}=5514\ \text{kN}$$

$$F_1=F-\sum Q_i=(3200-0)\ \text{kN}=3200\ \text{kN}<5514\ \text{kN}$$

满足要求。

（2）四桩以上（含四桩）承台受角桩冲切承载力计算。

$$N_1\leqslant[\beta_{1x}(c_2+a_{1y}/2)+\beta_{1y}(c_1+a_{1x}/2)]\beta_{hp}f_t h_0$$

$$\beta_{1x}=\frac{0.56}{\lambda_{1x}+0.2},\quad\beta_{1y}=\frac{0.56}{\lambda_{1y}+0.2}$$

$$N_1 = \frac{F}{n} + \frac{M_y x_{max}}{\sum x_i^2} = \frac{3200}{6} \text{ kN} + \frac{(170+150\times0.9)\times1.2}{4\times1.2^2} \text{ kN} = (533.3+63.5) \text{ kN} = 596.8 \text{ kN}$$

$$c_1 = \left(0.4 + \frac{0.35}{2}\right) \text{ m} = 0.575 \text{ m}, c_2 = \left(0.4 + \frac{0.35}{2}\right) \text{ m} = 0.575 \text{ m}$$

从承台底角桩顶内边缘引 45°冲切线与承台顶面相交点至角桩内边缘的水平距离 a_{1x}, a_{1y}，为 0.9 m；柱边已位于该 45°线以内 (0.725 m<0.9 m, 0.125 m<0.9 m)，则取由柱边与桩内边缘连线为冲切锥体的锥线，所以 $a_{1x} = a_{0x} = 0.725$ m，$a_{1y} = a_{0y} = 0.204$ m。

$$\lambda_{1x} = a_{1x}/h_0 = 0.725/0.815 = 0.89$$

满足 0.25~1.0 的要求。

$$\lambda_{1y} = a_{1y}/h_0 = 0.204/0.815 = 0.25$$

$$\beta_{1x} = \frac{0.56}{\lambda_{1x}+0.2} = \frac{0.56}{0.89+0.2} = 0.514$$

$$\beta_{1y} = \frac{0.56}{\lambda_{1y}+0.2} = \frac{0.56}{0.25+0.2} = 1.244$$

$$[\beta_{1x}(c_2+a_{1y}/2)+\beta_{1y}(c_1+a_{1x}/2)]\beta_{hp}f_t h_0$$

$$= [0.514\times(0.575+0.204/2)+1.244\times(0.575+0.725/2)]\times0.992\times1100\times0.815 \text{ kN}$$

$$= (0.348+1.166)\times889.3 \text{ kN} = 1346.4 \text{ kN} > N_1 = 596.8 \text{ kN}$$

满足要求。

(3) 承台斜截面受剪承载力计算。

$$V \leqslant \beta_{hs}\alpha f_t b_0 h_0$$

$$\alpha = \frac{1.75}{\lambda+1}, \beta_{h0} = \left(\frac{800}{h_0}\right)^{1/4}$$

① 短边斜截面受剪承载力计算。

$$b_0 = 2.0 \text{ m}, f_t = 1.1 \text{ MPa}, h_0 = 0.815 \text{ m}$$

$$a_x = \left(\frac{3.2-0.6}{2} - 0.4 - \frac{0.35}{2}\right) \text{ m} = 0.725 \text{ m}$$

$$\lambda_x = a_x/h_0 = 0.725/0.815 = 0.89$$

满足 0.25~3.0 的要求。

$$\alpha = \frac{1.75}{\lambda+1} = \frac{1.75}{0.89+1} = 0.926$$

$$\beta_{h0} = \left(\frac{800}{h_0}\right)^{1/4} = \left(\frac{800}{815}\right)^{1/4} = 0.995$$

$$\beta_{hs}\alpha f_t b_0 h_0 = 0.995\times0.926\times1100\times2.0\times0.815 \text{ kN} = 1652 \text{ kN}$$

短边斜截面最大剪力设计值

$$V = 2 \times 596.8 \text{ kN} = 1193.6 \text{ kN}$$

$$V < \beta_{hs} \alpha f_t b_0 h_0$$

满足要求。

② 长边斜截面受剪承载力计算。

$$b_0 = 3.2 \text{ m}, f_t = 1.1 \text{ MPa}, h_0 = 0.815 \text{ m}$$

$$a_y = \left(\frac{2.0 - 0.6}{2} - 0.4 - \frac{0.35}{2} \right) \text{ m} = 0.125 \text{ m}$$

$$\lambda_y = a_y / h_0 = 0.125 / 0.815 = 0.153 < 0.25$$

取 $\lambda_y = 0.125$，则 $a_y = 0.25 \times 0.815 \text{ m} = 0.204 \text{ m}$。

$$\alpha = \frac{1.75}{\lambda + 1} = \frac{1.75}{0.25 + 1} = 1.4$$

$$\beta_{hs} = \left(\frac{800}{h_0} \right)^{1/4} = \left(\frac{800}{815} \right)^{1/4} = 0.995$$

$$\beta_{hs} \alpha f_t b_0 h_0 = 0.995 \times 1.4 \times 1100 \times 3.2 \times 0.815 \text{ kN} = 3996 \text{ kN}$$

长边斜截面最大剪力设计值

$$V = \frac{3200}{6} \times 3 \text{ kN} = 1600 \text{ kN}$$

$$V < \beta_{hs} \alpha f_t b_0 h_0$$

满足要求。

(4)承台受弯承载力计算。

$$M_x = \sum N_i y_i, M_y = \sum N_i x_i$$

$$M_x = \sum N_i y_i = 3 \times \frac{3200}{6} \times \left(0.6 - \frac{0.6}{2} \right) \text{ kN} \cdot \text{m} = 480 \text{ kN} \cdot \text{m}$$

(用承台中间桩的竖向反力设计值计算)

$$M_y = \sum N_i x_i = 2 \times 596.8 \times \left(1.2 - \frac{0.6}{2} \right) \text{ kN} \cdot \text{m} = 1074.2 \text{ kN} \cdot \text{m}$$

(用承台右边桩——反力最大桩的竖向反力设计值计算)

沿承台短边方向(y方向)配筋：

$$A_s = \frac{M_x}{0.9 f_y h_0} = \frac{480 \times 10^6}{0.9 \times 300 \times 815} \text{ mm}^2 = 2181 \text{ mm}^2$$

配 $15\phi14, A_s = 2309 \text{ mm}^2$。

沿承台长边方向（x 方向）配筋：

$$A_s = \frac{M_y}{0.9 f_y h_0} = \frac{1074.2 \times 10^6}{0.9 \times 300 \times (815 - 14/2)} \text{ mm}^2 = 4924 \text{ mm}^2$$

配 $16\phi20$，$A_s = 5027 \text{ mm}^2$。

思考题与习题

4.1 试述桩的分类。

4.2 单桩竖向承载力的确定方法有哪些？

4.3 桩侧负摩阻力产生的条件是什么？

4.4 桩型选择应考虑哪些因素？

4.5 简述桩基础设计原则和设计的主要步骤。

4.6 桩基承载力验算有哪几个方面内容？什么情况下需要验算群桩基础的沉降？

4.7 承台效应的含义是什么？承台效应受哪些因素影响？

4.8 由基桩或复合基桩组成的群桩基础，其竖向承载力在什么情况下可按各基桩或复合基桩承载力之和考虑？在什么情况下可按实体深基础法确定？

4.9 在什么情况下桩基础应进行沉降验算？

4.10 哪些因素会使桩侧产生负摩阻力？在确定桩基承载力及沉降量时，如何考虑负摩阻力的影响？

4.11 桩基承台设计包括哪些内容？

4.12 如图 4.24 所示，某 7 桩群桩基础，承台平面尺寸 3 m×2.52 m，埋深 2.0 m，承台高 1.0 m，桩径 0.3 m，桩长 12 m，地下水位在地面以下 1.5 m，作用于承台顶面的相应于荷载效应标准组合的荷载 $F_k = 3400$ kN，弯矩 $M_k = 200$ kN·m，水平力 $H_k = 140$ kN。试求各桩所受的竖向力标准值。

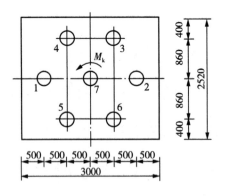

图 4.24 习题 4.12 图

4.13 某场地土层情况（自上而下）：第一层为杂填土，厚 1.2 m；第二层为黏土，厚 13.5 m，$q_{sa} = 20$ kPa；第三层为粉土，厚度较大，$q_{sa} = 32$ kPa，$q_{pa} = 1300$ kPa。现需设计一框架柱的预制桩基础，柱截面尺寸为 400 mm×450 mm。上部结构传至基础顶面的荷载效应标准组合：竖向力 $F_k = 1800$ kN，弯矩 $M_k = 150$ kN·m，水平力 $H_k = 90$ kN。地下水位在地面以下 2.0 m。初选预制桩截面尺寸为 350 mm×350 mm。试设计该桩基础(基本组合按标准组合的 1.35 倍取值,准永久组合按标准组合的 1 或 1.2 倍取值)。

4.14　承台中桩位平面布置见图 4.25,地面标高为±0.00 m,承台顶面竖向荷载设计值 $F=2800$ kN,水平力 $H=100$ kN,弯矩 $M=500$ kN·m,承台厚度 $h=1.0$ m,$h_0=0.9$ m,柱截面 800 mm×600 mm,承台内共布置 400 mm×400 mm 的预制桩 8 根,各桩承载力均满足要求。

(1)承台底标高为-2.0 m,承台底土较坚硬,求各复合基桩竖向反力设计值 N_i;

(2)求 X,Y 方向控制截面处弯矩 M_x 及 M_y;

(3)承台底面纵向采用 $\phi18$,横向采用 $\phi12$ 的 HRB335 级钢筋,试确定纵、横向钢筋根数($f_y=300$ N/mm²)

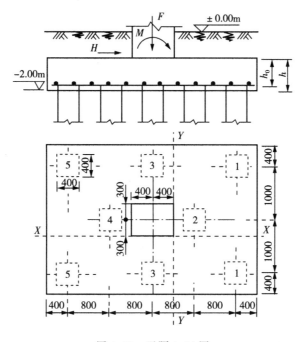

图 4.25　习题 4.14 图

第5章 沉井及地下连续墙

5.1 沉井及地下连续墙概述

沉井是带刃脚的井筒状构造物(图5.1),它通过人工或机械方法清除井内土石,主要借助自重或添加压重等措施克服井壁摩擦阻力逐节下沉至设计标高,再浇筑混凝土封底并填塞井孔,成为建筑物的基础。

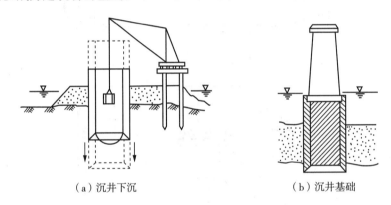

(a)沉井下沉   (b)沉井基础

图5.1 沉井基础示意图

沉井基础的特点:断面尺寸大,埋置深度大,整体性强,稳定性好,承载力高,内部空间可用;施工方便,挖土量少,下沉过程中本身可作为挡土和挡水围堰结构物,不需板桩围护,从而节约投资。广泛适用于:埋深大且无大开挖条件的建筑物;地下水位高,易产生涌流或塌陷的地基土;江心或岸边的取水建筑物;矿用竖井和大型设备基础;高层和超高层建筑基础;桥梁墩台基础和跨江输电塔基础等。但沉井基础施工周期较长,对粉、细砂类土在井内抽水易产生流砂现象,造成沉井倾斜;沉井下沉过程中易受到石头、树干或井底岩层影响会给施工带来一定的困难。

沉井一般适合在不太透水的土层中下沉,便于控制沉井下沉方向,避免倾斜。下列情况可考虑采用沉井基础:

(1)上部荷载较大,表层地基土非常松软,而深层土承载力较大,且与其他基础方案相比较为经济合理。

(2)在山区河流中,土质虽好,但冲刷较大,或河中有较大卵石不便桩基础施工。

(3)岩层表面较平坦且覆盖层薄,但河水较深,采用扩大基础施工围堰有困难。

地下连续墙是采用专门设备沿着深基础或地下构筑物周边采用泥浆护壁开挖出一

条具有一定宽度与深度的沟槽。然后在槽内设置钢筋笼,采用导管法在泥浆中浇注混凝土,逐步形成一道连续的地下钢筋混凝土连续墙,用以作为基坑开挖时防渗、截水、挡土、抗滑、防爆和对邻近建筑物基础的支护或直接成为承受上部结构荷载的外墙基础的一部分。目前地下连续墙已广泛用于大坝坝基防渗、高层建筑深基础、铁道和桥梁工程、船坞、船闸、码头、地下油罐、地下沉碴池等各类永久性工程。地下连续墙之所以能够得到如此广泛的应用,是因为它具有以下优点:①工效高、工期短、质量可靠、经济效益高;②施工时振动小、噪声低,非常适于在城市施工;③占地少,可以充分利用建筑红线以内有限的地面和空间,充分发挥投资效益;④防渗性能好,由于墙体接头形式和施工方法的改进,使地下连续墙几乎不透水;⑤可用于逆作法施工,地下连续墙刚度大,易于设置埋设件,因此很适合于逆作法施工;⑥墙体刚度大,并能适用于软弱的冲积地层、中硬的地层及密实的砂砾层等多种地基条件。

地下连续墙也有其自身的缺点和不足,如:在城市施工时,废泥浆的处理比较麻烦;地下连续墙如果仅做临时的挡土结构,比其他方法要贵很多。因此,现在很多项目采用"二墙合一"(既作为地下室施工时的支护结构,又作为永久地下结构的外墙)或"三墙合一"(在"二墙合一"基础上,还作为深基础承担一部分竖向荷载),以节省造价。

5.2　沉井的类型和构造

5.2.1　沉井基础的类型

沉井可以按以下几种方式进行分类。

1. 按下沉方式分类

(1)一般沉井。直接在基础设计的位置上制造,然后挖土,依靠沉井自重下沉。若基础位于水中,则先人工筑岛,再在岛上筑井下沉。

(2)浮运沉井。指先在岸边制造井体,再浮运就位下沉的沉井,通常在深水地区(如水深大于 10 m)或水流流速大,有通航要求,人工筑岛困难或不经济时,可采用浮运沉井。

2. 按制造材料分类

(1)混凝土沉井。混凝土因抗压强度高,抗拉强度低,沉井多做成圆形,使混凝土主要承受压应力;当井壁较厚,下沉不深时,也可做成矩形。混凝土沉井一般仅适用于下沉深度不大(4～7 m)的松软土层。

(2)钢筋混凝土沉井。钢筋混凝土沉井抗压抗拉强度高,下沉深度大(可达数十米以上),可做成重型或薄壁就地制造下沉的沉井,也可做成薄壁浮运沉井及钢丝网水泥沉井等。钢筋混凝土沉井是工程中最常用的沉井。

(3)竹筋混凝土沉井。沉井承受拉力主要在下沉阶段,当施工完毕后,沉井中的钢筋不再起作用,因此可以用一种抗拉强度高而耐久性差的竹筋来代替钢筋,以节省钢材。

(4)钢沉井。由钢材制作的沉井,其强度高、质量轻、易于拼装,适于制造空心浮运沉井,但用钢量大,经济上不合理,国内较少采用。

（5）其他材料沉井。根据工程条件也可选用木筋混凝土沉井、木沉井和砌石圬工沉井等。

3. 按沉井的平面形状分类

沉井按平面形状可以分为圆形、矩形和圆端形三种基本类型，根据井孔的布置方式，又可分为单孔、双孔及多孔沉井，如图 5.2 所示。

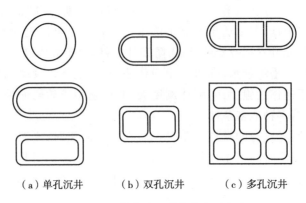

（a）单孔沉井　　　（b）双孔沉井　　　（c）多孔沉井

图 5.2　沉井的平面形状及布置方式

（1）圆形沉井。圆形沉井多用于斜交桥或水流方向不定的桥墩基础，可以减小水流冲击力和局部冲刷。在水压力、土压力作用下，井壁仅承受周边轴向压力，即使侧压力分布不均匀，弯曲应力也不大，所以多用无筋或少筋混凝土做成圆形。而且圆形沉井比较便于机械挖土，保证其刃脚均匀地支承在土层上，在下沉过程中易于控制方向，不易倾斜。但圆形沉井基底压力的最大值比同面积的矩形要大，当上部墩身为矩形或圆端形时，更使得一部分基础圬工不能充分发挥作用。

（2）矩形沉井。矩形沉井制造方便，受力有利，能充分利用地基承载力，与矩形墩台相配合，可节省基础圬工和挖土数量。但在侧压力作用下，井壁受较大的挠曲力矩，为了减小井壁弯曲应力，可在沉井内设置隔墙，减小受挠跨度，把沉井分成多孔，并把四角做成圆角或钝角，以减小井壁摩擦阻力和除土清孔的困难。另外，矩形沉井在流水中阻力系数较大，冲刷较严重。

（3）圆端形沉井。圆端形沉井在控制下沉、受力条件、阻水冲刷等方面均较矩形沉井有利，但施工较为复杂。

对平面尺寸较大的沉井，可在沉井中设隔墙，构成双孔或多孔沉井，以改善井壁受力条件及均匀取土下沉。

4. 按沉井的立面形状分类

沉井按立面形状可分为柱形、阶梯形和锥形三种基本类型，如图 5.3 所示，所采用的形式应视沉井需要通过的土层性质和下沉深度而定。

（1）柱形沉井。柱形沉井受周围土体约束较均衡，下沉过程中对周围土体扰动较小，可减少土体的坍塌，不易发生倾斜，且井壁接长较简单，模板可重复利用，但井壁侧阻力较大，当土体密实，下沉深度较大时，易出现下部悬空，造成井壁拉裂。故一般用于土质较松软或入土深度不大的情况。

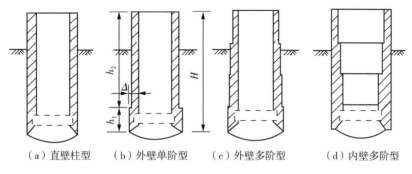

（a）直壁柱型　　（b）外壁单阶型　　（c）外壁多阶型　　　（d）内壁多阶型

图 5.3　沉井的立面形状

（2）阶梯形沉井。鉴于沉井所承受的土压力与水压力均随深度增大而增大,为了合理利用材料,可将沉井的井壁随深度变化分为几段,做成阶梯形。下部井壁厚度大,上部井壁厚度小,因此这种沉井外壁所受的摩擦阻力可以减小,有利于下沉。缺点是施工较复杂,消耗模板多,同时沉井下沉过程中容易发生倾斜。阶梯形沉井的台阶宽度为 100～200 mm。

（3）锥形沉井。锥形沉井可以减小土与井壁的摩擦阻力,故在土质较密实,沉井下沉深度大,要求在不大量增加沉井本身重量的情况下沉至设计标高,可采用此类沉井。锥形沉井井壁坡度一般为 1/40～1/20。外壁倾斜式沉井同样可以减小下沉时井壁外侧土的阻力,但这类沉井具有下沉不稳定、制造较为困难等缺点,故较少使用。

5.2.2　沉井基础的基本构造

1. 沉井的轮廓尺寸

沉井的平面形状及尺寸常根据下部结构墩台的形状、地基土的承载力及施工要求等确定。当采用圆端形或长方形时,为保证下沉的稳定性,沉井的长短边之比不宜大于 3。若上部结构的长宽比较为接近,可采用方形或圆形沉井。沉井顶面尺寸为结构物底部尺寸加襟边宽度,襟边宽度根据沉井施工允许偏差而定,不宜小于 0.2 m,且应大于沉井全高的 1/50,浮运沉井不宜小于 0.4 m,如沉井顶面需设置围堰,其襟边宽度根据围堰构造还需加大。建筑物边缘应尽可能支承于井壁上或顶板支承面上,对井孔内不以混凝土填实的空心沉井不允许结构物边缘全部置于井孔位置上。

沉井的入土深度需根据上部结构荷载、水文地质条件及各土层的承载力等确定。入土深度较大的沉井应分节制造和下沉,每节高度不宜大于 5 m;当底节沉井在松软土层中下沉时,还不应大于沉井宽度的 0.8 倍;若底节沉井高度过高、沉井过重,将给制模、筑岛时岛面处理、抽除垫木下沉等带来困难。

2. 沉井的一般构造

沉井一般由井壁、刃脚、隔墙、井孔、凹槽、封底及顶板等部分组成,如图 5.4 所示,有时井壁中还预埋射水管等其他部分。这些组成部分的作用简介如下。

（1）井壁。沉井的外壁是沉井的主体部分。它在沉井下沉过程中起挡土、挡水及利用本身重量克服土与井壁之间摩擦阻力的作用。当沉井施工完毕后,它就成为基础或基

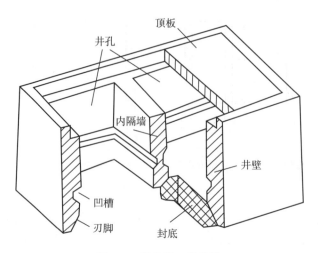

图 5.4　沉井的一般构造

础的一部分而将上部荷载传到地基上去。因此,井壁必须具有足够的强度和一定的厚度,并根据施工过程中的受力情况配置竖向及水平向钢筋。井壁厚度按下沉需要的自重、本身强度以及便于取土和清基等因素确定,一般为 0.80～1.50 m,最薄不宜小于 0.4 m,混凝土强度等级不低于 C15。

（2）刃脚。井壁下端形如尖状的部分称为刃脚。其作用是使沉井在自重作用下易于切土下沉,它是受力最集中的部分,必须保证强度,以免挠曲和受损,一般采用钢筋混凝土结构,且混凝土强度等级宜大于 C20。刃脚底平面称为踏面,踏面宽度一般不大于 15 cm,对软土可适当放宽。若下沉深度大,土质较硬,刃脚底面应以型钢加强。

（3）隔墙。隔墙为沉井的内壁,它的作用是把整个沉井空腔分隔成多个井孔以增加沉井的刚度,减小井壁挠曲应力。施工时井孔可作为取土井,以便在沉井下沉时掌握挖土的位置和控制下沉方向,防止或纠正沉井倾斜和偏移。内隔墙间距一般要求不大于 5～6 m,厚度一般为 0.5～1.2 m。隔墙底面应高出刃脚底面 0.5 m 以上,避免隔墙下的土搁住沉井而妨碍下沉。当人工挖土时,还应在隔墙下端设置过人孔,以便工作人员在井孔间来往。

（4）井孔。井孔是挖土、运土的工作场所和通道。井孔尺寸应满足施工要求,最小边长一般不小于 3.0 m。井孔的布置应简单对称,以便于对称挖土,保证沉井均匀下沉。

（5）凹槽。设在取土井孔下端接近刃脚处,其作用是使封底混凝土与井壁有良好的结合,使封底混凝土底面的反力更好地传给井壁;凹槽深度为 15～30 cm,高约 1.0 m。沉井挖土困难时,可利用凹槽做成钢筋混凝土板,改为气压箱室挖土下沉。

（6）射水管。若沉井下沉较深,穿过的土质又较好,下沉会产生困难时,可在井壁中预埋射水管组。射水管应均匀布置,以便控制水压和水量来调整下沉方向,一般水压不小于 600 kPa。若使用泥浆润滑套施工,应有预埋的压射泥浆管路。

（7）封底。沉井沉至设计标高进行清基后,应立即在刃脚踏面以上至凹槽处浇筑混凝土形成封底,以承受地基土和水的反力,防止地下水涌入井内。封底混凝土顶面应高出凹槽 0.5 m,其厚度可由应力验算决定,根据经验也可取不小于井孔最小边长的 1.5

倍。混凝土强度等级一般不低于 C15,井孔内填充的混凝土强度等级不低于 C10。

(8)顶板。沉井封底后,若条件允许,为节省圬工量、减轻基础自重,在井孔内可不填充任何东西,做成空心沉井基础,或仅填砂石,此时须在井顶设置钢筋混凝土顶板,以承托上部结构的全部荷载。顶板厚度一般为 1.5～2.0 m,钢筋配置由计算确定。

　3. 浮运沉井的构造

浮运沉井可分为不带气筒和带气筒两种。不带气筒的浮运沉井多用钢、木、钢丝网、水泥等材料制作,薄壁空心,内壁与外壁均用 2～3 层钢丝网铺设在钢筋网两侧,抹以高强度的水泥砂浆,有 1～3 mm 保护层,具有构造简单、施工方便、节省钢材等优点,适用于水不太深、流速不大、河床较平、冲刷较小的自然条件。为增加水中自浮能力,还可做成带临时性井底的浮运沉井,即浮运就位后,灌水下沉,同时接筑井壁,当到达河床后,打开临时性井底,再按一般沉井施工。当水深流急、沉井较大时,可采用带气筒的浮运沉井,其主要由双壁钢沉井底节、单壁钢壳、钢气筒等组成(图 5.5)。双壁钢沉井底节是一个可自浮于水中的壳体结构,底节以上的井壁采用单壁钢壳,既可防水又可作为接高时灌注沉井外圈混凝土模板的一部分。钢气筒为沉井提供所需浮力,同时在悬浮下沉中可通过充放气调节使沉井上浮、下沉或校正偏斜等,当沉井落至河床后,除去气筒即为取土井孔。

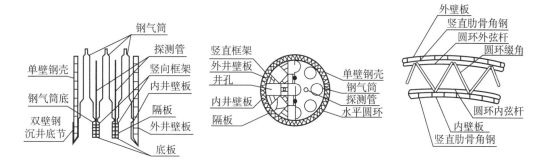

图 5.5　带钢气筒的浮运沉井

　4. 组合式沉井

当采用低承台桩出现围水挖基浇筑承台困难,而采用沉井基础则岩层倾斜较大或地基土软硬不均且水深较大时,可采用沉井-桩基的混合式基础,即组合式沉井。施工时先将沉井下沉至预定标高,浇筑封底混凝土和承台,再在井内预留孔位钻孔灌注成桩。该混合式沉井结构既可围水挡土,又可作为钻孔桩的护筒和桩基的承台。

5.3　沉 井 施 工

沉井的施工方法与现场的地质和水文情况密切相关,施工前应详细了解场地的地质和水文条件。水中施工应做好河流汛期、河床冲刷、通航及漂流物等的调查研究,充分利用枯水季节,制订出详细的施工计划及必要的措施,确保施工安全。沉井基础施工主要可分为旱地施工和水中施工两种。

5.3.1 旱地沉井施工

沉井基础现场处于旱地时,沉井施工可分为就地制造、除土下沉、封底、充填井孔以及浇筑顶板等,其一般施工顺序如图 5.6 所示。

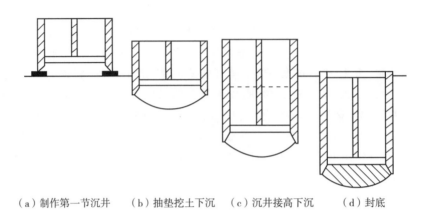

（a）制作第一节沉井 　（b）抽垫挖土下沉 　（c）沉井接高下沉 　（d）封底

图 5.6　旱地沉井施工顺序示意图

1. 定位放样、清整场地

旱地沉井施工时,应首先根据设计图纸进行定位放样,在地面上确定出沉井纵横两个方向的中心轴线、基坑的轮廓线以及水准标点等作为施工的依据。

施工前要进行场地平整,平整范围要大于沉井外侧 1~3 m。施工时要求场地平整干净,若天然地面土质较硬,只需将地表杂物清除干净并整平;否则应换土或在基坑处铺填不小于 0.5 m 厚夯实的砂或砂砾垫层,防止沉井在混凝土浇筑之初因地面不均匀沉降产生裂缝。为减小下沉深度,也可在基础位置处挖一浅坑,在坑底制作沉井并下沉,但坑底应高出地下水面 0.5~1.0 m。

2. 制作第一节沉井

制作沉井前应先在刃脚处对称铺满垫木,如图 5.7 所示,加大支撑面积以支承第一节沉井的重量。垫木数量应使沉井重量在垫木下产生的应力不大于 100 kPa。为了便于抽出垫木,还需设置一定数量的定位垫木,其布置应考虑抽垫方便,确定定位垫木位置时,以沉井井壁在抽出垫木时产生的正、负弯矩的大小接近相等为原则。垫木一般为枕木或方木（200 mm × 200 mm）,其下垫一层厚约 0.3 m 的砂,垫木间隙用砂填实（填到半高即可）。然后在刃脚位置处放上刃脚角钢,竖立内模,绑扎钢筋。再立外模浇筑第一节沉井混凝土。

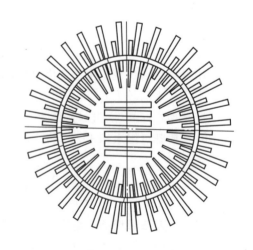

图 5.7　垫木布置

模板应有较大刚度,以免挠曲变形。钢模较木模刚度大,周转次数多,也易于安装,一般使用钢模,当场地土质较好时也可采用土模。

3. 拆模及抽垫

当沉井混凝土强度达到设计强度的 25% 时可拆除内外侧模,当达设计的 70% 时可拆除模板,当达设计强度后方可抽撤垫木。抽垫应分区、依次、对称、同步地向沉井外抽出,以免引起沉井开裂、移动或倾斜。其顺序为先内壁、再短边、最后长边。长边下垫木隔一根抽一根,以固定垫木为中心,由远而近对称地抽。最后抽除固定垫木,并随抽随用粗、中砂土回填捣实,以免沉井开裂、移动或偏斜。

4. 除土下沉

沉井下沉施工可分为排水下沉和不排水下沉。一般宜采用不排水除土下沉,在稳定的土层中,如渗水量不大,或者虽然土层渗水较强、渗水量较大,但排水不产生流砂现象时,也可采用排水除土下沉,土的挖除可采用人工或机械均匀除土,消弱基底土对刃脚的正面力和沉井壁与土之间的摩擦阻力,使沉井依靠自重力克服上述阻力而下沉。排水下沉常用人工除土,人工除土可使沉井均匀下沉并易于清除井内障碍物,但应有安全措施。不排水下沉一般都采用机械除土方式,挖土工具可以是空气吸泥机、抓土斗、水力吸石筒、水力吸泥机等,通过黏土、胶结层除土困难时,可采用高压射水破坏土层,辅助下沉。沉井正常下沉时,应自中间向刃脚处均匀对称除土。排水下沉时应严格控制设计支承点土的排除,并随时注意沉井正位,保持竖直下沉,无特殊情况不宜采用爆破施工。

5. 接高沉井

当第一节沉井下沉至一定深度(井顶露出地面不小于 0.5 m,或露出水面不小于 1.5 m)时,停止除土,凿毛顶面,立模,然后对称均匀浇筑混凝土,接筑下节沉井。接筑前刃脚不得掏空,并应尽量均匀加重,并纠正上节沉井的倾斜,待强度达设计要求后再拆模继续下沉。

6. 设置井顶防水围堰

沉井顶面低于地面或水面时,应在井顶接筑临时性防水围堰,围堰的平面尺寸略小于沉井,其下端与井顶上预埋锚杆相连。围堰是临时性的,待墩身出水后可拆除,井顶防水围堰应因地制宜,合理选用。常见的有土围堰、砖围堰和钢板桩围堰。若水深流急或围堰高度大于 5.0 m 时,宜采用钢板桩围堰。

7. 基底检验和处理

沉井沉至设计标高后,应检验基底地质情况是否符合设计要求。排水下沉时可直接检验,若采用不排水开挖下沉法则应进行水下检验,必要时可用钻机取样进行检验。当基底达设计要求后,应对地基进行必要的处理:对于砂性土或黏性土地基,一般可在井底铺砾石或碎石至刃脚底面以上 200 mm;对于岩石地基,应凿除风化岩层,若岩层倾斜,还应凿成阶梯形。要确保井底浮土、软土清除干净,使封底混凝土、沉井与地基紧密结合。

8. 沉井封底

基底经检验、处理合格后应及时封底。排水下沉时,如渗水量上升速度不大于 6 mm/min 时,可采用普通混凝土封底,否则抽水时易产生流砂,宜用水下混凝土封底。

若沉井面积大,可采用多导管先外后内、先低后高依次浇筑。封底一般用素混凝土,但必须与地基紧密结合,不得存在有害的夹层、夹缝。

9. 井孔填充和顶板浇筑

封底混凝土达设计强度后,排干井孔中水,填充井内圬工。如果井孔中不填料或仅填砾石,则井顶应浇筑钢筋混凝土顶板,以支承上部结构,且应保持无水施工。然后砌筑井上构筑物,并随后拆除临时性的井顶围堰。井孔是否填充,应根据受力或稳定要求确定,在严寒地区,低于冻结线 0.25 m 以上部分,必须用混凝土或圬工填实。

5.3.2 水中沉井施工

1. 水中筑岛

水中筑岛即先在水中修筑人工砂岛,再在岛上进行沉井的制作或挖土下沉。筑岛法与围堰法相比,不需要抽水,对岛体无防渗要求,构造简单,同时还可以就地取材,降低工程造价,方便施工。常用的筑岛法有无围堰防护土岛、有围堰防护土岛和板桩围堰岛等。

当水深小于 3 m,流速不大于1.5 m/s时,可采用砂或砾石在水中筑岛,周围用草袋围护,形成无围堰防护土岛,如图 5.8(a)所示;当水深或流速加大,可采用有围堰防护土岛,如图 5.8(b)所示;当水深较大(通常小于 15 m)或流速更大时,宜采用钢板桩围堰岛,如图 5.8(c)所示。岛面应高出最高施工水位 0.5 m 以上,砂岛地基强度应符合要求,围堰筑岛时,围堰距井壁外缘距离 $b \geqslant H \tan(45° - \theta/2)$ 且不小于 2 m(H 为筑岛高度,θ 为砂在水中的内摩擦角)。其余施工方法与旱地沉井施工相同。

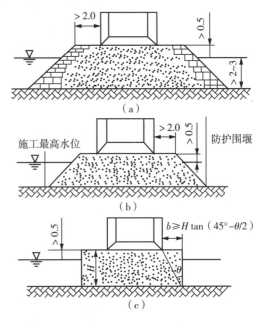

图 5.8 水中筑岛下沉

2. 浮运沉井

在深水河道中,水深超过 10 m 时,人工筑岛困难或不经济,可采用浮运法施工,即将沉井在岸边制造好,再利用在岸边铺成的滑道滑入水中,然后用绳索牵引至设计位置。沉井可做成空体形式或采用其他措施(如带钢气筒等)使其浮于水上,也可以在船坞内制成浮船定位和吊放下沉,或利用潮汐,水位上涨时浮起,再浮运至设计位置。沉井安放就位后在悬浮状态下,逐步将水或混凝土注入空体中,使沉井逐步下沉至河底,若沉井较高,需分段制作,在悬浮状态下逐节接长下沉至河底,但整个过程均应保证沉井本身足够的稳定性。待刃脚切入河床一定程度后,即可按一般沉井下沉方法施工。

5.3.3 沉井下沉过程中遇到的特殊情况处理

1. 沉井倾斜

沉井倾斜大多发生在下沉不深时,导致偏斜的主要原因有以下几个方面:①沉井刃脚下土体表面松软,或制作场地、河底高低不平,软硬不均;②刃脚制作质量差,井壁与刃脚中线不重合;③抽垫方法欠妥,回填夯实不及时;④除土不均匀对称,使井孔内土面高度相差很多,下沉时有突沉和停沉现象;⑤刃脚遇障碍物顶住搁浅而未及时发现和处理,排土堆放不合理,或单侧受水流冲击淘空等导致沉井受力不对称。

纠正偏斜,通常可用除土、压重、顶部施加水平力或刃脚下支垫等方法处理,空气幕沉井也可采用单侧压气纠偏。若沉井倾斜,可在高侧集中除土、加重物,或用高压射水冲松土层,低侧回填砂石,必要时在井顶施加水平力扶正。若中心偏移则先除土,使井底中心向设计中心倾斜,然后在对侧除土,使沉井恢复竖立,如此反复至沉井逐步移近设计中心。当刃脚遇障碍物时,须先清除再下沉。如遇树根、大孤石或钢料铁件,排水施工时可人工排除,必要时用少量炸药(少于 200 g)炸碎。不排水施工时,可由潜水工进行水下切割或爆破。

2. 沉井难沉

在沉井下沉的中间阶段,可能会出现下沉困难的现象,即沉井下沉过慢或停沉。导致难沉的主要原因有以下几个方面:①开挖面深度不够,正面阻力大;②倾斜或刃脚下遇到障碍物、坚硬岩层和土层;③井壁摩擦阻力大于沉井自重;④井壁无减阻措施,或泥浆套、空气幕等遭到破坏。

解决难沉的措施主要是增加压重和减小井壁摩擦阻力。增加压重有以下几个方法:①提前接筑下节沉井,增加沉井自重;②在井顶加压沙袋、钢轨、铁块等重物迫使沉井下沉;③不排水下沉时,可井内抽水,减小浮力,迫使下沉,但需保证土体不产生流砂现象。减小井壁摩擦阻力的方法有:①将沉井设计成阶梯形、钟形,或使外壁光滑;②井壁内埋设高压射水管组,射水辅助下沉;③利用泥浆套或空气幕辅助下沉;④增大开挖范围和深度,必要时还可采用 0.1~0.2 kg 炸药起爆助沉,但同一沉井每次只能起爆一次,且需适当控制爆振次数。

3. 沉井突沉

在软土地基上进行沉井施工时,常发生沉井瞬间突然大幅度下沉的现象。引起突沉的主要原因是井壁摩擦阻力较小,当刃脚下土被挖除时,沉井支承削弱,或排水过多,除土太深、出现塑性流动等而导致突然下沉。防止突沉的措施一般是在设计沉井时增大刃脚踏面宽度,并使刃脚斜面的水平倾角不大于60°,必要时通过增设底梁的措施提高刃脚阻力。在软土地基上进行沉井施工时,控制井内排水、均匀挖土,控制刃脚附近挖土深度,刃脚下土不挖除,使刃脚切土下滑,

4. 流砂

在粉、细砂层中下沉沉井,经常出现流砂现象,若不采取适当措施将造成沉井严重倾斜。产生流砂的主要原因是土中动水压力的水头梯度大于临界值。应对流砂的措施有以下几点:①排水下沉时若发生流砂可向井内灌水,采取不排水除土,减小水头梯度;

②采用井点、深井或深井泵降水,降低井外水位,改变水头梯度方向使土层稳定,防止流砂发生。

5.4　沉井的设计与计算

沉井的设计与计算包括沉井作为整体深基础的计算和施工过程中的结构计算两大部分。设计计算前必须掌握以下有关资料:①上部或下部结构尺寸要求,基础设计荷载;②水文和地质资料(如设计水位、施工水位、冲刷线或地下水位标高,土的物理力学性质,施工过程中是否会遇障碍物等);③拟采用的施工方法(排水或不排水下沉,筑岛或防水围堰的标高等)。

沉井作为整体深基础设计,主要是根据上部结构特点、荷载大小及水文和地质情况,结合沉井的构造要求及施工方法,拟定出沉井埋深、高度和分节以及平面形状和尺寸,井孔大小及布置,井壁厚度和尺寸,封底混凝土和顶板厚度等,然后进行沉井基础的计算。

当沉井埋深较浅时可不考虑井侧土体横向抗力的影响,按浅基础计算;当埋深较大时,井侧土体的约束作用不可忽视,此时在验算地基应力、变形及沉井的稳定性时,应考虑井侧土体弹性抗力的影响,按刚性桩($ah<2.5$)计算内力和土抗力。但对泥浆套施工的沉井,只有采取了恢复侧面土约束能力措施后方可考虑。

一般要求沉井基础下沉到坚实的土层或岩层上,其作为地下结构物,荷载较小,地基的强度和变形通常不会存在问题。作为整体深基础,一般要求地基强度应满足

$$F+G \leqslant R_j + R_i \tag{5.1}$$

式中:F 为沉井顶面处作用的荷载,kN;G 为沉井的自重,kN;R_j 为沉井底部地基土的总反力,kN;R_i 为沉井侧面的总侧阻力,kN。

沉井底部地基土的总反力 R_j 等于该处土的承载力特征值 f_a 与支承面积 A 的乘积。即

$$R_j = f_a A \tag{5.2}$$

可假定井壁侧阻力沿深度方向呈梯形分布,距地面 5 m 范围内按三角形分布,5 m 以下为常数(图 5.9),故总侧阻力为

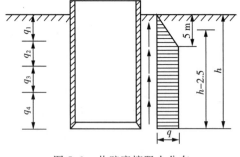

图 5.9　井壁摩擦阻力分布

$$R_f = U(h - 2.5)q \tag{5.3}$$

$$q = \sum q_i h_i / \sum h_i$$

式中:U 为沉井的周长,m;h 为沉井的入土深度,m;q 为单位面积侧阻加权平均值,kPa;h_i 为各土层厚度,m;q_i 为土层井壁单位面积侧阻力,根据实际资料或查表 5.1 选用。

表 5.1　土与井壁侧阻力 q 经验值　　　　单位:kPa

土的名称	土与井壁的侧阻力 q	土的名称	土与井壁的侧阻力 q
砂卵石	$18\sim30$	软塑及可塑黏性土、粉土	$12\sim25$
砂砾石	$15\sim20$	硬塑黏性土、粉土	$25\sim50$
砂土	$12\sim25$	泥浆套	$3\sim5$
流性土、粉土	$10\sim12$	—	

注:1. 本表适用于深度不超过 30 m 的深井。

2. 考虑井侧土体弹性抗力时,通常可作以下基本假定:(1)地基土为弹性变形介质,水平向地基系数随深度成正比例增加(即 m 法);(2)不考虑基础与土之间的黏着力和摩擦阻力;(3)沉井刚度与土的刚度之比视为无限大,横向力作用下只能发生转动而无挠曲变形。

根据基础底面的地质情况,可分为两种情况计算。

1. 非岩石地基(包括沉井立于风化岩层内和岩面上)

当沉井基础受到水平力 F_H 和偏心竖向力 $F_V(=F+G)$ 共同作用[图 5.10(a)]时,可将其等效为距基底作用高度为 λ 的水平力 F_H[图 5.10(b)],即

$$\lambda = \frac{F_V e + F_H l}{F_H} = \frac{\sum M}{F_H} \tag{5.4}$$

式中:$\sum M$ 为井底各力矩之和。

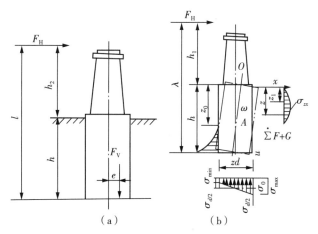

图 5.10　非岩石地基计算示意图

在水平力作用下,沉井将围绕位于地面下深度 z_0 处点 A 转动 ω 角[图 5.10(b)],地面下深度 z 处沉井基础产生的水平位移 Δx 和土的横向抗力 σ_{zx} 分别为

$$\Delta x = (z_0 - z)\tan\omega \tag{5.5}$$

$$\sigma_{zx} = \Delta x C_z (z_0 - z)\tan\omega \tag{5.6}$$

式中:z_0 为转动中心 A 离地面的距离;C_z 为深度 z 处水平向的地基系数,kN/m³($C_z = mz$,m 为地基土的比例系数,kN/m⁴)。将 C_z 值代入式(5.6)得

$$\sigma_{zx} = mz(z_0 - z)\tan\omega \tag{5.7}$$

即井侧水平压应力沿深度方向为二次抛物线变化。若考虑到基础底面处竖向地基系数 C_0 不变,则基底压力图形与基础竖向位移图相似。故

$$\sigma_{d/2} = C_0\delta_1 = C_0\frac{d}{2}\tan\omega \tag{5.8}$$

式中:C_0 为地基系数($C_0 = m_0h$,且不小于 $10m_0$,对岩石地基,其地基系数 C_0 不随岩层增深而增长,可按岩石饱和单轴抗压强度 f_{rc} 取值);d 为基底宽度或直径;m_0 为基底处竖向地基比例系数,kN/m^4(近似取 $m_0 = m$)。

上述各式中 z_0 和 ω 为两个未知数,根据图 5.10 可建立两个平衡方程式,即

$$\sum X = 0, F_H - \int_0^h \sigma_{zx}b_1\mathrm{d}z = F_H - b_1m\tan\omega\int_0^h z(z_0 - z)\,\mathrm{d}z = 0 \tag{5.9}$$

$$\sum M = 0, F_H h_1 = \int_0^h \sigma_{zx}b_1z\mathrm{d}z - \sigma_{d/2}W_0 = 0 \tag{5.10}$$

式中:b_1 为沉井的计算宽度;W_0 为基底的截面模量。 联立求解可得

$$z_0 = \frac{\beta b_1 h^2(4\lambda - h) + 6W_0 d}{2\beta b_1 h(3\lambda - h)} \tag{5.11}$$

$$\tan\omega = \frac{6F_H}{Amh} \tag{5.12}$$

式中:$A = \dfrac{\beta b_1 h^3 + 18W_0 d}{2\beta(3\lambda - h)}$;$\beta = \dfrac{C_h}{C_0} = \dfrac{mh}{m_0 h}$($\beta$ 为深度 h 处井侧水平地基系数与井底竖向地基系数的比值)。

将此代入上述各式可得以下各式:

井侧水平应力

$$\sigma_{zx} = \frac{6F_H}{Ah}z(z_0 - z) \tag{5.13}$$

基底边缘处压应力

$$\begin{cases} \sigma_{\max} = \dfrac{F_V}{A_0} + \dfrac{3F_H d}{A\beta} \\[2mm] \sigma_{\min} = \dfrac{F_V}{A_0} - \dfrac{3F_H d}{A\beta} \end{cases} \tag{5.14}$$

式中:A_0 为基底面积。

离地面或最大冲刷线以下深度 z 处基础截面上的弯矩(图 5.10)为

$$M_z = F_H(\lambda - h + z) - \int_0^z \sigma_{zx}b_1(z - z_1)\mathrm{d}z_1$$

$$= F_H(\lambda - h + z) - \frac{F_H b_1 z^3}{2hA}(2z_0 - z) \tag{5.15}$$

2. 岩石地基(基底嵌入基岩内)

若基底嵌入基岩内,在水平力和竖直偏心荷载作用下,可假定基底不产生水平位移,

其旋转中心 A 与基底中心重合，即 $z_0 = h$ （图 5.11），但在基底嵌入处将存在一水平阻力 p，若该阻力对 A 点的力矩忽略不计，取弯矩平衡可得

$$\tan\omega = \frac{F_H}{mhD} \tag{5.16}$$

其中 $D = \dfrac{b_1\beta h^3 + 6Wd}{12\lambda\beta}$。

横向抗力为

$$\sigma = (h-z)z\frac{F_H}{Dh} \tag{5.17}$$

基底边缘处压应力为

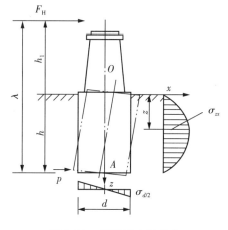

图 5.11　基底嵌入基岩内

$$\begin{cases} \sigma_{max} = \dfrac{F_V}{A_0} + \dfrac{F_H d}{2\beta D} \\[3mm] \sigma_{min} = \dfrac{F_V}{A_0} - \dfrac{F_H d}{2\beta D} \end{cases} \tag{5.18}$$

由 $\sum x = 0$ 可得嵌入处水平阻力 F_R 为

$$F_R = \int_0^h b_1\sigma_{zr}\,\mathrm{d}z - F_H = F_H\left(\frac{b_1 h^2}{6D} - 1\right) \tag{5.19}$$

地面以下深度 z 处基础截面上的弯矩为

$$M_z = F_H(\lambda - h + z) - \frac{b_1 F_H z^3}{12Dh}(2h-z) \tag{5.20}$$

还需注意，当基础仅受偏心竖向 F_V 作用时，$\lambda \to \infty$，上述公式均不能应用。此时，应以 $M_z = F_V e$ 代替式（5.10）中的 $F_H h_1$，同理可得上述两种情况下相应的计算公式。

3. 验算

（1）基底应力。要求基底最大压应力不应超过沉井底面处土的承载力特征值 f_{ah}，即

$$\sigma_{max} \leqslant f_{ah} \tag{5.21}$$

（2）井侧水平压应力验算。要求井侧水平压应力 σ_{zr} 应小于沉井周围土的极限抗力 $[\sigma_{zr}]$。计算时可以认为沉井在外力作用下产生位移时，深度 z 处沉井一侧产生主动土压力 E_a，而另一侧受到被动土压力 E_p 作用，故井侧水平压应力应满足

$$\sigma_{zr} \leqslant [\sigma_{zr}] = E_p - E_a \tag{5.22}$$

由朗金（Rankine）土压力理论可得

$$\sigma_{zr} \leqslant \frac{4}{\cos\varphi}(\gamma z\tan\varphi + c) \tag{5.23}$$

式中：γ 为土的重度；φ，c 为土的内摩擦角和黏聚力。

经验表明最大的横向抗力大致在 $z=h/3$ 和 $z=h$ 处，以此代入式(5.23)可得

$$\sigma_{\frac{h}{3}x} \leqslant \eta_1 \eta_2 \frac{4}{\cos\varphi}\left(\frac{\gamma h}{3}\tan\varphi + c\right) \tag{5.24}$$

$$\sigma_{hx} \leqslant \eta_1 \eta_2 \frac{4}{\cos\varphi}(\gamma h\tan\varphi + c) \tag{5.25}$$

$$\eta_2 = 1 - 0.8\frac{M_g}{M}$$

式中：$\sigma_{\frac{h}{3}x}$，σ_{hx} 为相应于 $z=h/3$ 和 $z=h$ 深度处土的水平压应力；η_1 为取决于上部结构形式的系数，一般取 1；η_2 为考虑恒荷载产生的弯矩 M_g 对总弯矩 M 的影响系数。

此外，根据需要还须验算结构顶部的水平位移及施工允许偏差的影响。

4. 沉井自重下沉验算

为保证沉井施工时能顺利下沉达设计标高，一般要求沉井下沉系数 K 满足

$$K = \frac{G}{R_f} \geqslant (1.15 \sim 1.25) \tag{5.26}$$

式中：G 为沉井自重，不排水下沉时应扣除浮力；R_f 为沉井侧面的总侧阻力。

若不满足上述要求，可加大井壁厚度或调整取土井尺寸，当不排水下沉达一定深度后改用排水下沉，增加附加荷载或射水助沉，或采取泥浆套、空气幕等措施。

5. 沉井抗浮稳定

当沉井封底后，达到混凝土设计强度，井内抽干积水时，沉井内部尚未安装设备或浇筑混凝土前，此时沉井为置于地下水中的一只空筒，应有足够的自重来抵抗浮力。此时沉井的抗浮稳定系数应满足

$$k = \frac{G + R_f}{P_w} \geqslant 1.05 \tag{5.27}$$

式中：k 为沉井抗浮稳定系数；P_w 为地下水对沉井的总浮力，kN。

5.5　地下连续墙

5.5.1　地下连续墙的类型

地下连续墙主要作为支挡结构，按其支护方式可以分为以下几种。

(1)自立式挡土墙。在开挖过程中，不需要设置锚杆或支撑等工作，但其应用范围受到开挖深度的限制，最大的自立高度与墙体厚度和地质条件(包括地下水位)有关，一般对于软土地层采用 600 mm 厚地下墙挖土，其自立高度的界限以控制在 4～5 m 为宜，特殊情况下，也可采用 T 形或 I 形断面的地下墙，以增加墙体抗弯能力。

(2)锚定式挡土墙。可使地下连续墙安全挡土高度加大，一般最为合理的是采用多层斜向锚杆，也可在地下墙墙顶附近设置拉杆和锚定墙。

（3）支撑式挡土墙。这种类型在工程上用得相当多，与钢板桩支撑相似，通常采用 H 型钢、实腹梁、钢管或桁架等构件作支撑；也常采用主体结构的钢筋混凝土梁兼作施工挡土支撑；或将结构梁和临时钢支撑相结合。当基坑开挖深度相当深时，还可采用多层支撑方式。

（4）逆作法挡土墙。常用于较深的多层地下室施工。利用地下主体结构梁板体系作为挡土结构支撑，逐层进行挖土，逐层进行梁、板、柱体系的施工。与此同时，以柱式承重基础承受上部结构重量，在基坑开挖过程中同时进行上部结构的施工。

5.5.2　地下连续墙设计

地下连续墙的墙体厚度宜按成槽机的规格，选取 600 mm、800 mm、1000 mm 或 1200 mm，"一"字形槽段长度宜取 4～6 m。当成槽施工可能对周边环境产生不利影响或槽壁稳定性较差时，应取较小的槽段长度，必要时，宜用搅拌桩对槽壁进行加固。地下连续墙的转角处或有特殊要求时，单元槽段的平面形状可采用 L 形、T 形等，地下连续墙的混凝土设计强度等级宜取 C30～C40。地下连续墙用于截水时，墙体混凝土抗渗等级不宜小于 P6，槽段接头应满足截水要求。当地下连续墙同时作为主体地下结构构件时，墙体混凝土抗渗等级应满足相关规范的要求。

地下连续墙的纵向受力钢筋应沿墙身每侧均匀配置，可按内力大小沿墙体纵向分段配置，但通长配置的纵向钢筋不应小于总数的 50%；纵向受力钢筋宜采用 HRB400 或 HRB500 级钢筋，直径不宜小于 16 mm，净间距不宜小于 75 mm。水平钢筋及构造宜选用 HRB300 或 HRB400 级钢筋，直径不宜小于 12 mm。冠梁按构造设置时，纵向钢筋伸入冠梁的长度宜取冠梁厚度。冠梁按结构受力构件设置时，墙身纵向受力钢筋伸入冠梁的锚固长度应符合现行国家标准《混凝土结构设计规范》对钢筋锚固的有关规定。当不能满足锚固长度的要求时，其钢筋末端可采取机械锚固措施。地下连续墙纵向受力钢筋的保护层厚度，在基坑内侧不宜小于 50 mm，在基坑外侧不宜小于 70 mm，钢筋笼端部与槽段接头之间、钢筋笼端部与相邻墙段混凝土面之间的间隙应不大于 150 mm，纵筋下端 500 mm 长度范围内宜按 1∶10 的斜度向内收口。

地下连续墙的槽段接头应按下列原则选用：①地下连续墙宜采用圆形锁口管接头、波纹管接头、楔形接头、"工"字形钢接头或混凝土预制接头等柔性接头。②当地下连续墙作为主体地下结构外墙且需要形成整体墙体时，宜采用刚性接头；刚性接头可采用"一"字形或"十"字形穿孔钢板接头、钢筋承插式接头等；当采取地下连续墙顶设置通长冠梁，墙壁内侧槽段接缝位置设置结构壁柱，基础底板与地下连续墙刚性连接等措施时，也可采用柔性接头。

地下连续墙墙顶应设置混凝土冠梁。冠梁宽度不宜小于墙厚，高度不宜小于墙厚的 0.6 倍。冠梁钢筋应符合现行国家标准《混凝土结构设计规范》对梁的构造配筋要求。冠梁用作支撑或锚杆的传力构件，或按空间结构设计时，还应按受力构件进行截面设计。

5.5.3　地下连续墙施工

地下连续墙的施工糅合了钻孔桩与沉井施工的主要工序，采用逐段施工方法，周而复始地进行。每段的施工过程,大致可以分为以下6步。

1. 开挖导槽,修筑导墙

导墙是为了控制地下连续墙的平面位置和尺寸准确,保护槽口,防止槽壁顶部坍塌,支撑施工设备和钢筋笼焊接接长时的荷载,蓄浆并调节液面,在地下连续墙成槽前,在连续墙两侧预先制作的钢筋混凝土或砖砌墙体。导墙一般用钢筋混凝土浇筑而成,导墙断面一般为"「"""」"或"["形,厚度一般为150~250 mm,深度为1.5~2.0 m,底部应坐落在原土层上,其顶面高出施工地面50~100 mm,并应高出地下水位1.5 m以上。两侧墙净距中心线与地下连续墙中心线重合。每槽段内的导墙应设一个以上的溢浆孔。导墙宜建在密实的黏性土地基上,如果遇特殊情况应妥善处理,导墙背后应使用黏性土分层回填并夯实,以防漏浆。现浇钢筋混凝土导墙拆模后,应立即在两片导墙间加支撑。

2. 泥浆护壁

泥浆的作用在于维护槽壁的稳定,防止槽壁坍塌、悬浮岩屑,以及冷却、润滑钻头。泥浆质量的好坏直接关系到成槽的速度和墙体质量。各施工阶段对泥浆的要求可参照表5.2控制。在施工期间,始终保持槽内泥浆面必须高于地下水位0.5 m,也不应低于导墙顶面0.3 m。

表5.2　泥浆控制要求

泥浆类型	漏斗黏度/ (Pa·s)	相对密度	pH 值	失水量/mL	含砂率/%	泥皮厚度/mm
再生泥浆	30~40	1.08~1.15	7.0~9.0	<15	<6	<2.0
成槽中泥浆	22~60	1.05~1.20	7.0~10.0	<20	可不测	可不测
清孔后泥浆	22~40	1.05~1.15	7.0~10.0	<15	<6	<2.0
劣化(废)浆	>60	>1.40	>14	>30	>10	>3.0

3. 槽段开挖

(1)应根据槽段开挖地的工程地质和水文地质条件、施工环境、设备能力、地下墙的结构尺寸及质量要求等选用挖槽机械。通常对于软弱地基,宜选用抓斗式挖槽机械;对于硬质地基,宜选用回转式或冲击式挖槽机械。

(2)挖槽前应预先将地下连续墙划分为若干个单元槽段,其平面形状可为"一"字形、L形、T形等。槽段长度应根据设计要求、土层性质、地下水情况、钢筋笼的重量、设备起吊能力、混凝土供应能力等确定。每单元槽段长度一般为3~7 m。

(3)挖槽过程中,应保持槽内始终充满泥浆,泥浆的使用方式应根据挖槽方式的不同而定,使用抓斗挖槽时,应采用泥浆静止方式,随着挖槽深度的增大,不断向槽内补充新鲜泥浆,使槽壁保持稳定。使用钻头或切削刀具挖槽时,应采用泥浆循环方式。用泵把泥浆通过管道压送到槽底,土渣随泥浆上浮至槽顶面排出的称为正循环;泥浆自然流入槽内,土渣被泵管抽吸到地面上的称为反循环。反循环排渣效率高,宜用于容积大的槽段开挖。

(4)槽段开挖完毕,应检查排位、槽深、槽宽及槽壁垂直度,并进行清底换浆,一般要求距槽底(设计标高)20 cm 处,泥浆相对密度应不大于 1.25,沉淀物淤积厚度要小于 200 mm,合格后尽快安装钢筋笼,浇筑混凝土。

4. 钢筋笼的制作与吊装

一般采用主、副钩配合起吊,主钩起吊钢筋笼中间,副钩起吊钢筋笼顶部,主、副钩同时工作,使钢筋笼逐渐离地面,并改变笼子的角度,直到垂直,将钢筋笼对准槽段的中心位置并缓缓入槽。

钢筋笼必须要有足够的刚度,一般是在钢筋笼中布设纵、横向桁架来解决。钢筋笼随着长度、宽度的不同,可分别采用 6 点、9 点、12 点、15 点等多种布点起吊形式。

5. 墙段接头施工

为了使各个墙段施工后连成一个整体,施工中必须采用一定形式的接头(缝)措施,地下连续墙墙段接头可采用钢管、预制混凝土管、钢板、型钢(H 型钢、槽钢、工字钢)等组成的接头构件,使相邻槽段紧密相接。其中接头管式由于施工简单可靠,是使用最多的一种形式,接头管式在成槽、清底后,即在其一侧插入直径大致与墙厚相同的接头管。在混凝土开始浇筑约 2 h 后,为防止接头管与一侧混凝土固结在一起,采用起重机和千斤顶从墙段内将接头管慢慢地拔出来。先每次拔出 10 cm,拔到 0.5~1.0 m,再每隔 30 min 拔出 0.5~1.0 m,最后根据混凝土顶端的凝结状态全部拔出。此时墙段端部在拔出接头管位置就形成了半圆形的榫槽。接头构件应能承受混凝土的压力,并要尽量长些,如果要分段连接,应做到连接部分的直径不能太粗,也不要把螺栓等突出来。

在单元槽段的接头部位插槽之后,对黏在接头表面的沉渣进行清除,采用带刃角的专业工具沿接头表面插入,将附着物清除,从而避免接头部位的混凝土强度降低和接头部位漏水现象。

6. 混凝土的浇筑

地下连续墙槽段的浇筑过程具有一般水下混凝土浇筑的施工特点,混凝土强度等级一般不低于 C20。混凝土的级配除应满足结构强度外,还要满足水下混凝土施工的要求,如流态混凝土的坍落度宜控制在 15~20 cm,混凝土具有良好的和易性和流动性等。

(1)地下连续墙混凝土是用导管在泥浆中灌注的,由于导管内混凝土密度大于导管外的泥浆密度,利用两者的压力差使混凝土从导管中流出,在管口附近一定范围内上升替换掉原来泥浆的空间。

(2)在混凝土浇筑过程中,导管下口插入混凝土深度应控制在 2~4 m,不宜过深或过浅。在浇灌过程中导管不能做横向运动,否则会使沉渣或泥浆混入混凝土内。混凝土要连续浇筑不能长时间中断。为保持混凝土的均匀性,混凝土搅拌好之后以 1.5 h 内浇筑完毕为原则,在夏天由于混凝土凝结较快,所以必须在搅拌好之后 1 h 内尽快浇完,否则应掺入适量的缓凝剂。

(3)浇注混凝土时,槽内混凝土面上升速度不应大于 2 m/h,在浇灌过程中要经常测量混凝土灌注量和上升高度,测量混凝土上升高度可用测锤。

5.5.4　地下连续墙的质量检验

地下连续墙的质量检验标准应符合表 5.3 的要求。

表 5.3　地下连续墙的质量检验标准

项目	序号	检查项目		允许偏差或允许值	检查方法
主控项目	1	墙体强度		设计要求	检查试件记录或取芯试压
	2	垂直度	永久结构	1/300	检测声波测槽仪或成槽机上的监测系统
			临时结构	1/150	
一般项目	1	导墙尺寸	宽度	$W+40$ mm	用钢尺量
			墙面平整度	<5 mm	
			导墙平面位置	±10 mm	
	2	沉渣厚度	永久结构	≤100 mm	重锤测或沉淀物测定仪测
			临时结构	≤200 mm	
	3	槽深		100 mm	重锤测
	4	混凝土坍落度		180~220 mm	坍落度测定器测
	5	钢筋笼尺寸		设计要求	见钢筋笼制作质量标准
	6	地下墙表面平整度	永久结构	<100 mm	此为均匀黏土层,松散及易坍土层由设计决定
			临时结构	<150 mm	
			插入式结构	<20 mm	
	7	永久结构时的预埋位置	永平向	≤10 mm	用钢尺量或水准仪测
			垂直向	≤20 mm	

注:W 为地下墙的厚度。

钢筋笼的制作偏差应符合表 5.4 的规定。

表 5.4　钢筋笼的制作标准

项目	序号	检查项目	允许偏差或允许值
主控项目	1	主筋间距	±10 mm
	2	长度	±100 mm
一般项目	1	箍筋间距	±20 mm
	2	直径	±10 mm

地下连续墙为全机械化施工,工效高、速度快、施工期短;混凝土浇筑无须支模和养护,成本低;可在沉井作业、板桩支护等难以实施的环境中进行无噪声、无振动施工;并可穿过各种土层进入基岩,无须采取降低地下水的措施。因此其可在密集建筑群中施工,尤其是用于两层以上地下室的建筑物时,配合"逆筑法"施工,更显出其独特的作用。

思考题与习题

5.1　何谓沉井基础?其适用于哪些场合?

5.2　与桩基础相比,沉井基础的荷载传递有何异同?

5.3　沉井基础的主要构成有哪几个部分？

5.4　工程中如何选择沉井的类型？

5.5　沉井作为整体深基础,其设计与计算应考虑哪些内容？

5.6　沉井在施工过程中应进行哪些验算？

5.7　沉井的设计与计算内容是什么？

5.8　什么叫作下沉系数？如果下沉系数达不到要求,应采取什么措施？

5.9　导致沉井倾斜的主要原因有哪些？如何有效纠偏？

5.10　为什么说地下连续墙在接缝处是抗弯、抗剪、防渗的薄弱环节？

5.11　如图 5.12 所示,已知作用在某桥墩矩形沉井基础基底中心的荷载 $N=$ 20000 kN,$H=160$ kN,$M=2400$ kN·m。沉井平面尺寸 $a=10$ m,$b=5$ m,沉井入土深度 $h=10$ m,已知基底黏土层承载力 $f=430$ kPa,试按浅基础及深基础两种方法分别验算其强度是否满足要求。如果已知沉井侧面黏性土的黏聚力 $c=15$ kPa,$\varphi=20°$,试验算地基的横向抗力是否满足要求。

5.12　如图 5.13 所示,某圆筒形钢筋混凝土沉井下沉深度 $H=14.5$ m,外径 $D=$ 18 m,内径 $d=16.4$ m,$\gamma=25$ kN/m³。下沉土层分为两层,上层为硬塑状粉质黏土,厚 5 m,井壁单位面积摩擦阻力 $f_1=30$ kPa;下层为可塑状黏土,厚 13 m,井壁单位面积摩擦阻力 $f_2=20$ kPa。试验算沉井下沉到顶部与地面齐平时下沉系数是否满足要求。

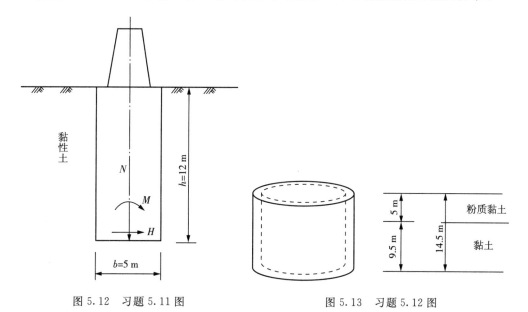

图 5.12　习题 5.11 图　　　　　　　　图 5.13　习题 5.12 图

第6章　基坑支护工程

6.1　基坑支护工程概述

6.1.1　基坑支护工程的概念及特点

基坑支护工程是指建(构)筑物基础工程或其他地下工程施工中所进行的基坑开挖、降水、支护和土体加固以及监测等综合性工程,是基础工程和地下工程中一个古老的传统课题。随着我国经济建设的高速发展,高层建筑地下室、地下商场、大型地铁车站、排水及污水处理系统、地下停车场等市政工程的建设推进了基坑工程的大力发展,同时也不断出现基坑工程新问题。

基坑支护工程的影响因素较多,与场地条件、土层情况、水文条件、施工管理、现场监测及相邻周边环境影响等密切相关,同时基坑工程涉及土力学中典型的强度、稳定性和变形等问题,是一个综合性岩土工程问题。基坑工程具有如下特点:

(1)基坑支护结构体系是临时结构,安全储备相对较小,风险性较大;

(2)基坑工程具有很强的区域性和个案性;

(3)基坑工程具有较强的时空效应;

(4)基坑工程是系统工程。

20世纪90年代以来,基坑工程在我国大范围涌现,目前又出现新的特点,主要表现在基坑面积不断增大,开挖深度不断加深,基坑场地紧凑,周边环境复杂敏感等。

6.1.2　基坑支护工程设计要求

1. 基坑支护工程要求

基坑支护工程应满足以下要求:

(1)保证基坑周边建(构)筑物、地下管线、道路的安全和正常使用;

(2)保证主体地下结构的施工空间。

2. 基坑支护设计安全等级

基坑支护工程设计应综合考虑基坑周边环境和地质条件的复杂程度、基坑深度等因素,按表6.1采用支护结构的安全等级。对同一基坑的不同部位,可采用不同的安全等级。

表 6.1　基坑侧壁安全等级重要性系数 γ_s

安全等级	破坏后果	重要性系数 γ_s
一级	支护结构破坏、土体失稳或过大变形对基坑周边环境及地下结构施工影响很严重	1.10
二级	支护结构破坏、土体失稳或过大变形对基坑周边环境及地下结构施工影响一般	1.00
三级	支护结构破坏、土体失稳或过大变形对基坑周边环境及地下结构施工影响不严重	0.90

注：有特殊要求的建筑基坑侧壁安全等级可根据具体情况另行确定。

3. 支护结构的水平位移监测

支护结构的水平位移是反映支护结构工作状况的直观数据，对监控基坑与基坑周边环境安全能起到相当重要的作用，是进行基坑工程信息化施工的主要监测内容。《建筑基坑支护技术规程》(JGJ 120—2012)(以下简称《基坑规程》)规定了支护结构的最大水平位移允许值，如表 6.2 所示。

表 6.2　支护结构的最大水平位移允许值

安全等级	支护结构的最大水平位移允许值	
	排桩、地下连续墙、放坡、土钉墙	钢板桩、深层搅拌桩
一级	$0.0025h$	—
二级	$0.0050h$	$0.0100h$
三级	$0.0100h$	$0.0200h$

注：h 为基坑深度，mm。

6.1.3　基坑工程设计内容

基坑工程设计应包括下列内容：
(1)支护结构方案技术经济比较；
(2)支护体系的稳定性验算；
(3)支护结构的承载力、稳定和变形计算；
(4)地下水控制设计。

6.2　基坑支护结构形式及适用范围

1. 放坡开挖与简易支护

放坡开挖是指采用合理的坡比进行开挖，适用于土质较好、开挖深度不大且具有足够放坡场所的工程，如图 6.1 所示。

采用人工放坡开挖时，须采取坡顶、坡脚和坡面降排水措施。对坡面须采取水泥砂浆抹面、喷浆或挂网喷混凝土等防护措施。

2. 悬臂式支护结构

悬臂式支护结构是指没有支撑和拉锚的板桩墙、排桩墙和地下连续墙等支护结构，如图 6.2 所示。悬臂式支护结构常采用钢筋混凝土排桩、木板桩、钢板桩、钢筋混凝土板桩、地下连续墙等形式。钢筋混凝土桩常采用人工挖孔桩、钻孔灌注桩、沉管灌注桩等。悬臂式支护结构依靠足够的入土深度和结构的抗弯能力来维持基坑稳定和结构安全，其对开挖深度很敏感，容易产生较大变形，只适用于土质较好、开挖程度较浅的基坑工程。在软土地区支护深度不宜大于 5 m。

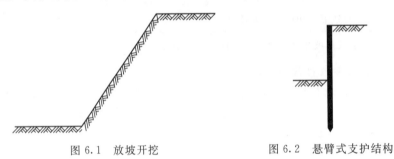

图 6.1　放坡开挖　　　　　　　　图 6.2　悬臂式支护结构

3. 重力式支护结构

重力式水泥土桩墙支护结构通常由水泥土桩组成。水泥土桩之间可互相咬合紧密排列，当基坑开挖深度较大时，常采用格栅式排列，如图 6.3 所示。重力式支护结构适合软土地区的基坑支护，支护深度不宜大于 6 m。

（a）普通重力式支护结构剖面图　　　（b）格栅重力式结构平面图

图 6.3　水泥土重力式支护结构

4. 内撑式支护结构

内撑式支护结构由挡土结构和支撑结构两部分组成，如图 6.4(a)、(b)所示。挡土结构常采用排桩和地下连续墙，具有挡土和止水功能。支撑结构包括内支撑、围檩和立柱

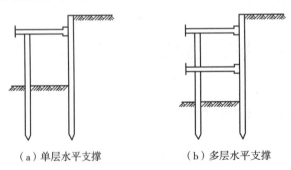

（a）单层水平支撑　　　　　　　（b）多层水平支撑

图 6.4　内撑式支护结构

等构件,具有维持支护结构平衡的作用。支撑结构有水平支撑和斜支撑两种。内支撑常采用钢筋混凝土梁、钢管、型钢等形式。内支撑支护结构适合各种地基土层和基坑深度,但会占用一定的施工空间。

5. 拉锚式支护结构

拉锚式支护结构由挡土结构和锚杆组成。挡土结构通常是支护桩或墙,同样采用钢筋混凝土桩、钢板桩或地下连续墙。锚杆通常有地面拉锚和土层锚杆两种。地面拉锚需要足够的场地设置锚桩和锚固装置,如图 6.5(a)所示。土层锚杆需要地基土提供较大锚固力,如图 6.5(b)所示,因而多用于砂土地基或黏土地基,不宜用于软黏土地层中。

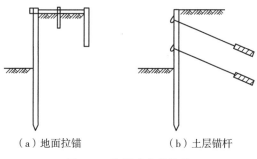

（a）地面拉锚　　　　　　　（b）土层锚杆

图 6.5　拉锚式支护结构

6. 土钉墙支护结构

土钉墙支护结构是由被加固的原位土体、土钉和喷射混凝土面板组成,如图 6.6 所示。土钉墙支护结构适合地下水位以上的黏性土、砂土和碎石土地基,不适合淤泥或淤泥质土层。

需要注意的是,土层锚杆支护与土钉支护有些类似,但是二者支护的机理是不同的。土钉支护是在土体中全孔长内注浆与周围土体胶结,不需要施加预应力,具有挤密加筋作用;而土层锚杆有严格的锚固段与自由段,锚固段设在土体滑动面之外的土层性质较好的区域,采用压力注浆,自由段设在滑动面之内,全段不注浆,锚杆一般实施预应力张拉。或者说土钉支护是增强或提高原有土体的强度,而锚杆支护是将不良土或存在危险的土固定在良好岩土上。

7. 其他形式支护结构

其他支护结构形式主要包括双排桩支护结构(图 6.7)、连拱式支护结构(图 6.8)、逆作拱墙支护结构、加筋水泥土拱墙支护结构,以及各种组合支护结构。

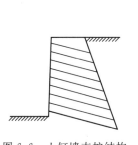

图 6.6　土钉墙支护结构

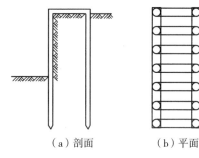

（a）剖面　　　　　（b）平面

图 6.7　双排桩支护结构

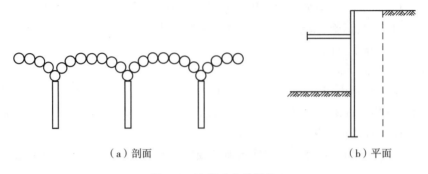

（a）剖面　　　　　　（b）平面

图 6.8　连拱式支护结构

6.3　支护结构上的荷载计算

计算作用在支护结构上的水平荷载时，应考虑下列因素：

（1）基坑内外土的自重（包括地下水）；

（2）基坑周边既有和在建的建（构）筑物的荷载；

（3）基坑周边施工材料和设备的荷载；

（4）基坑周边道路车辆的荷载；

（5）冻胀、温度变化及其他因素产生的作用。

6.3.1　土、水压力计算

基坑支护工程中的土、水压力计算，常采用以朗肯土压力理论为基础的计算方法（图6.9），按照《基坑规程》，根据不同的土性和施工条件，可分为水土分算和水土合算两种方法。

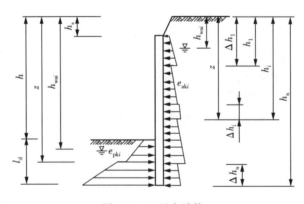

图 6.9　土压力计算

（1）水土分算法。水土分算就是分别计算土压力和水压力，以两者之和作为总侧压力。水土分算适用于土孔隙中存在自由重力水或土的渗透性较好的情况，一般适用于碎石土和砂土，这些土无黏聚性或呈弱黏聚性，地下水在土颗粒间容易流动，自由重力水对土颗粒产生孔隙水压力。

采用水土分算法计算土压力的公式为

$$e_{aki} = \left[\sigma_k + \sum_{j=1}^{i} \gamma_j \Delta h_j - (z - h_{wai}) \gamma_w \right] K_{ai} - 2c_i \sqrt{K_{ai}} + (z - h_{wai}) \gamma_w \qquad (6.1)$$

$$e_{pki} = \left[\sum_{j=1}^{i} \gamma_j \Delta h_j - (z - h_{wpi}) \gamma_w \right] K_{pi} + 2c_i \sqrt{K_{pi}} + (z - h_{wpi}) \gamma_w \qquad (6.2)$$

式中：e_{aki} 为支护结构外侧任意深度 z 处第 i 层土的主动土压力强度标准值；e_{pki} 为支护结构内侧任意深度 z 处第 i 层土的被动土压力强度标准值；z 为计算点距离地面的深度；γ_w 为地下水的重度，取 10 kN/m^3；γ_j 为第 j 层土的天然重度；Δh_j 为第 j 层土的厚度，对第 j 层土，其厚度由该层土的顶面取至计算点深度 z 处；σ_k 为由支护结构外侧建筑物的基底压力、施工材料与设备的质量、车辆的质量等附加荷载引起的深度 z 处的附加竖向应力标准值；K_{ai} 为第 i 层的主动土压力系数；K_{pi} 为第 i 层的被动土压力系数，计算被动土压力时，基坑面所在的第 i 层土的厚度从基坑面向下算起；c_i 为第 i 层土的黏聚力；h_{wai} 为基坑外侧第 i 层土中地下水水位距地面的深度；h_{wpi} 为基坑内侧第 i 层土中地下水水位距地面的深度。

注：按以上公式计算的主动土压力强度 $e_{aki} < 0$ 时，应取 $e_{aki} = 0$。

（2）水土合算法。地下水位以下的水压力和土压力，按有效应力原理分析时应分开计算。水土分算法虽然概念比较明确，但实际使用中存在一些困难，特别是对黏性土，水压力取值的难度大，土压力计算还应采用有效应力抗剪强度指标，在实际工程中往往难以解决。因此很多情况下黏性土往往采用总应力法计算土压力，也有了一定的工程实践经验。

采用总应力法计算土压力的公式为

$$e_{aki} = \left(\sigma_k + \sum_{j=1}^{i} \gamma_j \Delta h_j \right) K_{ai} - 2 c_i \sqrt{K_{ai}} \qquad (6.3)$$

$$K_{ai} = \tan^2 \left(45° - \frac{\varphi_i}{2} \right) \qquad (6.4)$$

$$e_{pki} = \left(\sum_{j=1}^{i} \gamma_j \Delta h_j \right) K_{pi} + 2 c_i \sqrt{K_{pi}} \qquad (6.5)$$

$$K_{pi} = \tan^2 \left(45° + \frac{\varphi_i}{2} \right) \qquad (6.6)$$

式中：φ_i 为第 i 层土的内摩擦角。

6.3.2　附加竖向应力标准值计算

（1）当支护结构外侧地面荷载的作用面积较大时，可按均布荷载考虑。此时，支护结构外侧任意深度 z 处的附加竖向应力标准值 σ_k 可按下式计算（图 6.10）：

$$\sigma_k = q_0 \qquad (6.7)$$

式中：q_0 为地面均布荷载标准值。

（2）当支护结构外侧地面下深度 d 处作用有条形、矩形基础荷载时，支护结构外侧任意深度 z 处的附加竖向应力标准值可按式（6.8）计算，如图 6.11 所示。

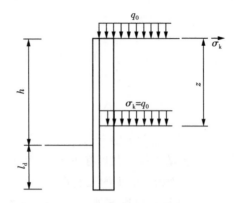

图 6.10　半无限均布地面荷载附加竖向应力

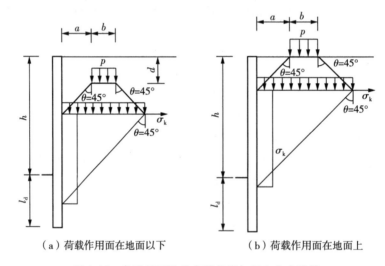

（a）荷载作用面在地面以下　　　　　（b）荷载作用面在地面上

图 6.11　条形（矩形）均布荷载附加竖向应力计算

① 当 $d+a \leqslant z \leqslant d+(3a+b)$ 时,对于条形基础:

$$\sigma_k = (p-\gamma d)\frac{b}{2a} \tag{6.8}$$

式中:p 为基础下基底压力的标准值;d 为基础埋置深度;γ 为基础底面以上土的平均天然重度;b 为条形基础的宽度;a 为支护结构至条形基础的距离。

对于矩形基础:

$$\sigma_k = (p-\gamma d)\frac{bl}{(b+2a)(l+2a)} \tag{6.9}$$

式中:b 为与基础边垂直方向上矩形基础的宽度;l 为与基础边平行方向上矩形基础的长度。

② 当 $z<d+a$ 或 $z>d+(3a+6)$ 时,取 $\sigma_k=0$。

（3）对作用在地面上的条形荷载、矩形荷载,可按上述公式计算附加竖向应力标准值 σ_k,但应取 $d=0$。

6.4　排桩与地下连续墙支护结构

排桩、地下连续墙的结构设计主要是计算主动土压力和被动土压力,确定计算简图,其中嵌固深度的计算至关重要。通过内力计算得出支护桩或墙的最大弯矩,然后进行支护桩或墙的截面设计及配筋计算。

6.4.1　悬臂式桩墙计算

对悬臂式支护桩墙的嵌固深度,主要按抗倾覆稳定条件确定,其嵌固深度应符合下式嵌固稳定性的要求。

$$\frac{E_{pk}Z_{pl}}{E_{ak}Z_{al}} \geqslant K_e \tag{6.10}$$

式中:K_e 为嵌固稳定安全系数,安全等级为一级、二级、三级的悬臂式支挡结构,K_e 分别不应小于 1.25,1.2,1.15;E_{ak},E_{pk} 分别为基坑外侧主动土压力合力的标准值、基坑内侧被动土压力合力的标准值,kN;Z_{al},Z_{pl} 分别为基坑外侧主动土压力合力作用点至挡土构件底端的距离、基坑内侧被动土压力合力作用点至挡土构件底端的距离,m。

对悬臂式构件,除应满足上式规定外,嵌固深度还不宜小于 $0.8h$(h 为基坑深度)。

对于悬臂式支护结构的内力计算可采用静力平衡条件确定,结构截面最大弯矩应在剪力为零处,最大剪力处应满足弯矩为零,由此可计算截面最大弯矩 M_c 和最大剪力 V_c。

如图 6.12 所示,假设结构上某截面满足以下条件

$$\sum E_{ak} = \sum E_{pk} \tag{6.11}$$

则该截面上的弯矩即为最大弯矩,其值为

$$M_c = Z_{al} \sum E_{ak} - Z_{pl} \sum E_{pk} \tag{6.12}$$

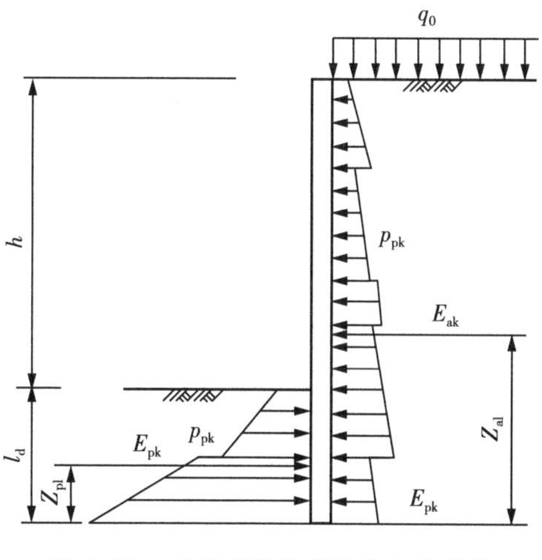

图 6.12　悬臂式结构嵌固稳定性验算

同样假设结构上某截面满足以下条件

$$Z_{a1} \sum E_{ak} = Z_{p1} \sum E_{pk} \qquad (6.13)$$

则该截面上的剪力即为最大剪力，其值为

$$V_c = \sum E_{ak} - \sum E_{pk} \qquad (6.14)$$

在计算得到截面最大弯矩和最大剪力后，按下列公式计算弯矩和剪力设计值，并由设计值进行截面承载力计算。

$$M = 1.25 \gamma_0 M_c \qquad (6.15)$$

$$V = 1.25 \gamma_0 V_c \qquad (6.16)$$

【例6.1】 某基坑开挖深度 $h = 6.0$ m。土层重度 $\gamma = 20$ kN/m^3，内摩擦角 $\varphi = 20°$，黏聚力 $c = 10$ kPa，地面堆载 $q_0 = 10$ kPa。现采用悬臂式桩墙支护，试确定桩的最小长度和最大弯矩。

解 沿支护桩墙长度方向取 1 m 进行计算，有

主动土压力系数

$$K_a = \tan^2\left(45° - \frac{\varphi}{2}\right) = \tan^2\left(45° - \frac{20°}{2}\right) = 0.49$$

被动土压力系数

$$K_p = \tan^2\left(45° + \frac{\varphi}{2}\right) = \tan^2\left(45° + \frac{20°}{2}\right) = 2.04$$

临界深度

$$z_0 = \frac{1}{\gamma}\left(\frac{2c}{\sqrt{K_a}} - q_0\right) = \frac{1}{20}\left(\frac{2 \times 10}{\sqrt{0.49}} - 10\right) \text{ m} = 0.93 \text{ m}$$

基坑开挖底面处土压力强度

$$e_a = [q_0 + \gamma h]K_a - 2c\sqrt{K_a}$$

$$= \left[(10 + 20 \times 6) \times 0.49 - 2 \times 10 \times \sqrt{0.49}\right] \text{ kPa} = 49.7 \text{ kPa}$$

$$e_p = \gamma z K_p + 2c\sqrt{K_p} = (20 \times 0 \times 2.04 + 2 \times 10 \times \sqrt{2.04}) \text{ kPa} = 28.57 \text{ kPa}$$

基坑支护安全等级为二级，设所需嵌固深度为 l_d，由式(6.10)，得

$$\frac{1}{6}\gamma K_p l_d^3 + c l_d^2 \sqrt{K_p} \geqslant K_e \frac{1}{6}(h + l_d - z_0)^2 \left\{[q_0 + \gamma(h + l_d)]K_a - 2c\sqrt{K_a}\right\}$$

即

$$\frac{1}{6} \times 20 \times 2.04 \times l_{d}^{3} + 10 \times l_{d}^{2} \times \sqrt{2.04} \geqslant$$

$$1.2 \times \frac{1}{6} \times (6 + l_{d} - z_{0})^{2} \times \left\{ [10 + 20 \times (6 + l_{d})] \times 0.49 - 2 \times 10 \sqrt{0.49} \right\}$$

$$4.84 l_{d}^{3} - 15.53 l_{d}^{2} - 151.17 l_{d} - 255.5 \geqslant 0$$

即嵌固深度 $l_{d} = 7.96$ m，取 $l_{d} = 8$ m，得到总桩长为 14 m。

设剪力为零处与基坑底面距离为 d，由式(6.11)得

$$\frac{1}{2}(h + d - z_{0})\left\{ [q_{0} + \gamma(h + d)]K_{a} - 2c\sqrt{K_{a}} \right\} = \frac{1}{2}\gamma K_{p}d^{2} + 2cd\sqrt{K_{p}}$$

即

$$\frac{1}{2}(6 + d - z_{0})\left\{ [10 + 20 \times (6 + d)] \times 0.49 - 2 \times 10\sqrt{0.49} \right\} =$$

$$\frac{1}{2} \times 20 \times 2.04 d^{2} + 2 \times 10 \times d\sqrt{2.04}$$

$$15.5 d^{2} - 21.12 d - 125.99 = 0$$

可得到 $d = 3.61$ m。

由式(6.12)，得最大弯矩为

$$M_{c} = \frac{1}{6}(h + d - z_{0})^{2}\left\{ [q_{0} + \gamma(h + d)]K_{a} - 2c\sqrt{K_{a}} \right\} - \frac{1}{6}\gamma K_{p}d^{3} - cd^{2}\sqrt{K_{p}}$$

$$= \frac{1}{6} \times (6 + 3.61 - 0.93)^{2} \times \left\{ [10 + 20 \times (6 + 3.61)] \times 0.49 - 2 \times 10\sqrt{0.49} \right\}$$

$$- \frac{1}{6} \times 20 \times 2.04 \times 3.61^{3} - 10 \times 3.61^{2}\sqrt{2.04}$$

$$= 562.28 \ (kN \cdot m)$$

6.4.2　单支点支护结构计算

1. 入土较浅时单支点桩墙的计算

当桩墙的嵌固深度不太深时，在土体内未形成嵌固作用，桩墙上端承受拉锚或支撑水平作用力，可认为支点处无水平移动而简化为简单支撑点，下端受到土体自由支撑。

(1)嵌固深度确定。单层锚杆和单层支撑的支挡式结构的嵌固深度应符合式(6.17)所示的嵌固稳定性的要求(图 6.13)。

$$\frac{E_{pk}Z_{p2}}{E_{ak}Z_{a2}} \geqslant K_{e} \tag{6.17}$$

式中：K_{e} 为嵌固稳定安全系数，安全等级为一级、二级、三级的锚拉式支挡结构和支撑式支挡结构，K_{e} 分别不应小于 1.25、1.2、1.15；Z_{a2}，Z_{p2} 分别为基坑外侧主动土压力合力作

用点至支点的距离、基坑内侧被动土压力合力作用点至支点的距离,m。

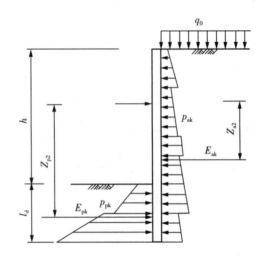

图 6.13　单支点锚拉式支挡结构

对单支点支护构件,除应满足上式规定外,嵌固深度还不宜小于 $0.3h$。

(2)支点处的水平力根据水平力平衡条件求出。由

$$T_a = \sum E_{ak} - \sum E_{pk} \tag{6.18}$$

求得每延米上的支撑反力值,再乘以拉锚(支撑)间距即可求得单根拉锚(支撑)轴力。

(3)最大弯矩求解。最大弯矩截面处位于剪力为零处,设从桩墙顶端往下 y 处剪力为零,当黏聚力 $c = 0$ 时,则

$$\frac{1}{2}\gamma K_a y^2 + q_0 K_a y - T_a = 0 \tag{6.19}$$

由此可求出最大弯矩

$$M_c = \frac{1}{2}q_0 K_a y^2 + \frac{1}{6}\gamma K_a y^3 - T_a(y - h_0) \tag{6.20}$$

2. 入土较深时单支点桩墙支护结构计算

支护桩墙的嵌固深度较大时桩墙底端向外侧移动,桩墙前后均出现被动土压力,支护桩墙处于弹性嵌固状态,相当于上端简支下端嵌固的超静定梁。工程设计常采用等值梁法。

等值梁法的计算原理如图 6.14 所示。图中梁一端固定另一端简支,弯矩的反弯点在 c 点,该点弯矩为零。如果在 c 点切开,并于 c 点设置简单支撑,这样 ac 段内的弯矩保持不变,由此,简支梁 ac 称为图中 ab 梁 ac 段的等值梁。

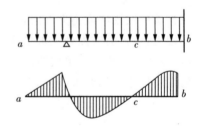

图 6.14　等值梁法基本原理

（1）采用等值梁法的关键是确定反弯点位置，由于单层支点支护结构的反弯点位置与土压力强度零点很接近，工程上通常取反弯点位置位于基坑底面以下水平荷载标准值与水平抗力标准值相等处，即

$$p_{ak} = p_{pk} \tag{6.21}$$

（2）由等值梁平衡方程计算支点反力（图 6.15）。

$$T_a = \frac{h_{a1} \sum E_{ak} - h_{p1} \sum E_{pk}}{h_T + h_c} \tag{6.22}$$

式中：h_{a1} 为合力 $\sum E_{ak}$ 作用点至设定弯矩零点的距离；h_{p1} 为合力 $\sum E_{pk}$ 作用点至设定弯矩零点的距离；h_T 为支点至基坑底面的距离；h_c 为基坑底面至设定弯矩零点位置的距离。

（3）根据抗倾覆稳定条件，并令抗倾覆安全系数为 1.2，嵌固深度应满足下式（图 6.16）。

$$h_p \sum E_{pk} + T_a(h_T + l_d) - 1.2 h_a \sum E_{ak} \geqslant 0 \tag{6.23}$$

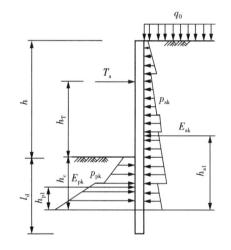

图 6.15　支点力计算简图

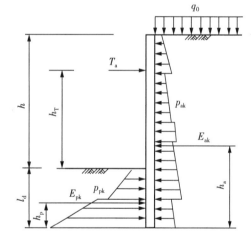

图 6.16　嵌固深度计算简图

【例 6.2】　某基坑开挖深度 $h = 8.0$ m，为单支点桩锚支护结构，支点距离顶面 $h_0 = 1.0$ m，支点水平距离 $S_h = 2.0$ m。地基土层重度 $\gamma = 18$ kN/m³，内摩擦角 $\varphi = 28°$，黏聚力 $c = 0$，地面堆载 $q_0 = 20$ kPa。试用等值梁法计算桩墙的入土深度、支点力和最大弯矩。

解　取桩墙长度方向 1 延米作为计算单元。

主动土压力系数

$$K_a = \tan^2\left(45° - \frac{\varphi}{2}\right) = \tan^2\left(45° - \frac{28°}{2}\right) = 0.36$$

被动土压力系数

$$K_p = \tan^2\left(45° + \frac{\varphi}{2}\right) = \tan^2\left(45° + \frac{28°}{2}\right) = 2.77$$

墙后地面处土压力强度

$$e_{a1} = (q_0 + \gamma h)K_a - 2c\sqrt{K_a} = \left[(20 + 18 \times 0) \times 0.36 - 2 \times 0 \times \sqrt{0.36}\right] \text{ kPa} = 7.2 \text{ kPa}$$

墙后基坑底面土压力强度

$$e_{a2} = \left[(20 + 18 \times 8) \times 0.36 - 2 \times 0 \times \sqrt{0.36}\right] \text{ kPa} = 59.04 \text{ kPa}$$

假定土压力零点位置即反弯点处位于基坑底面以下 h_c 深度，由式(6.21)得

$$\gamma h_c K_p + 2c\sqrt{K_p} = \left[q_0 + \gamma(h + h_c)\right]K_a - 2c\sqrt{K_a}$$

$$18 \times h_c \times 2.77 = \left[20 + 18(8 + h_c)\right] \times 0.36$$

于是，可求得 $h_0 = 1.36$ m。

由等值梁平衡方程计算支点反力，由式(6.22)得

$$T_a = \frac{h_{a1}\sum E_{ak} - h_{p1}\sum E_{pk}}{h_T + h_c}$$

$$= \frac{7.2 \times \frac{1}{2} \times (8 + 1.36)^2 + \frac{1}{6} \times (8 + 1.36)^2 \times (18 \times 9.36 \times 0.36)}{7 + 1.36}$$

$$\qquad\qquad\qquad - \frac{1}{6} \times 1.36^2 \times (18 \times 1.36 \times 2.77)$$

$$= 141.16 \text{ (kN)}$$

于是，支点水平锚固拉力 $R_a = S_h \times T_a = 2 \times 141.16 \text{ kN} = 282.32 \text{ kN}$。

根据抗倾覆稳定条件，求解嵌固深度，由式(6.23)得

$$h_p\sum E_{pk} + T_a(h_T + l_d) - 1.2h_a\sum E_{ak} \geqslant 0$$

$$\frac{1}{6}\gamma l_d^3 K_p + T_a(h_T + l_d) - 1.2\left[q_0 K_a \frac{1}{2}(h + l_d)^2 + \frac{1}{6}\gamma(h + l_d)^3 K_a\right] \geqslant 0$$

$$\frac{1}{6} \times 18 \times l_d^3 \times 2.77 + 141.16(7 + l_d)$$

$$- 1.2 \times \left[20 \times 0.36 \times \frac{1}{2}(8 + l_d)^2 + \frac{1}{6} \times 18 \times (8 + l_d)^3 \times 0.36\right] \geqslant 0$$

$$7.014l_d^3 - 35.42l_d^2 - 176.79l_d + 48.09 \geqslant 0$$

于是，可求得 $l_d = 8.07$ m，桩的最小长度取 16 m。

根据最大弯矩截面的剪力等于零，设剪力为零点距离地面 u，则

$$T_a - q_0 u K_a - \frac{1}{2}\gamma u^2 K_a = 0$$

$$141.16 - 20 \times 0.36u - \frac{1}{2} \times 18 \times 0.36u^2 = 0$$

$$3.24u^2 + 7.2u - 141.16 = 0$$

于是,可求得 $u = 5.58$ m。

最大弯矩为

$$M = (282.32 \times (5.58 - 1) - \frac{1}{2} \times 20 \times 0.36 \times 5.58^2 \times 2$$

$$- \frac{1}{6} \times 18 \times 0.36 \times 5.58^2 \times 2) \; \text{kN} \cdot \text{m}$$

$$= 693.56 \; \text{kN} \cdot \text{m}$$

6.5　重力式水泥土墙支护结构

6.5.1　概述

重力式水泥土墙支护结构是以水泥系材料为固化剂,通过搅拌或高压旋喷机械将固化剂与土体强行搅拌,形成具有一定宽度和嵌固深度的水泥土桩挡土墙,以承受水土压力,水泥土桩相互搭接形成壁状、锯齿状、格栅状等形式的重力结构,如图 6.17 所示。重力式水泥土墙既可以独立作为一种支护形式,又可以与混凝土灌注柱、预制桩、钢板桩等形成组合式支护结构,还可以作为其他支护方式的止水帷幕。

基坑开挖深度越大,墙体的侧向位移就越大,设计所需要的墙体宽度就越宽,造价也就越高,根据工程经验,当基坑开挖深度不超过 7 m 时,可采用重力式水泥土墙。

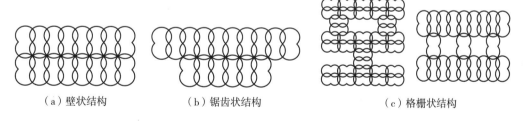

（a）壁状结构　　　　　　（b）锯齿状结构　　　　　　（c）格栅状结构

图 6.17　水泥土墙平面布置形式

6.5.2　水泥土墙计算

重力式水泥土墙的计算包括抗倾覆稳定、抗滑移稳定、整体稳定、抗隆起稳定、抗渗透稳定、桩体强度、基底地基承载力等。确定水泥土墙的嵌固深度时,可采用整体稳定、抗隆起及抗渗透稳定验算。

1. 嵌固深度计算

重力式水泥土墙的嵌固深度计算与多层支点桩墙嵌固深度的计算,宜按圆弧滑动条分法进行确定(图 6.18)。

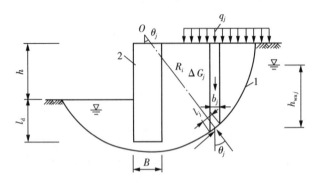

图 6.18　整体滑动稳定性验算

(1)整体稳定性验算

$$\min\{K_{s1}, K_{s2}, \cdots, K_{si}, \cdots\} \geqslant K_s \tag{6.24}$$

$$K_{si} = \frac{\sum\{c_i l_j + [(q_j b_j + \Delta G_j)\cos\theta_j - u_j l_i]\tan\varphi_j\}}{\sum(q_j b_j + \Delta G_j)\sin\theta_j} \tag{6.25}$$

式中:K_s 为圆弧滑动稳定安全系数,其值不应小于 1.3;K_{si} 为第 i 个圆弧滑动体的抗滑力矩与滑动力矩的比值,其最小值宜通过搜索潜在滑动圆弧确定;c_j 为第 j 土条滑弧面处土的黏聚力,kPa;φ_j 为第 j 土条滑弧面处土的内摩擦角,(°);b_j 为第 j 土条的宽度,m;θ_j 为第 j 土条滑弧面中点处的法线与垂直面的夹角,(°);l_j 为第 j 土条滑弧长度,取 $l_j = b_j/\cos\theta_j$;q_j 为作用在第 j 土条上的附加分布荷载标准值,kPa;ΔG_j 为第 j 土条的自重,kN(按天然重度计算;分条时,水泥土墙可按土体考虑);u_j 为第 j 土条滑弧面上的孔隙水压力,kPa(对地下水位以下的砂土、碎石土、粉土,当地下水是静止的或渗流水力梯度可忽略不计时,在基坑外侧,可取 $u_j = \gamma_w h_{waj}$;在基坑内侧,可取 $u_j = \gamma_w h_{wpj}$;对地下水位以上的各类土和地下水位以下的黏性土,取 $u_j = 0$);γ_w 为地下水重度,kN/m³;h_{waj} 为基坑外侧第 j 土条滑弧面中点的压力水头,m;h_{wpj} 为基坑内侧第 j 土条滑弧面中点的压力水头,m。

　　计算时选择的各计算滑动面应通过墙体嵌固端或在墙体以下,当墙底以下存在软弱下卧土层时,稳定性验算的滑动面中还应包括由圆弧与软弱土层层面组成的复合滑动面。

　　(2)抗隆起稳定性验算

重力式水泥土墙,其嵌固深度应满足坑底隆起稳定性要求。

　　(3)抗渗流稳定验算

抗渗流稳定性验算可参考式(6.42)和式(6.43)。

　　2. 墙体厚度计算

　　(1)抗倾覆稳定性验算

重力式水泥土墙墙体厚度宜根据抗倾覆极限平衡条件来确定(图 6.19):

$$\frac{E_{pk}a_p+(G-u_mB)a_G}{E_{ak}a_a}\geqslant K_{ov} \tag{6.26}$$

式中:K_{ov}为抗倾覆稳定安全系数,其值不应小于 1.3;G 为水泥土墙的自重,kN/m;E_{ak},E_{pk} 分别为作用在水泥土墙上的主动土压力标准值、被动土压力标准值,kN/m;u_m 为水泥土墙底面上的水压力,kPa(水泥土墙底面在地下水位以下时,可取 $u_m=\gamma_w(h_{wa}+h_{wp})/2$,在地下水位以上时,取 $u_m=0$);h_{wa} 为基坑外侧水泥土墙底处的水头高度,m;h_{wp} 为基坑内侧水泥土墙底处的水头高度,m;a_a 为水泥土墙外侧主动土压力合力作用点至墙趾的竖向距离,m;a_p 为水泥土墙内侧被动土压力合力作用点至墙趾的竖向距离,m;a_G 为水泥土墙自重与墙底水压力合力作用点至墙趾的水平距离,m;B 为水泥土墙的底面宽度,m。

(2)抗滑移稳定性验算

抗滑移稳定应符合下式规定(图 6.20)。

$$\frac{E_{pk}+(G-u_mB)\tan\varphi+cB}{E_{ak}}\geqslant K_{sl} \tag{6.27}$$

式中:K_{sl}为抗滑移稳定安全系数,其值不应小于 1.2;c 为水泥土墙底面下土层的黏聚力,kPa;φ 为水泥土墙底面下土层的内摩擦角,(°)。

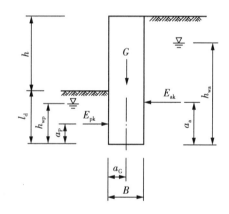

图 6.19 抗倾覆稳定性验算

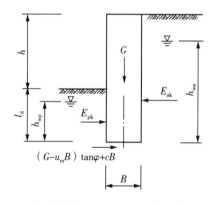

图 6.20 抗滑移稳定性验算

3. 正截面承载力计算

重力式水泥土墙墙体的正截面应力应符合下列规定:

拉应力

$$\frac{6M_i}{B^2}-\gamma_{cs}z\leqslant0.15f_{cs} \tag{6.28}$$

压应力

$$\gamma_0\gamma_F\gamma_{cs}z+\frac{6M_i}{B^2}\leqslant f_{cs} \tag{6.29}$$

剪应力

$$\frac{E_{aki}-\mu G_i-E_{pki}}{B}\leqslant\frac{1}{6}f_{cs} \tag{6.30}$$

式中：M_i 为水泥土墙验算截面的弯矩设计值，$kN \cdot m/m$；B 为验算截面处水泥土墙的宽度，m；γ_{cs} 为水泥土墙的重度，kN/m^3；z 为验算截面至水泥土墙顶的垂直距离，m；f_{cs} 为水泥土开挖龄期时的轴心抗压强度设计值，kPa（应根据现场试验或工程经验确定）；γ_F 为荷载综合分项系数；E_{aki}，E_{pki} 分别为验算截面以上的主动土压力标准值、被动土压力标准值，kN/m（验算截面在基底以上时，取 $E_{pki}=0$）；G_i 为验算截面以上的墙体自重，kN/m；μ 为墙体材料的抗剪断系数，取 $0.4 \sim 0.5$。

【例 6.3】 某基坑开挖深度 $h=4.0$ m，采用水泥土桩墙支护结构，墙体宽度 $B=3.7$ m，嵌固深度 $l_d=4.5$ m，墙体重度 $\gamma=20$ kN/m^3，地基土层为淤泥质粉质黏土，重度 $\gamma=17$ kN/m^3，内摩擦角 $\varphi=16°$，黏聚力 $c=4$ kPa，地面堆载 $q_0=25$ kPa。试验算支护桩墙的抗倾覆性和抗滑移稳定性。

解 沿墙体纵向取 1 延米进行计算。

主动土压力系数

$$K_a = \tan^2\left(45° - \frac{\varphi}{2}\right) = \tan^2\left(45° - \frac{16°}{2}\right) = 0.571$$

被动土压力系数

$$K_p = \tan^2\left(45° + \frac{\varphi}{2}\right) = \tan^2\left(45° + \frac{16°}{2}\right) = 1.76$$

墙后地面处土压力强度

$$e_{a1} = (q_0 + \gamma h)K_a - 2c\sqrt{K_a} = \left[(25 + 17 \times 0) \times 0.57 - 2 \times 4 \times \sqrt{0.57}\right] \text{kPa} = 8.21 \text{ kPa}$$

墙后基坑底面土压力强度

$$e_{a2} = \left[(25 + 17 \times 4) \times 0.57 - 2 \times 4 \times \sqrt{0.57}\right] \text{kPa} = 46.97 \text{ kPa}$$

桩墙底部土压力强度

$$e_{a3} = \left[(25 + 17 \times 8.5) \times 0.57 - 2 \times 4 \times \sqrt{0.57}\right] \text{kPa} = 90.58 \text{ kPa}$$

墙前基坑底面被动土压力强度

$$e_{p2} = 2 \times 4 \times \sqrt{1.76} \text{ kPa} = 10.61 \text{ kPa}$$

桩墙底部被动土压力强度

$$e_{p3} = \left(17 \times 4.5 \times 1.76 + 2 \times 4 \times \sqrt{1.76}\right) \text{kPa} = (134.64 + 10.61) \text{ kPa} = 145.25 \text{ kPa}$$

重力式水泥土墙抗倾覆稳定性验算，由式（6.26）得

$$\frac{E_{pk}\alpha_p + (G - u_m B)\alpha_G}{E_{ak}\alpha_a} = \frac{\frac{1}{2} \times 10.61 \times 4.5^2 + \frac{1}{6} \times 134.64 \times 4.5^2 + 3.7 \times 8.5 \times 20 \times 1.85}{\frac{1}{2} \times 8.21 \times 8.5^2 + \frac{1}{6} \times (90.58 - 8.21) \times 8.5^2}$$

$$= 1.339 \geqslant K_{ov} = 1.3$$

重力式水泥土墙抗滑移稳定性验算,由式(6.27)得

$$\frac{E_{pk}+(G-\mu_m B)\tan\varphi+cB}{E_{ak}}$$

$$=\frac{\frac{1}{2}\times(10.61+145.25)\times4.5+3.7\times8.5\times20\times\tan16°+4\times3.7}{\frac{1}{2}\times(8.21+90.58)\times8.5}$$

$$=1.3\geqslant K_{sl}=1.2$$

6.5.3 构造要求

(1)水泥土墙宜采用水泥土搅拌桩相互搭接形成的格栅状结构形式,也可采用水泥土搅拌桩相互搭接成实体的结构形式。搅拌桩的施工工艺宜采用喷浆搅拌法。

(2)重力式水泥土墙的嵌固深度,对淤泥质土,不宜小于 $1.2h$,对淤泥,不宜小于 $1.3h$;重力式水泥土墙的宽度(B),对淤泥质土,不宜小于 $0.7h$,对淤泥,不宜小于 $0.8h$。此处,h 为基坑深度。

(3)水泥土搅拌桩的搭接宽度不宜小于 150 mm。

(4)水泥土墙体(28 d)的无侧限抗压强度不宜小于 0.8 MPa。当需要增强墙身的抗拉性能时,可在水泥土桩内插入杆筋。杆筋可采用钢筋、钢管或毛竹。杆筋的插入深度宜大于基坑深度。杆筋应锚入面板内。

6.6 土 钉 墙

6.6.1 概述

当放坡不能满足基坑边坡的稳定性时,常向边坡体内植入土钉,以提高边坡稳定性。土钉墙施工利用土体具有一定的自稳性进行分级开挖,分步向坑壁植入土钉、挂钢筋网、喷射混凝土形成护面。土钉墙不宜用于没有临时自稳能力的淤泥、淤泥质土、饱和软土、含水丰富的粉细砂层和砂卵石层。

土钉墙是 20 世纪 70 年代发展起来的一种新型类似重力式挡土墙的支护结构,它以土钉作为主要受力构件,常用的土钉类型有以下几种。

(1)钻孔注浆型:先用钻机等机械设备钻孔,成孔后置入杆体,然后沿土钉全长注水泥浆或水泥砂浆。

(2)直接打入型:在土体中直接打入钢管、型钢、钢筋、毛竹等,不再注浆。

(3)打入注浆型:在钢管中部及尾部设置注浆孔形成钢花管,直接打入土中后压灌水泥浆或水泥砂浆形成土钉。

试验表明:土钉墙与素土相比承载力提高了 2~3 倍,更为重要的是,素土坡面出现网状裂缝时,沉降急剧增大,边坡突然崩塌,而土钉墙体,延迟了塑性变形阶段,明显地为渐进性变形和开裂,逐步扩展,直至丧失承载能力,但不发生整体性崩塌。土钉墙的这种

性状,是通过土钉与土体共同作用形成的。土钉墙的工作机理反映在:①土钉墙复合体中土钉对复合体起到骨架约束作用;②土钉对复合体起分担作用;③土钉起着应力传递和扩散作用;④土钉起着坡面变形的约束作用。

6.6.2 土钉承载力计算

(1)单根土钉的抗拔承载力应符合下式规定。

$$\frac{R_{kj}}{N_{kj}} \geqslant K_t \tag{6.31}$$

式中:K_t 为土钉抗拔安全系数,安全等级为二级、三级的土钉墙,K_t 分别不应小于 1.6,1.4;N_{kj} 为第 j 层土钉的轴向拉力标准值,kN;R_{kj} 为第 j 层土钉的极限抗拔承载力标准值,kN。

(2)单根土钉的极限抗拔承载力应按下列规定确定。

① 单根土钉的极限抗拔承载力应通过抗拔试验确定。

② 单根土钉的极限抗拔承载力标准值可按式(6.32)估算,但应通过土钉抗拔试验进行验证。

$$R_{kj} = \pi d_j \sum q_{ski} l_i \tag{6.32}$$

式中:d_j 为第 j 层土钉的锚固体直径,m(对成孔注浆土钉,按成孔直径计算,对打入钢管土钉,按钢管直径计算);q_{ski} 为第 j 层土钉在第 i 层土的极限黏结强度标准值,kPa(可由土钉抗拔试验确定,无试验数据时,可根据工程经验并结合表 6.3 取值);l_i 为第 j 层土钉在滑动面外第 i 土层中的长度,m(计算单根土钉极限抗拔承载力时,取图 6.21 所示的直线滑动面,直线滑动面与水平面的夹角取 $\frac{\beta + \varphi_m}{2}$)。

表 6.3 土钉的极限黏结强度标准值 q_{sk}

土的名称	土的状态	极限黏结强度标准值 q_{sk}/kPa	
		成孔注浆土钉	打入钢管土钉
素填土	—	15~30	20~35
淤泥质土	—	10~20	15~25
黏性土	$0.75 < I_l \leqslant 1$	20~30	20~40
	$0.25 < I_l \leqslant 0.75$	30~45	40~55
	$0 < I_l \leqslant 0.25$	45~60	55~70
	$I_l \leqslant 0$	60~70	70~80
粉土	—	40~80	50~90
砂土	松散	35~50	50~65
	稍密	50~65	65~80
	中密	65~80	80~100
	密实	80~100	100~120

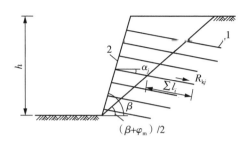

图 6.21　土钉抗拔承载力计算

③ 对安全等级为三级的土钉墙,可仅按式(6.32)确定单根土钉的极限抗拔承载力。

④ 土钉极限抗拔承载力标准值 R_{kj} 不得大于杆体材料受拉承载力标准值 $f_{yk}A_s$。

(3)单根土钉的轴向拉力标准值可按式(6.33)计算。

$$N_{kj} = \frac{1}{\cos \alpha_j} \zeta \, \eta_j \, p_{akj} s_{xj} s_{zj} \qquad (6.33)$$

式中:N_{kj} 为第 j 层土钉的轴向拉力标准值,kN;α_j 为第 j 层土钉的倾角,(°);ζ 为墙面倾斜时的主动土压力折减系数;η_j 为第 j 层土钉轴向拉力调整系数;p_{akj} 为第 j 层土钉处的主动土压力强度标准值,kPa;s_{xj} 为第 j 层土钉的水平间距,m;s_{zj} 为第 j 层土钉的垂直间距,m。

坡面倾斜时的主动土压力折减系数 ζ 可按下式计算。

$$\zeta = \frac{\tan \dfrac{\beta - \varphi_m}{2} \left(\dfrac{1}{\tan \dfrac{\beta + \varphi_m}{2}} - \dfrac{1}{\tan\beta} \right)}{\tan^2 \left(45° - \dfrac{\varphi_m}{2} \right)} \qquad (6.34)$$

式中:β 为土钉墙坡面与水平面的夹角,(°);φ_m 为基坑底面以上各土层按土层厚度加权的内摩擦角平均值,(°)。

(4)土钉杆体的受拉承载力应符合下列规定。

$$N_j \leqslant f_y A_s \qquad (6.35)$$

$$N_j = \gamma_0 \gamma_F N_k \qquad (6.36)$$

式中:N_j 为第 j 层土钉的轴向拉力设计值,kN;f_y 为土钉杆体的抗拉强度设计值,kPa;A_s 为土钉杆体的截面面积,m²。

6.6.3　构造及施工要求

(1)土钉墙、预应力锚杆复合土钉墙的坡度不宜大于 1∶0.2。对于砂土、碎石土、松散填土,确定土钉墙坡度时还应考虑开挖时坡面的局部自稳能力。微型桩、水泥土桩复合土钉墙,应采用垂直墙面。

(2)土钉墙宜采用洛阳铲成孔的钢筋土钉。对于易塌孔的松散或稍密的砂土,稍密的粉土及填土,或易缩径的软土宜采用打入式钢管土钉。对于洛阳铲成孔或钢管土钉打入困难的土层,宜采用机械成孔的钢筋土钉。

(3)土钉水平间距和竖向间距宜为 1~2 m。土钉倾角宜为 5°~20°,其夹角应根据土性和施工条件确定。土钉长度应按各层土钉受力均匀、各土钉拉力与相应土钉极限承载力的比值近似相等的原则确定。

(4)成孔注浆型钢筋土钉的构造应符合下列要求:成孔直径宜取 70~120 mm;土钉钢筋宜采用 HRB400、HRB335 级钢筋,钢筋直径应根据土钉抗拔承载力设计要求确定,且宜取 16~32 mm;应沿土钉全长设置对中定位支架,其间距宜取 1.5~2.5 m,土钉钢筋保护层厚度不宜小于 20 mm;土钉孔注浆材料可采用水泥浆或水泥砂浆,其强度不宜低于 20 MPa。

(5)土钉墙高度不大于 12 m 时,喷射混凝土面层的构造要求应符合下列规定:喷射混凝土面层厚度宜取 80~100 mm;其设计强度等级不宜低于 C20;面层中应配置钢筋网和通长的加强钢筋,钢筋网宜采用 HRB235 级钢筋,钢筋直径宜取 6~10 mm,钢筋网间距宜取 150~250 mm;钢筋网间的搭接长度应大于 300 mm;加强钢筋的直径宜取 14~20 mm;当充分利用土钉杆体的抗拉强度时,加强钢筋的截面面积不应小于土钉杆体截面面积的 1/2。

(6)土钉与加强钢筋宜采用焊接连接,其连接应满足承受土钉拉力的要求;当在土钉拉力作用下喷射混凝土面层的局部受冲切承载力不足时,应采用设置承压钢板等加强措施。

(7)当土钉墙墙后存在滞水时,应在含水土层部位的墙面设置泄水孔或采取其他疏水措施。

6.7 基坑稳定性分析

6.7.1 整体性稳定验算

(1)锚拉式、悬臂式支挡结构的整体稳定性可采用圆弧滑动条分法进行验算。

(2)采用圆弧滑动条分法时,其整体稳定性应符合下列规定(图 6.22)。

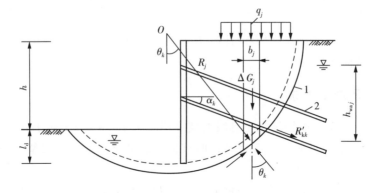

图 6.22 圆弧滑动条分法整体稳定性验算

$$\min\{K_{s1}, K_{s2}, \cdots, K_{si}, \cdots\} \geqslant K_s \tag{6.37}$$

$$K_{si} = \frac{\sum\{c_j l_j + [(q_j b_j + \Delta G_j)\cos\theta_j - u_j l_j]\tan\psi_j\} + \sum R'_{kk}[\cos(\theta_k + \alpha_k) + \psi_v]/s_{xk}}{\sum (q_j b_j + \Delta G_j)\sin\theta_j} \tag{6.38}$$

式中：K_s 为圆弧滑动整体稳定安全系数，安全等级为一级、二级、三级的锚拉式支挡结构，K_s 分别不应小于 1.35，1.3，1.25；K_{si} 为第 i 个滑动圆弧的抗滑力矩与滑动力矩的比值，抗滑力矩与滑动力矩之比的最小值宜通过搜索不同圆心及半径的所有潜在滑动圆弧确定；c_j 为第 j 土条滑弧面处土的黏聚力，kPa；φ_j 为第 j 土条滑弧面处土的内摩擦角，(°)；b_j 为第 j 土条的宽度，m；θ_j 为第 j 土条滑弧面中点处的法线与垂直面的夹角，(°)；l_j 为第 j 土条滑弧长度，取 $l_j = b_j/\cos\theta_j$；q_j 为作用在第 j 土条上的附加分布荷载标准值，kPa；ΔG_j 为第 j 土条的自重，kN（按天然重度计算）；u_j 为第 j 土条滑弧面上的孔隙水压力，kPa（对地下水位以下的砂土、碎石土、粉土，当地下水是静止的或渗流水力梯度可忽略不计时，在基坑外侧，可取 $u_j = \gamma_w h_{waj}$，在基坑内侧，可取 $u_j = \gamma_w h_{wpj}$；对地下水位以上的各类土和地下水位以下的黏性土，取 $u_j = 0$）；γ_w 为地下水重度，kN/m³；h_{waj} 为基坑外侧第 j 土条滑弧面中点的压力水头，m；h_{wpj} 为基坑内侧第 j 土条滑弧面中点的压力水头，m；R'_{kk} 为第 k 层锚杆在滑动面以外的锚固段的极限抗拔承载力标准值与其受拉承载力标准值相比的较小值（对悬臂式支挡结构，不考虑此项）；α_k 为第 k 层锚杆的倾角，(°)；θ_k 为滑动面在第 k 层锚杆处的法线与垂直面的夹角；s_{xk} 为第 k 层锚杆的水平间距，m；ψ_v 为计算系数，可按 $\psi_v = 0.5\sin(\theta_k + \alpha_k)\tan\varphi$ 取值，此处 φ 为第 k 层锚杆与滑弧交点处土的内摩擦角。

（3）当挡土构件底端以下存在软弱下卧土层时，整体稳定性验算滑动面中应包括由圆弧与软弱土层层面组成的复合滑动面。

6.7.2　抗隆起稳定性验算

（1）锚拉式支挡结构和支撑式支挡结构的嵌固深度应符合坑底隆起稳定性要求，并满足下列公式规定（图 6.23）。

$$\frac{\gamma_{m2} D N_q + c N_c}{\gamma_{m1}(h + D) + q_0} \geqslant K_b \tag{6.39}$$

$$N_q = \tan^2\left(45° + \frac{\varphi}{2}\right) e^{\pi\tan\varphi} \tag{6.40}$$

$$N_c = \frac{N_q - 1}{\tan\varphi} \tag{6.41}$$

式中：K_b 为抗隆起安全系数，安全等级为一级、二级、三级的支护结构，K_b 分别不应小于 1.8，1.6，1.4；γ_{m1} 为基坑外挡土构件底面以上土的重度，kN/m³（对地下水位以下的砂土、碎石土、粉土取浮重度，对多层土取各层土按厚度加权的平均重度）；γ_{m2} 为基坑内挡土构件底面以上土的重度，kN/m³（对地下水位以下的砂土、碎石土、粉土取浮重度，对多层土取各层土按厚度加权的平均重度）；D 为嵌固深度，m；h 为基坑深度，m；q_0 为地面均布荷载，kPa；N_c，N_q 为承载力系数；c 为挡土构件底面以下土的黏聚力，kPa；φ 为挡土构件底面以下土的内摩擦角，(°)。

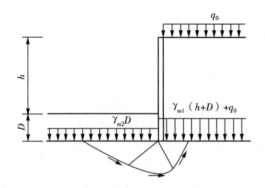

图 6.23　挡土构件底面下土的抗隆起稳定性验算

（2）当挡土构件底面以下有软弱下卧层时，坑底隆起稳定性的验算部位还应包括软弱下卧层。

（3）悬臂式支挡结构可不进行抗隆起稳定性验算。

6.7.3　抗渗流稳定性验算

1. 突涌稳定性分析

坑底以下有水头高于坑底的承压含水层，且未用截水帷幕隔断其基坑内外的水力联系时，承压水作用下的坑底突涌稳定性应符合下式规定（图 6.24）。

$$\frac{D\gamma}{(\Delta h + D)\gamma_w} \geqslant K_h \tag{6.42}$$

式中：K_h 为突涌稳定性安全系数，K_h 不应小于 1.1；D 为承压含水层顶面至坑底的土层厚度，m；γ 为承压含水层顶面至坑底土层的天然重度，kN/m³（对成层土，取按土层厚度加权的平均天然重度）；Δh 为基坑内外的水头差，m；γ_w 为水的重度，kN/m³。

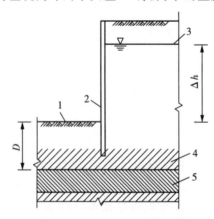

图 6.24　坑底土体的突涌稳定性验算

1—基底；2—截水帷幕；3—承压水测管水位；4—隔水层；5—承压含水层

2. 流土稳定性分析

悬挂式截水帷幕底端位于碎石土、砂土或粉土含水层时,对均质含水层,地下水渗流的流土稳定性应符合下式规定(图 6.25)。

$$\frac{(2D+0.8\,D_1)\gamma'}{\Delta h\,\gamma_w}\geqslant K_f \tag{6.43}$$

式中:K_f 为流土稳定性安全系数,安全等级为一级、二级、三级的支护结构,K_f 分别不应小于 1.6,1.5,1.4;D 为截水帷幕底面至坑底的土层厚度,m;D_1 为潜水水面或承压水含水层顶面至基坑底面的土层厚度,m;γ' 为土层的浮重度,kN/m³;Δh 为基坑内外的水头差,m;γ_w 为水的重度,kN/m³(对渗透系数不同的非均质含水层,宜采用数值方法进行渗流稳定性分析)。

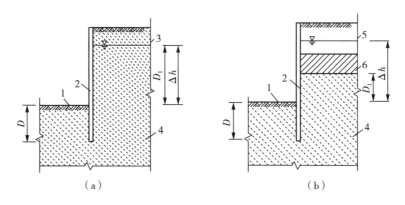

图 6.25　采用悬挂式帷幕截水时的流土稳定性验算
1—基底;2—截水帷幕;3—潜水水位;4—含水层;5—承压水测管水位;6—承压含水层顶面

6.8　地下水控制

6.8.1　概述

基坑施工中,为避免产生流砂、管涌、坑底突涌,防止坑底土体的坍塌,保证施工安全和减小基坑开挖对周围环境的影响,当基坑开挖深度内存在饱和软土层和含水层,以及坑底以下存在承压含水层时,需要选择合适的方法进行基坑降水与排水。

(1)地下水控制应根据工程地质和水文地质条件、基坑周边环境要求及支护结构形式选用截水、降水、集水明排或其他组合方法。

(2)当降水会对基坑周边建筑物、地下管线、道路等造成危害或对环境造成长期不利影响时,应采用截水方法控制地下水。采用悬挂式帷幕时,应同时采用坑内降水,并宜根据水文地质条件结合坑外回灌措施。

(3)地下水控制设计应符合对基坑周边建(构)筑物、地下管线、道路等沉降控制值的要求。

(4)当坑底以下有水头高于坑底的承压含水层时,各类支护结构均应按规定进行承压水作用下的坑底突涌稳定性验算。当不满足突涌稳定性要求时,应对该承压水含水层采取截水、减压措施。

地下水控制方法有集水明排法、降水法、截水和回灌技术等。降水的方法通常有轻型井点法、喷射井点法、管井井点法和深井泵井点法等。

1. 集水明排法

集水明排法又称为表面排水法,它是在基坑开挖过程中及基础施工过程中,在基坑四周开挖集水沟汇集坑壁和坑底渗水,引向集水井。当基坑侧壁出现分层渗水时,可按不同高程设置导水管、导水沟等构成明排系统;当基坑侧壁渗水量较大或不能分层明排时,宜采用导水降水法。当地表水对基坑侧壁造成冲刷时,宜在基坑外采取截水、封堵、导流等措施。

2. 导渗法

导渗法又称引渗法,即通过竖向排水通道——引渗井或导渗井,将基坑内的地面水、上层滞水、浅层孔隙潜水等,自行下渗至下部透水层中消纳或抽排出基坑。在地下水位较低地区,导渗后的混合水位通常低于基坑底面,导渗过程为浅层地下水自动下降过程,即"导渗自降"(图 6.26);当导渗后的混合水位高于基坑底面或高于设计要求的疏干控制水位时,采用降水管井抽吸深层地下水,降低导渗后的混合水位,即"导渗抽降"。通过导渗法排水,尤需在基坑内另设集水明沟、集水井,可加速深基坑内地下水位下降、提高疏干降水效果,并可提高坑底地基土承载力和坑内被动区土体抗力。

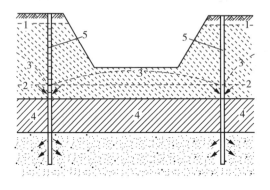

图 6.26 导渗自降

1—上部含水层初始水位;2—下部含水层初始水位;3—导渗后的混合动水位;4—隔水层;5—导渗井

如果地下降水对基坑周围建(构)筑物和地下设施会带来不良影响时,可采用设置竖向截水帷幕或回灌的方法避免或减小该影响。

竖向截水帷幕通常用水泥搅拌桩、旋喷桩等。当地下含水层厚度较大,渗透性强时,可以采用悬挂式竖向截水帷幕与基坑内井点降水相结合或截水帷幕与水平封底相结合的方案。截水帷幕施工方法和机具的选择应根据场地工程水文地质和施工条件等综合确定。

在基坑开挖与降水过程中,可采用回灌技术防止因周边建筑物基础局部下沉而影响建筑物的安全。回灌方式有两种:一种采用回灌沟回灌,另一种采用回灌井回灌。

思考题与习题

6.1　现代基坑工程具有哪些特点？

6.2　基坑工程设计的内容有哪些？

6.3　为使基坑支护结构保证基坑安全并满足基坑周边环境保护要求，相应的设计控制指标是什么？

6.4　基坑支护结构有哪些常用类型？如何选择？

6.5　何时可以采用放坡开挖？如何选用合适的坡率？

6.6　何时可以采用重力式水泥土墙？重力式水泥土墙设计的主要内容有哪些？

6.7　支挡式结构有哪些类型？不同类型可以分别采用哪些结构分析的方法？

6.8　支挡式结构需要验算哪几种稳定性？简述其基本原理。

6.9　常用的地下水控制方法有哪些？各有什么特点？

6.10　均匀砂土层中基坑开挖深度 $h＝3$ m，采用悬臂式板桩墙护壁，支护结构安全等级为三级；砂土重度 $\gamma＝16.7$ kN/m³，内摩擦角 $\varphi＝30°$。计算：

(1)板桩墙前后的土压力分布(朗肯理论)；

(2)板桩需要插入坑底的深度；

(3)最大弯矩位置及最大弯矩值。

6.11　均匀砂土层中基坑开挖深度 $h＝$ 12 m，墙顶作用超载 $q＝50$ kPa，采用单锚式板桩墙支护，锚杆距墙顶 1.5 m，锚杆与水平面的倾角为 15°，支护结构安全等级为二级，如图 6.27 所示。砂土重度 $\gamma＝17.0$ kPa，内摩擦角 $\varphi＝32°$。计算：

(1)板桩墙前后的土压力分布(朗肯理论)；

(2)板桩需要插入坑底的深度；

(3)最大弯矩位置及最大弯矩值；

(4)每米墙长锚杆所受的轴向锚拉力 R_t 的值。

6.12　均匀软弱粉质黏土层中基坑开挖深度 $h＝5$ m，墙顶作用超载 $q＝30$ kPa，采用

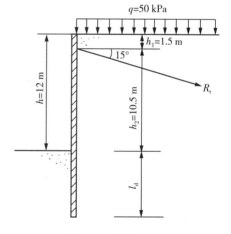

图 6.27　习题 6.11 图

带支撑板桩墙支护，板桩嵌入坑底深度 $l_d＝2.5$ m，支护结构安全等级为二级。粉质软黏土重度 $\gamma＝18.0$ kN/m³，内摩擦角 $\varphi_u＝0$，黏聚力 $c_u＝30$ kPa。试验算坑底隆起稳定性。

第7章　地基基础抗震设计

7.1　地基基础抗震设计概述

场地是指工程群体所在地,其范围相当于一个厂区、居民小区、自然村,或不小于 $1.0~km^2$ 的平面面积。地震对建筑物的破坏作用是通过场地、地基传递给上部结构的。同时,场地与地基在地震时又支承着上部结构,场地条件和地基情况对基础和上部结构的震害有着直接的影响。国内外的震害资料表明,建筑物在不同地质条件的场地上,地震时的破坏程度是明显不同的。选择对抗震有利的场地和避开不利场地进行建设,能有效减轻震害。但必须认识到,建设用地还受到地震以外许多因素的制约,除极不利和有严重危险性的场地外,往往不能直接排除其作为建设用地。

国家标准《建筑抗震设计规范》(GB 50011—2010)按地上建筑物震害轻重的程度,对建筑场地进行了划分,以便从宏观上指导设计人员趋利避害,合理选择建筑场地或按照不同场地特点采取抗震措施。

7.1.1　场地地段的划分

场地地段的划分是在选择建筑场地的勘察阶段进行的,一般要根据地震活动情况和工程地质资料进行综合评价。场地地段按其上建筑物震害程度的轻重分为对抗震有利、一般、不利和危险地段,见表 7.1。

表 7.1　场地地段的划分

地段类别	地质、地形、地貌
有利地段	稳定基岩,坚硬土,开阔、平坦、密实、均匀的中硬土等
一般地段	不属于有利、不利和危险的地段
不利地段	软弱土、液化土,条状突出的山嘴,高耸孤立的山丘,陡坡,陡坎,河岸和边坡的边缘,平面分布上成因、岩性、状态明显不均匀的土层(含故河道、疏松的断层破碎带、暗埋的塘浜沟谷和半填半挖地基),高含水量的可塑黄土,地表存在的结构性裂缝等
危险地段	地震时可能发生滑坡、崩塌、地陷、地裂、泥石流等的部位及发震断裂带上可能发生地表位错的部位

选择建筑场地时,应根据工程需要,对场地的地形、地貌和岩土特性影响综合在一起加以评价。显然,应选择对抗震有利的地段,避开对抗震不利的地段。当无法避开不利

地段时应采取有效措施,不应在危险地段建造甲、乙、丙类建筑。

7.1.2　发震断裂带的影响

断裂带是地质构造上的薄弱环节,根据其活动情况可分为发震断裂带和非发震断裂带。具有潜在地震活动的断裂带通常称为发震断裂带,地震时可能产生新的错动直通地表,在地面产生错位,对建在位错带上的建筑,其破坏是不易用工程措施加以避免的。因此,当场地内存在发震断裂带时,应对断裂的可能性及其对建筑物的影响进行评价。

断裂带是否错动和出露到地表与很多因素有关,一般地震震级越高,出露于地表的断层长度越长,断层位错就越大;覆盖层厚度越大,出露于地表的位错与断层长度就越小。综合国内外多次地震中的破坏现象和一些试验,《建筑抗震设计规范》规定,对符合下列规定之一的情况,可忽略发震断裂错动对地面建筑的影响。

(1)抗震设防烈度小于 8 度。

(2)非全新世活动断裂。

(3)抗震设防烈度为 8 度和 9 度时,隐伏断裂的土层覆盖厚度分别大于 60 m 和 90 m。

当不符合上述规定的情况时,应避开主断裂带,其避让距离不宜小于表 7.2 的规定。在避让的距离范围内确有需要建造分散的、低于 3 层的丙类或丁类建筑时,应按提高一度采取抗震措施,并提高基础和上部结构的整体性,且不得跨越断层线。

表 7.2　发震断裂带最小避让距离

抗震设防烈度	相应建筑抗震设防类别对应的最小避让距离/m			
	甲	乙	丙	丁
8	专门研究	200	100	—
9	专门研究	400	200	—

7.1.3　局部突出地形的影响

局部突出地形主要是指山包、山梁和悬崖、陡坎等地段。宏观震害调查和理论分析表明,岩质地形与非岩质地形对地震烈度的影响有所不同。例如,在云南通海地震的大量宏观调查中,发现非岩质地形对烈度的影响比岩质地形的影响更明显。另外,高度达数十米的条状突出的山脊和高耸孤立的山丘,由于鞭鞘效应明显,振动有所加大,烈度有增高趋势。1920 年宁夏海原发生 8.5 级地震,处于渭河谷地的姚庄的烈度为 7 度,而 2 km 外的牛家庄因位于高出百米的黄土梁上,烈度则达 9 度。此外,云南通海地震、东川地震和辽宁海城地震等地震调查也发现,位于局部孤突地形上的建筑物,其震害明显加重。1975 年辽宁海城地震时,中国地震局工程力学研究所在大石桥龙盘山高差达 58 m 的两个测点测得的强余震加速度记录表明,局部突出地形上的地面最大加速度与坡脚下的地面最大加速度比值为 1.84。

依据宏观震害调查的结果和对不同地形条件和岩土构成的形体进行的二维地震反应分析的结果所反映的总趋势,大致可以归纳出以下几点。

（1）高突地形距离基准面的高度越大，高处的反应越强烈。

（2）离陡坎和边坡顶部边缘的距离越大，反应相对越小。

（3）从岩土构成方面看，在同样地形条件下，土质结构的反应比岩质结构大。

（4）高突地形顶面越开阔，远离边缘的中心部位的反应明显越小，

（5）边坡越陡，其顶部的放大效应相应越大。

综上所述，局部突出地形对抗震不利，在这种不利地段上建造丙类及丙类以上建筑时，除应保证其在地震作用下的稳定性外，还应估计不利地段对地震动参数的放大作用，具体计算内容可参考《建筑抗震设计规范》。

7.2 建筑场地类别

应选择对抗震有利的场地和避开对抗震不利的场地进行建设，以便减轻震害。但由于建设用地还受到地震以外的许多因素的限制，除了极不利和危险地段以外，一般不能直接排除其他地段的场地作为建筑用地。这样就有必要将建筑场地按其对建筑物地震作用的强弱和特征进行分类，以便根据不同的建筑场地类别采用相应的设计参数，进行建筑物的抗震设计和采取抗震措施。这就是在抗震设计中要对场地进行划分的目的。

7.2.1 建筑场地的地震影响

不同场地上建筑物的震害差异是很明显的。通过对建筑物的震害现象进行总结，会发现以下规律：在软弱地基上，柔性结构最容易遭到破坏，刚性结构表现较好，而在坚硬地基上柔性结构表现较好，刚性结构表现不一，有的表现较差，有的表现较好，常出现矛盾现象。在坚硬地基上，建筑物的破坏通常是因结构破坏所致，在软弱地基上，有时是由结构破坏所致，有时是由地基破坏所致。就地面建筑总的破坏现象来说，在软弱地基上的破坏比在坚硬地基上的破坏要严重。

场地覆盖层厚度不同，其震害表现也明显不同。场地覆盖层厚度指地表到坚硬土层顶面的距离。一般来讲，位于深厚覆盖层上的建筑物震害较重。例如，1976 年唐山地震时，市区西南部基岩深度达 500～800 m，房屋倒塌率近 100%，而市区东北部大城山一带，则因覆盖层较薄，多数厂房虽然也位于极震区，但房屋倒塌率仅为 50%。又如，1967 年委内瑞拉地震中，加拉加斯高层建筑的破坏主要集中在市内冲积层最厚的地方，具有明显的地区性。在覆盖层厚度为中等厚度的一般地基上，中等高度房屋的破坏要比高层建筑的破坏严重，而在基岩上的各类房屋的破坏普遍较轻。

场地土指场地下的岩石和土。从震源传来的地震波是由许多频率不同的分量组成的，场地土对于从基岩传来的某些入射波具有放大作用，而地震波中与场地土层固有周期相近的谐波分量放大最多，使该波引起表土层的振动最强烈。也可以说，一个场地的地面运动，存在一个破坏性最强的主振周期，即地震动卓越周期。它相当于根据地震时某一地区地面运动记录计算出来的反应谱的主峰位置所对应的周期。一个地区的地震动卓越周期与震源特性、传播介质和该地区场地条件有关，一般随震级大小和震中距远近而变化。但因其与场地土性质存在某种相关性，一般可利用场地的固有周期来估计地

震动卓越周期,即认为场地的固有周期大约等于地震动卓越周期。当地震动卓越周期与该地点土层的固有周期一致时,会产生共振现象,使场地表面振幅大大增加。另外,场地土对于从基岩传来的入射波中与场地土层固有周期不同的谐波分量又具有滤波作用。因此,土质条件对于改变地震波的频率特性具有重要作用。当基岩入射来的大小和周期不同的波群进入表土层时,土层会使一些具有与土层固有周期一致的某些频率波群放大并通过,而将另一些与土层固有周期不一致的频率波群缩小或滤掉。

由于表层土的滤波作用,使坚硬场地的土地震动,以短周期为主,而软弱场地以长周期为主。又由于表层土的放大作用,使坚硬场地土地震动加速度幅值在短周期内局部增大,而软弱场地土地震动加速度幅值在长周期范围内局部增大,如图 7.1 所示,当地震波中占优势的波动分量的周期与建筑物自振周期接近时,建筑物将由于共振效应而导致震害加重。由此可以解释坚硬场地上刚性建筑物震害较重,而软弱场地上柔性建筑物震害较重。此外,建筑物的地震反应是往复振动过程。在地震作用下建筑物开裂或损坏,其刚度逐步下降,自振周期增大。由图 7.1 可以看出,坚硬场地上的建筑物,因自振周期增大,建筑物受到的地震作用却大大减小,而软弱场地上的建筑物所受到的地震作用将有所增加,使建筑物的损伤进一步加重。所以,一般来讲,软弱地基上的建筑物震害要重于硬土地基上的建筑物。

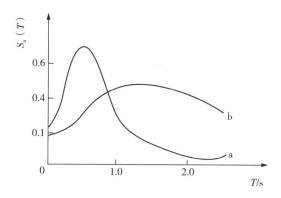

图 7.1　坚硬场地和软弱场地的加速度反应谱示意图
a—坚硬场地;b—软弱场地;$S_a(T)$—质点加速度;T—建筑物自振周期

7.2.2　场地土类型和覆盖层厚度

1. 场地土类型

由上述分析可以看出,场地土对建筑物震害的影响主要与场地土的坚硬程度和土层的组成有关,而对于场地土类型的划分,则根据常规勘探资料按其等效剪切波速或参照一般土性描述来分类,见表 7.3。在场地初步勘察阶段,对大面积的同一地质单元,测试土层剪切波速的钻孔数量不宜少于 3 个;在场地详细勘察阶段,单幢建筑测试土层剪切波速的钻孔数量不宜少于两个,数据变化较大时可适量增加;对小区中处于同一地质单元的密集高层建筑群,测试土层剪切波速的钻孔数量可适量减少,但每幢高层建筑和大跨空间结构的钻孔数量均不得少于一个。而对于丁类建筑及丙类建筑中层数不超过 10

层、高度不超过 24 m 的多层建筑,当无实测剪切波速时,可根据岩土名称和性状,按表 7.3 中土的性状描述来划分土的类型,再利用当地经验在表 7.3 的剪切波速范围内估计各土层的剪切波速。

表 7.3 土的类型划分和剪切波速范围

土的类型	岩土名称和性状	土层剪切波速范围/(m/s)
岩石	坚硬、较硬且完整的岩石	$v_s>800$
坚硬土或软质岩石	破碎或较破碎的岩石,软和较软的岩石,密实的碎石土	$800 \geq v_s>500$
中硬土	中密、稍密的碎石土,密实、中密的砾、粗砂、中砂,$f_{ak}>150$ 的黏性土和粉土,坚硬黄土	$500 \geq v_s>250$
中软土	稍密的砾、粗砂、中砂,除松散外的细、粉砂,$f_{ak} \leq 150$ 的黏性土和粉土,$f_{ak}>130$ 的填土和可塑新黄土	$250 \geq v_s>150$
软弱土	淤泥和淤泥质土,松散的砂,新近沉积的黏性土和粉土,$f_{ak} \leq 130$ 的填土和流塑黄土	$v_s \leq 150$

注:f_{ak} 为由荷载试验等方法得到的地基承载力特征值,kPa;v_s 为土层剪切波速,m/s。

地基只有单一性质场地土的情况是很少见的,且地表土层的组成也比较复杂。对多层土组成的地基,不应用其中一种土的剪切波速来确定土的类型,也不能简单地用几种土的剪切波速平均值,而应按等效剪切波速来确定土的类型。等效剪切波速是指以剪切波在地面至计算深度各层土中传播的时间不变的原则确定的土层平均剪切波速。等效剪切波速可按式(7.1)计算,即

$$v_{se}=\frac{d_0}{t} \tag{7.1}$$

$$t=\sum_{i=1}^{n}\frac{d_i}{v_{si}} \tag{7.2}$$

式中:v_{se} 为土层等效剪切波速,m/s;d_0 为计算深度,m(取覆盖层厚度和20 m两者的较小值);t 为剪切波在地面至计算深度之间的传播时间,s;d_i 为计算深度范围内第 i 土层的厚度,m;v_{si} 为计算深度范围内第 i 土层的剪切波速,m/s;n 为计算深度范围内土层的分层数。

2. 覆盖层厚度

场地覆盖层厚度指地面到坚硬土层顶面的距离。在确定场地覆盖层厚度时,应符合以下要求。

(1)一般情况下,应按地面至剪切波速大于 500 m/s 且其下卧各层岩土的剪切波速均不小于 500 m/s 的土层顶面的距离确定。

(2)当地面 5 m 以下存在剪切波速大于其上部各土层剪切波速2.5倍的土层,且该层及其下卧各层岩土的剪切波速均不小于 400 m/s 时,可按地面至该土层顶面的距离

确定。

（3）剪切波速大于 500 m/s 的孤石、透镜体，应视同周围土层。

（4）土层中的火山岩硬夹层应视为刚体，其厚度应从覆盖土层中扣除。

7.2.3　场地类别

场地类别是重要的抗震设计参数之一，它表示了建筑场地条件对基岩地震动的放大作用。场地类别主要根据场地土等效剪切波速和场地覆盖层厚度两个因素确定，可分为四类。表 7.4 列出了场地覆盖层厚度与建筑场地的类别、场地的等效剪切波速的关系。

表 7.4　各类建筑场地的覆盖层厚度

等效剪切波速 v_{se}/(m/s)	相应场地类别下的覆盖层厚度/m				
	I_0	I_1	II	III	IV
$v_{se}>800$	0				
$500<v_{se}\leqslant800$		0			
$200<v_{se}\leqslant500$		<5	≥5		
$150<v_{se}\leqslant250$		<3	3～50	>50	
$v_{se}\leqslant150$		<3	3～15	>15～80	>80

场地类别划分的原则是地面加速度反应谱相近者划为一类，这样对同一类的场地就可以用一个标准反应谱确定建筑物上的地震作用以进行抗震设计。

【例 7.1】　已知某建筑场地的钻孔土层资料，见表 7.5，试确定该建筑场地的类别。

表 7.5　土层钻孔资料

土层底部深度/m	土层厚度/m	土的名称	土层剪切波速 v_s/(m/s)
2.5	2.5	填土	120
5.5	3.0	粉质黏土	180
7.0	1.5	黏质粉土	200
11.0	4.0	砂质粉土	220
18.0	7.0	粉、细砂	230
21.0	3.0	粗砂	290
48.0	27.0	卵石	510
51.0	3.0	中砂	380
58.0	7.0	粗砂	420
60.0	2.0	砂岩	800

解　（1）确定地面下 20 m 土层的等效剪切波速。

由表 7.5 知，覆盖层厚度大于 20 m，故取计算深度 $d_0=20$ m。

根据表 7.5 计算深度范围内土层厚度和相应的剪切波速，由式（7.2）得

$$t=\frac{2.5}{120}+\frac{3.0}{180}+\frac{1.5}{200}+\frac{4.0}{220}+\frac{7.0}{230}+\frac{2.0}{290}=0.101(\mathrm{s})$$

由式(7.1)得等效剪切波速v_{se}为

$$v_{se}=\frac{20}{0.101}=198.02(\mathrm{m/s})$$

(2)确定覆盖层厚度。

由表 7.5 知,21 m 以下的$v_s=510$ m/s>500 m/s,但其下面还分布有波速小于 500 m/s 的砂层,故覆盖层厚度应为 58 m。

(3)确定建筑场地类别。

由于本场地土层的等效剪切波速为 150 m/s$<v_{se}\leqslant250$ m/s,覆盖层厚度大于 50 m,查表 7.4 知,该建筑场地类别属于 Ⅲ 类。

7.3 地基土的液化

7.3.1 地基土的液化现象

处于地下水位以下的饱和砂土和粉土在地震时容易发生液化现象。地震时砂土和粉土的土颗粒结构受到地震作用趋于密实,当土颗粒处于饱和状态时,颗粒结构压密使孔隙水压力急剧上升,而地震作用时间短暂,这种急剧上升的孔隙水压力来不及消散,使原先由土颗粒通过其接触点传递的压力(有效压力)减小,当有效压力完全消失时,土颗粒局部或全部处于悬浮状态,此时土体抗剪强度等于零,犹如"液体",即称为地基土达到液化状态。此时液化区下部的水头压力比上部高,所以水向上涌,并把土粒带到地面上来,出现喷水冒砂现象。随着水和土粒不断涌出,孔隙水压力逐渐降低,当降至一定程度时,就会出现只冒水而不喷土粒的现象。此后,随着孔隙水压力进一步消散,冒水终将停止,土粒渐渐沉落并重新堆积排列,压力重新由孔隙水传给土粒承受,砂土或粉土又达到一个新的稳定状态,土的液化过程结束。

土层液化可引起一系列灾害。喷出的水砂可冲走家具、淹没农田和沟渠;地上结构常因此产生不均匀沉陷和下沉,如日本新潟地震时几座公寓严重倾斜或平卧于地表;不均匀沉降还可能引起建筑物上部结构破坏,使梁板等结构构件破坏,墙体和建筑物体形变化处开裂;个别情况下还可引起地下或半地下结构物的上浮,如 1975 年辽宁海城地震时一座半地下排灌站就有上浮现象;液化还常常对河岸、边坡的滑动有重要影响,如 1964 年美国阿拉斯加地震时安科雷奇市的大滑坡使部分地基滑入海中;等等。

7.3.2 影响地基液化的因素

震害调查表明,影响地基液化的主要因素有以下几个方面。

1. 土层的地质年代

地质年代的新老表示土层沉积时间的长短。较老的沉积土,经过长时间固结作用和历次大地震影响,土较密实,还往往具有一定的胶结紧密结构。因此,地质年代越久的土层,其固结度、密实度和结构性越好,抗液化能力越强。震害调查表明,在我国和国外的历次大地震中,位于地质年代第四纪晚更新世(Q_3)的冲积平原砂土层,由于年代老,砂层密实度好,标准贯入锤击数均较高,虽然有些地区为水位较高的饱和砂土,但在地震烈度 7~11 度时皆未发生液化,而地质年代较近的饱和砂土层,则有发生液化的现象。例如,唐山地震震中区(路北区),地层年代为晚更新世(Q_3)地层,钻探测试表明,地下水位为 3~4 m,表层为 3.0 m 左右的黏性土,其下即为饱和砂土层,在地震烈度 10 度情况下没有发生液化,而在地质年代较新的地层,地震烈度虽然只有 7 度和 8 度,却发生了大面积液化。

2. 土的组成和密实程度

颗粒均匀单一的土比颗粒级配良好的土容易液化;松砂比密砂容易液化;细砂比粗砂容易液化,这是因为细砂的渗透性较差,地震时容易产生孔隙水的超压作用。

粉土是黏性土与砂类土之间的过渡性土,粉土的黏性颗粒(粒径小于 0.005 mm)含量的多少决定了这类土的性质。粉土中黏性颗粒含量超过一定限值,土的黏聚力增加,其性质接近黏性土,抗液化性能增强。

3. 上覆非液化土层的厚度(d_u)和地下水位的深度(d_w)

上覆非液化土层的厚度是指地震时能抑制可液化土层喷水冒砂的土层厚度。构成覆盖层的非液化层除天然地层外,还包括堆积 5 年以上,或地基承载力大于 100 kPa 的人工填土层。对海城、唐山两地震区中液化与非液化的砂土与粉土的实际地下水位以及上覆非液化土层厚度的情况进行分析比较表明,液化土层埋深越大,地下水位越深,其饱和砂土层上的有效覆盖压力越大,就越不容易液化。因此,地下砂层的液化绝大多数仅见于地表面下十几米之内。并且就砂土而言,地下水位深度超过 4 m 时或土层覆盖厚度超过 6 m 时,没有发生液化现象。而对于粉土来说,地震烈度为 7、8、9 度地区内的地下水位深度分别大于 1.5 m、2.5 m、6.0 m 时,或土层覆盖层厚度超过 7.0 m 时,也没有液化现象发生。在下面即将讲到的液化判别中,初步判别的条件即由过往的震害资料再考虑留有一定的安全储备给出,如图 7.2 所示。

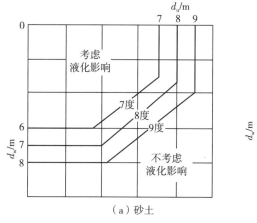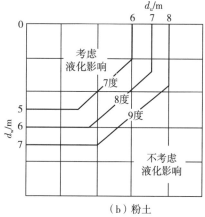

图 7.2　地下水位深度和上覆非液化土层厚度对液化的影响

4. 地震烈度和地震持续时间

地震烈度越高,地震持续时间越长,饱和砂土越容易发生液化。日本新潟在过去的 300 多年中曾发生过 20 多次地震,其中只有在地面运动加速度大于 $0.13g$(g 为重力加速度)的 3 次地震中发生过液化现象,且地面运动加速度越大,其液化现象越严重。震灾调查结果表明,若地震持续时间较长,即使地震烈度较低,也可能出现液化问题。

7.3.3 液化的判别

当建筑物的地基土中含有饱和砂土或粉土时,应经过勘察试验预测其在未来地震时是否会出现液化,并确定是否需要采取相应的抗液化措施。许多研究表明,在抗震设防烈度 6 度地区液化对房屋结构所造成的震害是比较轻的,因此,《建筑抗震设计规范》规定,饱和砂土和粉土的液化判别,6 度时一般情况下可不进行判别和处理,但对液化沉陷敏感的乙类建筑可按 7 度的要求进行判别和处理,7~9 度时,乙类建筑可按本地区抗震设防烈度的要求进行判别和处理。

为了减少判别场地土液化的勘察工作量,饱和砂土或粉土的液化判别可分两步进行,即初步判别和标准贯入试验判别。凡经初步判别定为不液化或不考虑液化影响的场地土,一般不再进行标准贯入试验的判别。但粉、细砂中有时黏粒含量可能超过 10%,在初判时不宜判为不考虑液化,因缺乏这方面的实际经验,该情况下应用标准贯入法判别是否液化。

1. 初步判别

由影响地基液化的因素可以看出,场地土是否液化与土层的地质年代、地貌单元、黏粒含量、上覆非液化土层的厚度和地下水位的深度等有密切关系。利用这些关系即可对土层液化进行判别,这属于初步判别。初步判别的作用是排除一大批土层不会液化的工程,可少做标准贯入试验,以减少勘察工作量,达到省时、省钱的目的。

对饱和的砂土或粉土(不含黄土),当符合下列条件之一时,可初步判别为不液化或可不考虑液化影响。

(1)地质年代为第四纪晚更新世(Q_3)及其以前时,设防烈度为 7 度、8 度时可判为不液化。

(2)粉土的黏粒(粒径小于 0.005 mm 的颗粒)含量百分率,设防烈度 7 度、8 度和 9 度下分别不小于 10%、13% 和 16% 时,可判为不液化土。其中用于液化判别的黏粒含量系采用六偏磷酸钠作分散剂测定,采用其他方法时应按有关规定换算。

(3)浅埋天然地基的建筑,当上覆非液化土层厚度和地下水位深度符合下列条件之一时,可不考虑液化影响,即

$$d_u > d_0 + d_b - 2 \tag{7.3}$$

$$d_w > d_0 + d_b - 3 \tag{7.4}$$

$$d_u + d_w > 1.5d_0 + 2d_b - 4.5 \tag{7.5}$$

式中:d_w 为地下水位深度,m(宜按设计基准期内年平均最高水位采用,也可按近期内年最高水位采用);d_b 为基础埋置深度,m(不超过 2 m 时应采用 2 m);d_0 为液化土特征深度,m(可按表 7.6 采用);d_u 为上覆非液化土层厚度,m(计算时宜将淤泥和淤泥质土层扣除。因为当上覆土层中夹有软土层时,软土对液化过程中的喷水冒砂的抑制作用很小,且其本身在地震中也很可能发生软化现象,故应将其从上覆土层中扣除。上覆土层厚度一般从第一层可液化土层的顶面算至地表)。

表 7.6　液化土特征深度

饱和土类别	相应设防烈度下的液化土特征深度/m		
	7 度	8 度	9 度
粉土	6	7	8
砂土	7	8	9

上述公式由图 7.2 可以体现出来。当天然地基的基础埋置深度 d_b 不超过 2 m 时,根据建设场地的地下水位深度 d_w 和上覆非液化土层厚度 d_u 两个条件来判别属于图 7.2 中的哪个区域,当位于图 7.2 中不考虑液化影响的区域时,可认为地基土不液化或可不考虑液化影响;如果天然地基的基础埋置深度 d_b 超过 2 m 时,要将 d_w 和 d_u 分别减去差值(d_b-2)后,再按图 7.2 进行初步判别。至于(d_b-2)项,则是考虑基础埋置深度 $d_b>2$ m时,不考虑土层液化时对液化土特征深度界限值的修正项,因液化土特征深度 d_0 是在基础埋置深度 d_b 小于 2 m 的条件下确定的。此时饱和土层位于地基主要受力层之下,它的液化与否不会引起对建筑的有害影响,但当基础埋置深度 $d_b>2$ m 时,液化土层有可能进入地基主要受力层范围内而对建筑造成不利影响。因此,应考虑此修正项。

2. 标准贯入试验判别

凡土层初判为可能液化或需要考虑液化影响时,应采用标准贯入试验判别法判别地面下 20 m 深度范围内土的液化;但对规范规定可不进行天然地基及基础的抗震承载力验算的各类建筑,可只判别地面下 15 m 范围内土的液化。

标准贯入试验设备由标准贯入器、触探杆和重 63.5 kg 的穿心锤等组成。操作时,先用钻具钻至试验土层标高以上 15 cm 处,然后将贯入器打至标高位置,最后在锤的落距为 76 cm 的条件下,打入土层 30 cm,记录锤击数为 $N_{63.5}$,记录的锤击数即为标准贯入值。由此可见,当标准贯入值越大,说明土的密实程度越高,土层就越不容易液化。当饱和土标准贯入锤击数(未经杆长修正)不大于液化判别标准贯入锤击数临界值时,应判为液化土;否则即为不液化土。当有成熟经验时,也可采用其他判别方法。

地面下 20 m 深度范围内,液化判别标准贯入锤击数的临界值 N_{cr} 可按式(7.6)计算,即

$$N_{cr} = N_0 \beta \left[\ln(0.6d_s + 1.5) - 0.1d_w \right] \sqrt{\frac{3}{\rho_c}} \qquad (7.6)$$

式中:N_{cr} 为液化判别标准贯入锤击数临界值;N_0 为液化判别标准贯入锤击数基准值,应

按表 7.7 采用；d_s 为饱和土标准贯入点深度，m；ρ_c 为黏粒含量百分率，当小于 3 或为砂土时，应采用 3；β 为调整系数，设计地震第一组取 0.80，第二组取 0.95，第三组取 1.05。

表 7.7　液化判别标准贯入锤击数基准值 N_0

设计基本地震加速度	0.10g	0.15g	0.20g	0.30g	0.40g
液化判别标准贯入锤击数基准值 N_0	7	10	12	16	19

注：g 为重力加速度。

式(7.6)是以对数曲线的形式来表示液化临界锤击数随深度的变化。可以看出，在确定标准贯入锤击数临界值 N_{cr} 时，主要考虑了土层所处的深度、地下水位的深度、饱和土的黏粒含量及震级等影响场地土液化的主要因素。当地下水位深度越浅，黏粒含量百分率越小，地震烈度越高，地震加速度越大，地震作用持续时间越长，土层越容易液化，则标准贯入锤击数临界值 N_{cr} 就越大。标准贯入锤击数临界值 N_{cr} 越大，被判别为液化土层的可能就越大。此外，公式中乘项 $\sqrt{3/\rho_c}$ 具有以下三点明确的物理意义。

(1)使公式同时适用于饱和砂土和粉土的判别。

(2)常数 3 表示 $\rho_c(\%)=3$ 是砂土与粉土的分界线，当 $\rho_c(\%)<3$ 时取 $\rho_c(\%)=3$，则上述公式适用于砂土液化的判别。

(3)随着土中黏粒含量的增加，土层相应的标准贯入锤击数临界值 N_{cr} 将减小，土层越不容易液化，这反映了粉土的液化趋势。

7.3.4　液化地基的评价

以上是对地基是否液化进行的判别，而对液化土层可能造成的危害不能作出定量的评价。尤其是建筑场地一般由多层土组成，其中一些土层被判别为液化，而另一些土层判别为不液化，这是经常遇到的情况。显然，地基土液化程度不同，对建筑的危害就不同。因此，需要有一个可判定土的液化可能性和危害程度的定量指标，这样才能对地基的液化危害性作出定量评价，从而采取相应的抗液化措施。

1. 液化指数

震害调查结果表明，在同一地震强度的作用下，可液化土层的厚度越大，埋藏越浅，土的密度越低，则实测标准贯入锤击数比液化标准贯入锤击数临界值小得越多，地下水位越高，液化所造成的沉降量越大，对建筑物的危害程度也就越大。土层的沉降量与土的密实度有关，而标准贯入锤击数实测值可反映土的密实程度，如标准贯入锤击数实测值越小，土层的沉降量越大。为此，引入液化强度比 F_{le} 为

$$F_{le}=\frac{N}{N_{cr}} \tag{7.7}$$

式中：N，N_{cr} 分别为实测标准贯入锤击数和标准贯入锤击数临界值。

液化强度比越小，说明实测标准贯入锤击数相对于标准贯入锤击数临界值越小。对于同一标高的土层，液化强度比 F_{le} 越小，则 $1-F_{le}$ 的值越大，说明单位厚度液化土所产生的液化沉降量越大。若将 $1-F_{le}$ 的值沿土层深度求和，并在求和过程中引入反映层位影

响的权函数,其结果就能反映整个可液化土层的危害性,这样抗震规范中用以衡量液化场地危害程度的液化指数的表达式为

$$I_{\mathrm{le}} = \sum_{i=1}^{n} \left(1 - \frac{N_i}{N_{\mathrm{cri}}}\right) d_i W_i \qquad (7.8)$$

式中:I_{le} 为液化指数;n 为在判别深度范围内每一个钻孔标准贯入试验点的总数;N_i,N_{cri} 为 i 点标准贯入锤击数的实测值和临界值(当实测值大于临界值时应取临界值的数值;当只需要判别 15 m 范围以内土的液化时,15 m 以下的实测值可按临界值采用);d_i 为 i 点所代表的土层厚度,m(可采用与该标准贯入试验点相邻的上下两标准贯入试验点深度差的一半,但上界不高于地下水位深度,下界不深于液化深度);W_i 为 i 土层单位土层厚度的层位影响权函数值,m^{-1}(当该层中点深度不大于 5 m 时应采用 10,等于 20 m 时应采用零值,5~20 m 时应按线性内插法取值,如图 7.3 所示)。

2. 液化等级

液化指数与液化危害程度之间有着明显的对应关系。一般地,液化指数越大,场地的喷水冒砂情况和建筑物的液化震害就越严重。按液化指数的大小,地基液化等级分为轻微、中等和严重三级,见表 7.8,然后可根据液化等级采取相应的技术措施。

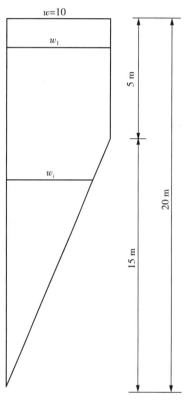

图 7.3　层位影响权函数图形

表 7.8　地基液化等级与液化指数的对应关系

液化等级	轻微	中等	严重
液化指数 I_{le}	$0 < I_{\mathrm{le}} \leqslant 6$	$6 < I_{\mathrm{le}} \leqslant 18$	$I_{\mathrm{le}} > 18$

当液化等级为轻微时,地面一般无喷水冒砂现象,或仅在洼地、河边有零星的喷水冒砂点。场地上的建筑物一般没有明显的沉降或不均匀沉降,液化危害很小。

当液化等级为中等时,液化危害增大,喷水冒砂频频出现,常导致建筑物产生明显的不均匀沉降或裂缝,尤其是那些直接用液化土作地基持力层的建筑和农村简易房屋,受到的影响普遍较重。

当液化等级为严重时,液化危害普遍较重,场地喷水冒砂严重,涌砂量大,地面变形明显,覆盖面广,建筑物的不均匀沉降很大,高重心建筑物还会产生不容许的倾斜。在唐山地震和美国、日本的大地震中都发生过这样的地震灾害。

7.3.5 地基抗液化措施

抗液化措施是对液化地基进行综合治理。应当根据建筑物的重要性和地基的液化等级,并结合当地的施工条件、习惯采用的施工方法和施工工艺等具体情况予以确定。当液化土层较平坦均匀时,宜按表 7.9 选用地基抗液化措施;还可计入上部结构重力荷载对液化危害的影响,根据对液化震陷量的估计适当调整抗液化措施。不宜将未经处理的液化土层作为天然地基持力层。

表 7.9 地基抗液化措施

建筑抗震设防类别	相应地基液化等级下的抗液化措施		
	轻微液化	中等液化	严重液化
乙类	部分消除液化沉陷,或对基础和上部结构处理	全部消除液化沉陷,或部分消除液化沉陷且对基础和上部结构处理	全部消除液化沉陷
丙类	对基础和上部结构处理,也可不采取措施	对基础和上部结构处理,或采取更高要求的措施	全部消除液化沉陷,或部分消除液化沉陷且对基础和上部结构处理
丁类	可不采取措施	可不采取措施	对基础和上部结构处理,或采取其他经济的措施

注:甲类建筑的地基抗液化措施应进行专门研究,但不宜低于乙类的相应要求。

1. 全部消除地基液化沉陷的措施应符合的要求

(1)采用桩基时,桩端伸入液化深度以下稳定土层中的长度(不包括桩尖部分)应按计算确定,且对于碎石土,砾、粗、中砂,坚硬黏性土和密实粉土不应小于 0.8 m,对于其他非岩石土不宜小于 1.5 m。

(2)采用深基础时,基础底面应埋入液化深度以下的稳定土层中,其深度不应小于 0.5 m。

(3)采用加密法(如振冲、振动加密、挤密碎石桩、强夯等)加固时,应处理至液化深度下界;振冲或挤密碎石桩加固后,桩间土的标准贯入锤击数不宜小于液化判别标准贯入锤击数临界值。

(4)用非液化土替换全部液化土层,或增加上覆非液化土层的厚度。

(5)用加密法或换土法处理时,在基础边缘以外的处理宽度,应超过基础底面下处理深度的 1/2 且不小于基础宽度的 1/5。

2. 部分消除地基液化沉陷的措施应符合的要求

(1)处理深度应使处理后的地基液化指数减小,其值不宜大于 5;大面积筏基、箱基的中心区域(中心区域指位于基础外边界以内沿长、宽方向距外边界大于相应方向 1/4 长度的区域),处理后的液化指数可比上述规定降低 1;对于独立基础和条形基础,还不应小于基础底面下液化土特征深度和基础宽度的较大值。

(2)采用振冲或挤密碎石桩加固后,桩间土的标准贯入锤击数不宜小于相应液化判别标准贯入锤击数临界值。

(3)基础边缘以外的处理宽度,应超过基础底面下处理深度的 1/2 且不小于基础宽度的 1/5。

(4)采取减小液化震陷的其他方法,如增加上覆非液化土层的厚度和改善周边的排水条件等。

3. 减轻液化影响的基础和上部结构处理措施

(1)选择合适的基础埋置深度。

(2)调整基础底面积,减小基础偏心。

(3)加强基础的整体性和刚度,如采用箱基、筏基或钢筋混凝土交叉条形基础,加设基础圈梁等。

(4)减轻荷载,增强上部结构的整体刚度和均匀对称性,合理设置沉降缝,避免采用对不均匀、沉降敏感的结构形式等。

(5)管道穿过建筑处应预留足够尺寸或采用柔性接头等。

以上是抗液化影响的措施及要求,可根据实际工程情况采用,但上述措施不适用于坡度大于 10° 的倾斜场地和液化土层严重不均的情况。因倾斜场地的土层液化往往带来大面积土体滑动,造成严重后果,而水平场地土层液化的后果一般只造成建筑的不均匀下沉和倾斜。因此,在故河道及临近河岸、海岸和边坡等有液化侧向扩展或流滑可能的地段内不宜修建永久性建筑;否则应进行抗滑动验算,采取防土体滑动措施或结构抗裂措施等。

7.3.6　软弱黏性土液化或震陷的判别

国内外多次震害表明,软土层震陷是造成场地震害的重要原因之一。抗震规范增加了软弱黏性土层的震陷判别方法,即当设防烈度 8 度(0.30g)和 9 度时,当塑性指数小于 15 且符合下式规定的饱和粉质黏土可判为震陷性软土,即

$$W_S \geqslant 0.9 W_L \tag{7.9}$$

$$I_L \geqslant 0.75 \tag{7.10}$$

式中:W_S 为天然含水量;W_L 为液限含水量,用液塑限联合测定法测定;I_L 为液性指数。

上式适用于对塑性指数为 10~15 的软弱饱和粉质黏土的震陷判别。软弱饱和粉质黏土的震陷不仅与低塑性土的特性有关,而且也与地震作用强度及持续时间等因素有关。因此,对于重要工程还应进行专门的研究,同时应根据沉降和横向变形大小等因素综合确定抗震陷措施。

7.4　地基基础抗震设计

大量震害调查表明,在天然地基上只有少数房屋是因地基的原因导致上部结构破坏的。这类导致上部结构破坏的地基多半为液化地基、易产生震陷的软弱黏性土地基或不均匀地基,而大量一般性地基均具有较好的抗震能力,地震时并没有发现由于地基失效

而造成上部结构的明显破坏。这可能是由于一般天然地基在静力荷载作用下,具有相当大的安全储备,且在建筑物自重的长期作用下,地基进一步固结,其承载力还会有所提高。地震时尽管地基所受到的荷载有所增加,但由于地震作用历时短暂且属于动力作用,动载下地基承载力会有所提高。在上述因素的影响下,一般地基遭受地震破坏的可能性大大降低了。

应该指出,尽管由于地基原因造成的建筑物震害仅占建筑震害总数中的一小部分,但这类震害却不能忽视。因为一旦地基发生破坏,震后的修复加固是很困难的,有时甚至是不可修复的。因此,应对地基的震害现象进行具体分析,在设计时采取相应的抗震措施。

7.4.1 可不进行天然地基及基础抗震验算的范围

大量的天然地基具有较好的抗震能力,按地基静力承载力设计的地基能够满足抗震要求,所以,为简化和减少抗震设计的工作量,《建筑抗震设计规范》规定,下列建筑物可不进行天然地基及基础的抗震承载力验算。

(1)抗震规范规定可不进行上部结构抗震验算的建筑。

(2)地基主要受力层范围内不存在软弱黏性土层的下列建筑。

① 一般的单层厂房和单层空旷房屋。

② 砌体房屋。

③ 不超过8层且高度在24 m以下的一般民用框架房屋和框架-抗震墙房屋。

④ 基础荷载与③项相当的多层框架厂房和多层混凝土抗震墙房屋。

软弱黏性土层是指设防烈度7度、8度和9度时,地基承载力特征值分别小于80 kPa、100 kPa和120 kPa的土层。

7.4.2 天然地基的抗震验算

地基和基础的抗震验算,一般采用"拟静力法"。此法假定地震作用如同静力作用,一般只考虑水平方向的地震作用,只有个别情况下才计算竖向地震作用。承载力的验算方法与静力状态下的验算相似,即基础底面压力不超过地基承载力设计值。《建筑抗震设计规范》规定,验算天然地基地震作用下的竖向承载力时,地震作用效应标准组合的基础底面平均压力和边缘最大压力应符合式(7.11)和式(7.12)的要求,即

$$p \leqslant f_{ae} \tag{7.11}$$

$$p_{max} \leqslant 1.2 f_{ae} \tag{7.12}$$

式中:p为地震作用效应标准组合的基础底面平均压力;p_{max}为地震作用效应标准组合的基础边缘的最大压力;f_{ae}为调整后的地基抗震承载力。

此外,还需限制地震作用下过大的基础偏心荷载。对于高宽比大于4的高层建筑,在地震作用下基础底面不宜出现脱离区(零应力区);对于其他建筑,基础底面与地基土之间脱离区(零应力区)面积不应超过基础底面面积的15%。

地震作用是动力作用,要确定地基的抗震承载力值,就需要知道地震作用下土的动

力强度。现有研究表明,除十分软弱的土之外,地震作用下一般土的动强度比静强度高。同时基于地震作用的偶然性和短暂性以及工程的经济性考虑,地基在地震作用下的可靠度可比静力荷载下有所降低,因此地基的抗震承载力可采用静力荷载下确定的地基承载力特征值乘以调整系数来计算,即

$$f_{ae} = \zeta_a f_a \qquad (7.13)$$

式中:f_a 为深宽修正后的地基承载力特征值;ζ_a 为地基抗震承载力调整系数,应按表 7.10 采用。

表 7.10　地基抗震承载力调整系数 ζ_a

岩土名称和性状	调整系数 ζ_a
岩石,密实的碎石土,密实的砾、粗砂、中砂,$f_{ak} \geqslant 300$ kPa 的黏性土和粉土	1.5
中密、稍密的碎石土,中密和稍密的砾、粗砂、中砂,密实和中密的细、粉砂,150 kPa $\leqslant f_{ak} < 300$ kPa 的黏性土和粉土,坚硬黄土	1.3
稍密的细、粉砂,100 kPa $\leqslant f_{ak} < 150$ kPa 的黏性土和粉土,可塑黄土	1.1
淤泥,淤泥质土,松散的砂,杂填土,就近堆积黄土及流塑黄土	1.0

表 7.10 中的地基抗震承载力调整系数 ζ_a 是综合考虑了土在动荷载下强度的提高和可靠度指标的降低两个因素而确定的。

【例 7.2】　某厂房柱采用现浇独立基础,基础底面为正方形,边长 2 m,基础埋深 1.0 m。地基承载力特征值 f_{ak} 为 226 kPa。地基土的其余参数如图 7.4 所示。考虑地震作用效应标准组合时柱底荷载为 $F_k = 600$ kN,$M = 80$ kN·m,$V_k = 13$ kN。试按《建筑抗震设计规范》(GB 50011—2010)验算地基的抗震承载力。

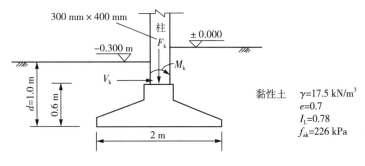

图 7.4　现浇独立基础

解　(1)求基底压力。

计算基础和回填土重为 G_k 时的基础埋深。

$$d = \frac{1.0 + 1.3}{2} = 1.15 \text{(m)}$$

基础和回填土重为

$$G_k = \gamma_G dA = 20 \times 1.15 \times 2 \times 2 = 92(\text{kN})$$

基底平均压力为

$$P = \frac{F+G}{A} = \frac{600+92}{4} = 173(\text{kPa})$$

基底边缘压力为

$$p_{k\,max} = \frac{F_k+G_k}{A} - \frac{M_k+V_k h}{W} = 173 + \frac{80+13\times0.6}{\dfrac{2\times2^2}{6}} = 238.85(\text{kPa})$$

$$p_{k\,min} = \frac{F_k-G_k}{A} - \frac{M_k+V_k h}{W} = 173 - \frac{80+13\times0.6}{\dfrac{2\times2^2}{6}} = 107.75(\text{kPa})$$

（2）求地基抗震承载力。

查《建筑地基基础设计规范》（GB 50007—2011）中承载力修正系数表得 $\eta_b = 0.3$，$\eta_d = 1.6$，则经深、宽修正后，黏性土的承载力特征值为

$$f_a = f_{ak} + \eta_b \gamma(b-3) + \eta_d \gamma_m(d-0.5)$$
$$= 226 + 0.3\times17.5\times0 + 1.6\times17.5\times(1-0.5)$$
$$= 240(\text{kPa})$$

由表 7.10 查得地基抗震承载力调整系数 $\zeta_a = 1.3$，故地基抗震承载力 f_{ae} 为

$$f_{ae} = \zeta_a f_a = 1.3\times240 = 312(\text{kPa})$$

（3）验算。

$$p = 173\text{ kPa} < f_{ae} = 312\text{ kPa}$$

$$p_{k\,max} = 238.15\text{ kPa} < 1.2 f_{ae} = 374.4\text{ kPa}$$

$$p_{k\,min} = 107.15\text{ kPa} > 0$$

故地基承载力满足抗震要求。

7.4.3 桩基础抗震设计

1. 桩基不需进行验算的范围

震害调查表明，桩基在建筑抗震中是一种较好的基础类型。在唐山地震中，一般高承台桩基的震害普遍严重，而主要承受竖向荷载的低承台桩基，其抗震性能好，震后沉降量很小。《建筑抗震设计规范》规定，对承受以竖向荷载为主的低承台桩基，当地面下无液化土层且桩承台周围无淤泥、淤泥质土和地基承载力特征值不大于 100 kPa 的填土时，下列建筑可不进行桩基抗震承载力验算。

(1)设防烈度为 7 度和 8 度时的下列建筑。

① 一般的单层厂房和单层空旷房屋。

② 不超过 8 层且高度在 24 m 以下的一般民用框架房屋。

③ 基础荷载与②项相当的多层框架厂房和多层混凝土抗震墙房屋。

(2)《建筑抗震设计规范》规定可不进行上部结构抗震验算的建筑和采用桩基的砌体房屋这类建筑。

除此之外,则应按下面介绍的方法对桩基抗震承载力进行验算。

2. 桩基抗震承载力的验算

(1)非液化土中低承台桩基。非液化土中低承台桩基的抗震验算,应符合下列规定。

① 单桩的竖向和水平抗震承载力特征值,可均比非抗震设计时的承载力提高 25%。

② 当承台周围的回填土夯实至干密度不小于《建筑地基基础设计规范》对填土的要求时,可由承台正面填土与桩共同承担水平地震作用,但不应计入承台底面与地基土间的摩擦力。

不计桩基承台底面与地基土间的摩擦力,是考虑到软弱黏性土存在震陷,一般黏性土可能因桩身摩擦力产生的桩间土在附加应力下的压缩使土与承台脱空,欠固结土可能产生固结下沉,非液化的砂砾则可能振密等因素,使承台底面与地基间的摩擦力不可靠,故不计这部分摩擦阻力。

对于目前大力推广应用的疏桩基础,如果桩的设计承载力按极限荷载取用则可以考虑承台与土的摩阻力。因为此时承台与土之间不会脱空,且桩、土的竖向荷载分担比也比较明确。

(2)存在液化土层的低承台桩。存在液化土层的低承台桩基的抗震验算,应符合下列规定。

① 承台埋深较浅时,不宜计入承台周围土的抗力或刚性地坪对水平地震作用的分担作用。

② 当桩承台底面上、下分别有厚度不小于 1.5 m、1.0 m 的非液化土层或非软弱土层时,可按下列两种情况进行桩的抗震验算,并按不利情况设计。

a. 桩承受全部地震作用,桩承载力按上述非液化土中低承台桩基抗震承载力规定采用,液化土的桩周摩擦阻力及桩水平抗力均应乘以表 7.11 中的折减系数。表 7.11 中所列出的土层液化影响折减系数,是根据地震反应分析和振动台试验结果提出的。根据试验,地面加速度最大时刻出现在液化土的孔压比为 0.5～0.6 时,此时土尚未充分液化,而刚度比未液化时下降很多,因此需对液化土的刚度做折减。

表 7.11　土层液化影响折减系数

实际标准贯入锤击数/临界标准贯入锤击数	深度 d_s/m	折减系数
≤0.6	$d_s \leqslant 10$	0
	$10 < d_s \leqslant 20$	1/3
>0.6～0.8	$d_s \leqslant 10$	1/3
	$10 < d_s \leqslant 20$	2/3

（续表）

实际标准贯入锤击数/临界标准贯入锤击数	深度 d_s/m	折减系数
>0.8～1.0	$d_s \leqslant 10$	2/3
	$10 < d_s \leqslant 20$	1

b. 地震作用按水平地震影响系数最大值的 10% 采用，桩承载力仍按非液化土中低承台桩基抗震承载力第一条规定取用，但应扣除液化土层的全部摩擦阻力及桩承台下 2 m 深度范围内非液化土的桩周摩擦阻力。这是考虑液化土中孔隙水压力消散而导致沿桩与基础四周出现排水现象，使桩身摩擦阻力大为减小。

（3）打入式预制桩及其他挤土桩，当平均桩距为 2.5～4 倍桩径且桩数不少于 5×5 时，可计入打桩对土的加密作用及桩身对液化土变形限制的有利影响。当打桩后桩间土的标准贯入锤击数达到不液化的要求时，单桩承载力可不做折减，但对桩尖持力层做强度校核时，桩群外侧的应力扩散角应取为零。打桩后桩间土的标准贯入锤击数宜由试验确定，也可按式（7.14）计算，即

$$N_1 = N_p + 100\rho(1 - e^{-0.3N_p}) \tag{7.14}$$

式中：N_1 为打桩后的标准贯入锤击数；ρ 为打入式预制桩的面积置换率；N_p 为打桩前的标准贯入锤击数。

3. 桩基的抗震措施及构造要求

处于液化土中的桩基承台周围，宜用密实干土填筑夯实，若用砂土或粉土则应使土层的标准贯入锤击数不小于式（7.6）所确定的液化判别标准贯入锤击数临界值。

桩基理论分析证明，地震作用下的桩基在软、硬土层交界面处最易受到剪、弯损害。为保证震陷软土和液化土层附近桩身的抗弯和抗剪承载力，《建筑抗震设计规范》规定，液化土中桩的配筋范围应自桩顶至液化深度以下符合全部消除液化沉陷所要求的深度，其纵向钢筋应与桩顶部相同，箍筋应加粗和加密。

在有液化侧向扩展的地段，桩基除应满足本节规定外，还应考虑土流动时的侧向作用力，且承受侧向推力的面积应按边桩外缘间的宽度计算。

思考题与习题

7.1 什么是场地？如何划分场地类别？

7.2 简述天然地基基础抗震验算的一般原则。哪些建筑可不进行天然地基基础的抗震承载力验算？为什么？

7.3 怎样确定地基土的抗震承载力？

7.4 什么是地基土的液化？怎样判别？液化对建筑物有哪些危害？

7.5 如何确定地基的液化指数和液化等级？

7.6 简述可液化地基的抗液化措施。

7.7 哪些建筑可不进行桩基的抗震承载力验算？为什么？

7.8　某场地地层条件如表 7.12 所示,试确定该场地类别。

表 7.12　场地地质资料

土层编号	岩土名称	土层底部深度/m	剪切波速/(m/s)
1	粉质黏土	1.5	90
2	粉质黏土	3.0	140
3	粉砂	6.0	160
4	细砂	11.0	350
5	岩石	未钻穿	80

7.9　例 7.2 中某厂房柱采用现浇独立基础,参数改为:基础底面为正方形,边长 3 m,基础埋深 2.0 m。地基承载力特征值为 230 kPa,考虑地震作用效应标准组合时柱底荷载为 $F_k = 800$ kN,$M = 100$ kN·m,$V_k = 15$ kN。其余参数不变。试按《建筑抗震设计规范》验算地基的抗震承载力。

参 考 文 献

[1] 何春保,金仁和. 基础工程[M]. 北京:中国水利水电出版社,2018.

[2] 邓友生. 基础工程[M]. 北京:清华大学出版社,2017.

[3] 王贵君,隋红军,李顺群,等. 基础工程[M]. 北京:清华大学出版社,2016.

[4] 富海鹰. 基础工程[M]. 3 版. 北京:中国铁道出版社,2019.

[5] 张明义,时伟. 地基基础工程[M]. 北京:科学出版社,2017.

[6] 王娟娣. 基础工程[M]. 杭州:浙江大学出版社,2013.

[7] 单仁亮,万元林. 基础工程[M]. 北京:机械工业出版社,2015.

[8] 阮永芬. 基础工程[M]. 武汉:武汉理工大学出版社,2016.

[9] 严绍军,时红莲,谢妮. 基础工程学[M]. 3 版. 武汉:中国地质大学出版社,2018.

[10] 徐新生,孙勇. 基础工程[M]. 北京:机械工业出版社,2015.

[11] 中华人民共和国住房和城乡建设部. 砌体结构设计规范:GB 50003—2011[S]. 北京:中国建筑工业出版社,2011.

[12] 中华人民共和国住房和城乡建设部. 建筑地基基础设计规范:GB 50007—2011 [S]. 北京:中国建筑工业出版社,2011.

[13] 中华人民共和国住房和城乡建设部. 混凝土结构设计规范:GB 50010—2010[S]. 北京:中国建筑工业出版社,2010.

[14] 中华人民共和国住房和城乡建设部. 建筑抗震设计规范:GB 50011—2010[S]. 北京:中国建筑工业出版社,2010.

[15] 中华人民共和国住房和城乡建设部. 高层建筑筏形与箱形基础技术规范:JGJ 6— 2011[S]. 北京:中国建筑工业出版社,2011.

[16] 中华人民共和国住房和城乡建设部. 建筑桩基技术规范:JGJ 94—2008[S]. 北京: 中国建筑工业出版社,2008.

[17] 中华人民共和国住房和城乡建设部. 建筑基坑支护技术规程:JGJ 120—2012[S]. 北京:中国建筑工业出版社,2012.